与最聪明的人共同进化

渐近 CHEERS

HERE COMES EVERYBODY

人类为什么要探索太空

BEYOND

OUR FUTURE
IN SPACE

［英］克里斯·英庇　　著
Chris Impey

庾君伟　　译

浙江人民出版社
ZHEJIANG PEOPLE'S PUBLISHING HOUSE

献给下一代太空探索先驱者，
他们将实现在地球之外生存的梦想。

太空旅行，探索未知的欲望

太空不适合人类。在没有保护的状态下，人类无法在真空中生存超过一分钟。人类要想进入太空，就必须被绑在一个几乎无法控制的化学爆炸装置上。近地轨道的高度大约相当于径直向上开车半个小时车程的距离，但进入近地轨道的成本极其高昂。经历过零重力体验的那些人，是历史上"身价"最高的俱乐部的成员。然而，太空旅行体现了人类的基本特质：渴望去探索。

《人类为什么要探索太空》是一本探索太空旅行的过去、现在和未来的书。我们正处在一场重要变革的前沿，在这场变革中，多种技术已经成熟到能使太空旅行成为平常之事。一群创新者和企业家正打算开展一种新的太空旅行，其目标客户不仅仅是宇航员和超级富豪。这将比你想象的更早到来。

《人类为什么要探索太空》这本书分为四部分，每部分的正文之前都有一个虚构的故事，将我们带入一个即将开始星际航行的年轻先驱者的世界。在第一部分，我们回顾"过去"，了解人类探索太空的基因因素和火箭技术的发展历程，后者让人类在20世纪中期第一次离开了地球。我们还要了解一下那些里程碑式的成就带来的高潮和低谷。接着，在第二部分，我们会看到新一代企业家使太空计划走出了困境，这些企业家充分发挥潜能，以期让人类离开地球。我们审视了横亘在企业家面前的法律和监管障碍，并探讨了太空旅行者需要面对的危险。在第三部分，我们展望"未来"，着眼于如何开展月球旅行和火星旅行，探讨在月球和火星上建立移民地所需的技术。我们将与机器人相遇，后者将成为我们在太空中的伙伴，并畅想地球外的人类成为新物种的时代。在第四部分，我们将推测人类"超越"现有的能力，进行星际远航，并成为银河系公民的时间。在为生命而创建的宇宙中，我们强烈渴望着宇宙同伴，如果我们只待在地球上，可能永远无法意识到人类这一物种的全部潜能。

感谢安娜·高什（Anna Ghosh）对我写作事业的坚定支持，感谢诺顿出版公司（W. W. Norton）的汤姆·迈耶（Tom Mayer）和瑞安·哈林顿（Ryan Harrington）帮助我打造了一本优秀的书。多年来，在和同事的交流中，我受益匪浅，也会对书中的错误负责。对于黛娜·贾森斯凯（Dinah Jasensky）的爱及其对我努力写作的鼓励，我表示最深切的谢意。

目 录

CONTENTS

BEYOND
OUR FUTURE
IN SPACE

第一部分

前　奏

我被选中成为一个"漫游者"时只有4岁，当时的我太小了，无法理解这意味着什么。母亲试图解释，但我听不懂她所说的话，所以转而专心注意她声音中混杂着的兴奋和恐惧之情。

　　几年后，我慢慢理解了其中的含义。我在一所普通学校度过了艰难的几年，时而被排斥，时而被欺凌，时而被忽视，时而被羞辱，同学们的这些行为带着小孩特有的无情。成为一个"漫游者"是极其光荣的，这意味着我一定是与众不同的，就像这所学校里的其他人一样。8岁时，我离开了那所普通学校，进入被称为"专门学院"（The Academy）的特殊学校，一类适合我这类人的学校，这对我来说是一种解脱。

　　专门学院坐落在瑞士的一个高山湖泊旁。湖泊在阳光的照射下闪耀着海蓝宝石般的光芒。学院由一种特殊的复合材料建成，这使得我们能免受媒体和大众的窥视。整个学院共有来自50多个国家的将近300个学生。我们每年可以回一次家，但我们的家人不能来学校探视。每周，我们与外界进行视频聊天的时间最多只有一个小时。这听起来可能很残酷，但都是为了我们好。

我们的年龄在7～12岁之间，我是其中年龄最小的之一，男孩和女孩的数量是相同的。我们代表着不同的文化，使用不同的语言，就好像身处在"巴别塔"中，因此，大多数人一直戴着数字翻译器。我们的课程也是多语种的。我们学习的课程包括工程学、哲学、医学、美术等。专门学院的导师和辅导员的数量与学生一样多，因而我们能获得许多帮助。我们背负着很高的期望，一种很温和但一直存在的压力促使我们不断进步。学院的员工都很冷漠，很显然他们得到了指示，不得与我们建立情感联系。他们当中有些是临床心理医生和临床精神病医生，这些人尤其冷漠。

从那时起，我就怀揣着梦想。

巨大的黑影在黑暗中移动，我的胸口感受到了一股持续不断的压力。如棺材盖般的门向上滑开，距离我的脸只有两三厘米近。接着，一扇窗露了出来，窗外什么也没有，只是一片虚空。这些图像虽然不完整，却极其真实。我总是被惊醒，继而无法入睡，全身被汗水浸透，呼吸急促而微弱。

在我满17岁后几个月，离开专门学院前，母亲来参加我的毕业典礼，并将父亲去世时的情况告诉了我。此前我并不知道其中的细节，因为专门学院对信息的控制非常严格。我父亲是在第二次前往火卫一上的采矿场途中去世的。他的队员当时正在竖井深处寻找含有金属铂和铱的矿物。由于与火卫一地表队员的沟通出现了问题，他们在近旁引爆了爆炸装置，沙发大小的石块从井壁喷射而出。在小行星的中心是没有引力的，因此他们不会像在地球上那样被落下的石块压碎。

然而，牛顿定律有其自身无法改变的逻辑。一块大石头径直击中了我父亲的胸口，他被抛到了对面的墙上，石头的动量传到了他身体里，他瞬间被击倒并死去。

这可能是我被选中的原因之一。我父亲是一位宇航员，姐姐是一位出色的飞行员，所以我有探索太空方面的基因。但在专门学院里，很多小孩没有技术学科方面的天赋，因为他们的父母不是音乐家、艺术家，就是外交官。在我们当中，任何两个人都是不一样的。就像预期的那样，我们似乎形成了一个微型世界。

　　毕业典礼上，我的母亲和姐姐都坐在观众席上，当我朝她们挥手时，她们都笑得合不拢嘴。后来，当我们在能俯瞰湖泊的餐厅进餐时，我想起了10年前母亲送我到专门学院时的情景，她当时的兴奋和不安如今已变成平静的自豪，虽然略带悲伤。

　　毕业典礼结束后，我们有两个星期的时间收拾东西，和其他人道别。在这期间，来访和视频聊天也不受限制。和家人在一起度过这么长时间，让我在情感上感到疲惫不堪。其他很多同学也有着相同的感受。我们都刚成年，在没有家人陪伴的情况下，仅仅依靠彼此之间的相互支持长大成人。当前往发射场的时间到来时，我感到如释重负，不过随之而来的却是深深的内疚。

　　成为一个"漫游者"，到底意味着什么呢？

　　这意味着，在21世纪末成为地球的使者，成为参与一项特殊实验的一个小组中的一员。这个实验是由严谨的科学家和工程师设计的，但从表面上看，它又是疯狂的。我们是人类的希望，肩负着在新的世界里扎根的重任。

关于太空探索，你想知道更多吗？
扫码下载"湛庐阅读"App，搜索"太空"，
听作者克里斯·英庇亲自讲给你听！

01

探索之梦

走出非洲

当地球上的人口数量只有100万时，我们梦想过外部世界会有什么吗？

20万年前，解剖学意义上的现代人首先出现在非洲东北部。[1] 人类生命的摇篮位于现今的埃塞俄比亚。在接下来的10万年里，人类在非洲大地上不断扩散。我们的远古祖先没有文字记载，也没有可用来记载的书面语言，只有骨头和散布的史前器物得以遗存。这些史前器物展示了一个顽强而勇敢的物种，他们为逝者举办葬礼，用尖锐的燧石制造矛和箭来狩猎，在洞穴的墙壁上画画来记录生活的场景。在油灯或火焰闪烁的光芒中，这些令人浮想联翩的图画好似"活"了一般，向我们讲述着几千年前他们的恐惧和梦想。

现代基因技术让我们得以重建我们的远古祖先走出非洲的旅程——这是一场史诗般的迁徙，和几千年后人类第一次踏入太空一样勇敢。

地球上的生命是由单一的遗传密码组合在一起形成的。由4个字母表示的碱基对，会对每一种生物体的独特功能和形态进行编码。这4个碱基分别是A、C、G和T，其中A代表腺嘌呤，C代表胞嘧啶，G代表鸟嘌呤，T代表胸腺嘧啶，它们共同构成了"扭曲的梯子"，也就是DNA的梯级。在DNA分子中，A与T配对，C与G配对。当DNA分子从中间分裂时，每一边都会变成新的DNA分子的模板。遗传密码确定了活细胞用来制造蛋白质的20种氨基酸的序列。

如果遗传密码被完美地转录和表达，进化就将不复存在，生命也会变得十分无趣——它将变成一条死胡同，因为再也不会出现"适者生存"这一现象了。当基因蓝图（即基因型）在特定的环境中被表达时（即表现型），就会发生一类变异。比如两株克隆的幼苗，一株生长在肥沃的土壤中，另一株生长在被风吹袭的山上，两者最终会发育得完全不同。另一类随时间发生的变异，是在遗传物质因突变或不完美复制而改变后产生的。当变异随时间增长，生物多样性的级联反应就出现了，并将接受自然选择的检验。其结果是，从40亿年前的"最后的共同祖先"那里，生命的DNA发展出了许许多多的分支。[2] 这个原始细胞既是所有动物和植物的祖先，也是所有微生物的母亲。包括人类在内的有性繁殖的生物，以一种让每个子代有别于亲代的方式混合亲代双方的DNA。通过这种方式，基因变异和进化的速度大大加快，尤其是在小种群当中。[3]

DNA和实物证据是遗传人类学用来追踪人类迁徙的两大工具。我们身上都有来自最后一个共同祖先的DNA，从中我们可以得知人类起源的时间和地点。DNA通过有性繁殖进行混合，但有些特殊的DNA序列从亲代遗传到子代时不会发生变化。例如，Y染色体只通过父亲遗传给儿子，因此，男性能追踪其父系血统。同时，线粒体DNA只能通过母亲遗传给孩子，因此，男性和女性都能追踪到母系血统。这两种DNA序列会发生偶然的无害变异，从而成为可遗传的"遗传标记"（Genetic Marker）。在一个特定的地理区域内，任何特定的遗传标记都会迅速扩散，经过几代之后，在当地种群的每一个成员身上，几乎都能发现这一标记。当人们从一个地方迁移到另外一个地方时，他们体内携带的遗传标记也会发生迁移。科学家研究了众多土著居民的不同遗传标记，从而绘制出了早期人类的迁徙地图。

以从全世界不同土著部落中精心挑选出的7万多个成员的DNA为"画笔"，基因地理工程（The Genographic Project）绘制出了一幅人类迁徙的图景。这项工程的大部分研究经费来自美国国家地理学会（National Geographic Society），该学会已经从探索地球转向了探索人类的内心世界。基因地理工程也存在争议，一些土著居民声称该工程别有目的，因而拒绝参与。然而，通过众包的形式，该工程取得了重大进展。作为向开源数据库提供DNA的回报，超过60万人获得了自己的遗传史。[4] 利用丰富的资源和功能强大的计算机，在过去的10年时间里，超过10万条遗传标记得以确定。这个工程的负责人是斯宾塞·韦尔斯（Spencer Wells），他是美国国家地理学会的常驻探险家。他说："有史以来最伟大的史书就藏在我们的DNA中。"

人类的DNA讲述了无畏的人类勇于探索的故事。

大约在6.5万年前，人类第一次踏上了离开非洲大陆的冒险之旅，很可能是从非洲之角穿越曼德海峡，到达阿拉伯半岛。如今，曼德海峡是世界上最繁忙的船运航线之一。但在当时，最后一个冰川期使得海平面降低后，曼德海峡只是一条又窄又浅的通道。冒着危险离开非洲的那个部落可能只有几千人，但这并不是一次单独的探险，而是几个世纪以来众多小部落进行的一系列探险中的一次，这些部落由关系松散的家庭成员组成。在扩散的过程中，他们逐渐走向繁荣兴旺，先后在中亚和欧洲定居下来。到5万年前，他们迁徙到了中国南部和澳大利亚。到4万年前，他们已经遍布欧洲。得益于欧洲南部和亚洲适宜的生存环境，人口数量迅速增长。

在迁徙的最后阶段，人类非常大胆，迁徙的过程也极具戏剧性。尽管地中海周围和中东地区的气候条件更适宜人类生存，但一些游牧民还是向北继续探险。最近一次冰川期很短，但无畏的人类仍横穿西伯利亚冻土地带，呈弧形扩散开来。地球大气层中的大部分水分被巨大的冰原吸收，海平面因此下降了数百米。这使得我们的祖先在大约1.6万年前能穿过横跨白令海峡的大陆桥。有证据表明，在大约3 000年后，他们才到达加利福尼亚南部地区。随后，他们只花了几千年时间就向南穿越了美洲大部分地区。纵观人类迁徙的路线图，我们的祖先从冰冻的阿拉斯加荒原，扩散到荒凉的巴塔哥尼亚地区，其迁徙速度之快，让人难以置信——这种迁徙不可能仅仅是出于对食物和住所的简单需求。

上面介绍的时间线会受到人类经由海洋迁徙的可能性的影响。有迹象表明，大约2.5万年前，一小群人紧紧抓住大块浮冰的边缘，完成了从欧洲出发，横穿大西洋到达北美洲的艰难航行。在澳大利亚，一绺土著居民的头发改写了人类定居这片大陆的故事。按照传统的解释，一些离开了非洲的人类向东迁徙，从东南亚远航到澳大利亚，并定居下来。但在2011年，研究人员对一绺头发进行了基因测序，这绺头发是澳大利亚的土著居民于1923年捐赠给一位英国人类学家的。结果显示，相比与欧洲人或者亚洲人的关系，澳大利亚的原住民与非洲人的关系更近。因此，现今的澳大利亚原住民，可能是生活在非洲之外的最古老的人类种族的后代。[5]

在非洲大草原上繁衍生息了数万代之后，人类在几百年的时间里就扩散至整个美洲。从离开舒适区和拥抱未知的角度来看，这种对新世界快速且有目的的探险，与我们决定发展科技以离开地球一样激动人心。

遗传物质能告诉我们人类是如何通过迁徙遍布全世界的，却无法告诉我们他们为什么要这么做。若想回答这个问题，我们必须了解人类的本性。

冒险基因，渴求探索世界的内驱力

受气候、食物供应或交配需求的驱动，动物史诗般的迁徙常会上演，且几乎所有的动物迁徙都是季节性的。但人类是个例外，人类也会进行系统的、有目的的长距离多代迁徙，但并不全是为了获取必要的资源。让我们的祖先冒险驾驶小船穿越像太平洋这样的大片水域的强烈欲望，与将来某一天促使我们移民火星的驱动力有关。这种强烈的欲望源自文明和基因的混合。

行为心理学家艾莉森·高普尼克（Alison Gopnik）[1]发现，人类将玩耍和想象连接起来的方式十分独特。虽然哺乳类动物在幼崽阶段很顽皮，但这种顽皮很快就会转变为诸如捕猎和打斗之类的技能练习，这些技能是成年动物必须具备的。人类的小孩会在成人的庇护和帮助下发育成长，这个过程会持续很长一段时间。[6]根据高普尼克的观点，人类会通过创建能检验假设的假想场景来玩耍，就像小小科学家一样。如果我将这两种液体混

---

① 艾莉森·高普尼克也是儿童学习和发展研究领域的领导者，是首位从儿童意识的角度深刻剖析哲学问题的心理学家，在其经典著作《孩子如何思考》一书中，高普尼克用贝叶斯算法解释了婴儿对因果推理的娴熟。此书的中文简体字版已由湛庐文化策划，浙江人民出版社出版。——编者注

合在一起，会发生什么呢？如果我穿过树林，那我能依靠记住的标记，找到回去的路吗？我能用乐高积木在沙发和咖啡桌之间搭座桥吗？小孩子都是大胆的假想者。当小孩子掌握了必要的运动技能后，他们就会在智力探索的驱动下对自然环境进行观察和研究。

通过玩耍来丰富假想场景对生存而言并不是必须的，但智力探索是人类特有的偏好。"不安分守己"不仅存在于我们的思想中，还存在于我们的基因中。

人类和猴子、猩猩共享了超过95％的DNA，因此，我们和最近的祖先有非常多的共同点。然而，特定的发育基因使得我们和猩猩，以及其他原始人类有着明显的区别：我们的身高相对较矮，因此能适应长距离行走；我们的手更适合操作工具；我们大脑里的语言和认知区域更大。这些基因由以前被标记为"无用"的DNA区域控制，现在这些区域被公认为理解物种进化的关键所在。[7]

在控制一种极其重要的神经递质方面，一种被称为DRD_4的特殊基因起着核心作用，它因此受到了人们的广泛关注。DRD_4基因是控制多巴胺的基因之一，而多巴胺是一种能影响动机和行为的化学信使。DRD_4基因的一种变体是7R，拥有7R基因的人更有可能去冒险，去探索新领域，去寻找新奇的事物，而且性格更外向，也更活跃。在全世界范围内，大约1/5的人携带着7R形式的DRD_4基因。

有趣的是，7R变异最早可能发生在大约4万年前，也就是在人类大规模迁徙出非洲之后不久，此时人类开始在亚洲和欧洲分散居住。有的研究直接将7R基因与迁徙联系起来。加州大学欧文分校（University of California Irvine）的教授陈传升的研究表明，在亚洲主要的静止人口中，目前只有1%具有7R基因，而在现今的南美洲人中，有60%具有7R基因。大约1.6万年前，南美洲人的祖先从亚洲出发，经过极远距离的旅行，才到达南美洲（如图1-1）。[8]

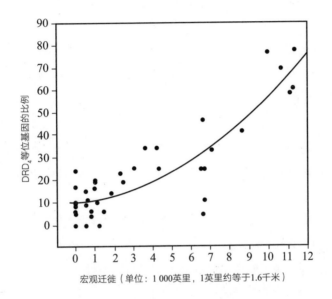

图1-1　DRD$_4$等位基因的出现频率与长距离迁徙之间的关系

注：此图显示了近3万年来，39个种群中DRD$_4$等位基因的出现频率与长距离迁徙之间的关系。在现代人群中，DRD$_4$基因的长变体，或者说7R变体与多动症是相关联的。

那么，是否存在"探险基因"呢？不存在。一个基因要和其他基因联合起来才能发挥作用，而且人类的行为会受到环境因素的影响，因此基因并不能决定人类的命运，我们也不会因为单个基因的影响就去探险。此外，未知往往意味着危险，因此，刺激我们去探险的基因并非一种选择性优势。再者，如果这种基因得以表达，反而会带来不利的影响。相比未携带7R变体的人，携带7R变体的人患多动症的概率要高出2.5倍，性行为混乱（这在文化上是遭到反对的，但实际上是一种进化优势）的概率要多一半，而且他们更容易酗酒和药物成瘾。任何一个狩猎–采集社会的安全运转，都需要社会成员紧密合作，并保持稳定的社会关系，寻求刺激的人太多是非常危险的，而且这些人极具破坏性。

然而，在资源短缺或面对压力的情况下，这种特殊的变异的优势就体现出来了。7R基因的携带者不仅能更好地适应变化，也不会轻易受到惊吓。[9] 他们在做决定的时候很少感情用事，他人的负面情绪对他们的影响也很小。对处于危险的陌生环境中的人而言，情绪波动小和强大的情绪忍耐力是非常宝贵的特质，因为在面临威胁时制订计划和解决复杂问题都需要这些特质。这种"冒险"基因型甚至可能有助于人们对抗压力、焦虑和抑郁。

尽管只有一小部分人携带着此类基因，但这种喜欢冒险的特质能自我强化。如果7R变异在迁徙人群中的出现率稍微高一点点，那么，其出现在有限的基因池中的概率也会增加。流动性和灵活性一旦得到表达，就会不断增强。最成功的游牧民将会发现新的食物来源和改善生活方式的可能性。最好的工具使用者和制造者将会受到激励，从而创造出新的工具，并开发出现有工具的新用法。这个反馈回路的支点是我们拥有的一个无与伦比的特质：强大的大脑。

推理，构建智力模型

成为一只狗，是什么感觉呢？

尽管我们和我们"最好的朋友"被情感纽带紧密地连在一起，但物种之间的鸿沟让我们无法回答上面这个问题。狗的大脑和人类的大脑虽然在结构上是相似的，但在不同的情绪状态下，它们会经历不同的化学变化。

和我们一样，狗也会做梦。一些有趣的证据表明，狗也能运用智力对物体进行分类，这种抽象思维方面的天赋，以前被认为只有某些灵长类动物和鸟类才具备。不过，狗的心理发展到相当于人类幼儿期的程度就停止了。

有一类智力模型对人类来说极为重要，但狗无法构建出这种智力模型。如果你突然在你爱犬的大脑中形成了记忆，你就会遭受刺鼻气味和视觉刺激的折磨。狗擅长根据外部环境和主人的愿望来调整自己的行为，但人类从来不会以经验为基础构建智力模型来指导未来的决策。

在很小的时候，人就具有运用语言和符号进行推理的非凡能力。6~9个月大的婴儿会从牙牙学语和模仿，转向将单词和实物联系起来。对于同样大的婴儿，即使物体从视野中消失，他们的大脑中仍会保留这个物体的概念。这两种转变都包含了一种模拟真实世界的智力模型的创建。

2岁的孩子就能发现统计规律，并从证据中推断出原因和结果。高普尼克在报告中举了一个例子：一个2岁的小孩面前有一个玩具盒，里面装有很多绿色的青蛙和少量黄色的鸭子，实验者随机拿走一些玩具，然后让小孩也挑选一个。[10] 结果显示，如果实验者从玩具盒中拿走的是绿色的青蛙，那么小孩不会表现出颜色偏好，但如果实验者从玩具盒中拿走的是相对较少的黄色鸭子，那么小孩就会很明确地挑选出一只鸭子交给实验者。小孩知道实验者不太可能拿走大部分的鸭子，因此，实验者的行为表明了对鸭子的偏好。小孩子虽然不会像成年人那样自觉地开展实验或处理统计数据，但他们无意识地处理信息的方式与科学方法很相似。

下一层级的智力发展与玩游戏有关。当小孩说"我们假装玩游戏"时，他们就会想象出游戏的场景，并在其中加入假想的朋友。这些假想的场景能达到非常复杂的程度。这种行为是人类独有的。珍妮·古道尔

（Jane Goodall）在坦桑尼亚对冈贝黑猩猩进行了长时间的观察，但只发现了几例假装玩游戏的情况，而这种情况在任何一个4岁小孩的行为中都非常常见。从概念上来说，小孩会运用假设思维，来推测他们没有经历过的事情。这是比构建反映真实世界的智力模型更进一步的活动，即构建关于奇怪而陌生的世界的智力模型。通过问"可能会是怎样但结果并非如此，为什么"这类问题，科学家将假设思维作为一种高级技能来发展理论。小孩则利用假设思维来培养技能，然后依靠这些技能去探索他们成年后将生活的环境。

我们已经看到，在小孩的思维里，玩游戏和抽象思维、逻辑思维之间有着紧密的联系。心理学家过去认为所有的推理过程都要运用逻辑，但现实生活往往非常混乱，诸如"如果这样，就会那样"之类的规则并不适用。逻辑需要前提假设，而且断言可能很难得到检验。更糟糕的是，一组特定的断言中可能包含大量的逻辑推理，还能得出有效的结论，即使这些结论与事实相矛盾。人类的推理既混乱又复杂，与逻辑证明之间几乎毫无相似之处。

关于推理，还有一个更好的描述，即推理是构建智力模型来表现我们遇到的现象的过程。一个智力模型就像是对世界的某些方面的模拟，我们利用知识来具体化这个世界，并利用经验来了解这个世界。这是一个动态的过程，在这个过程中，我们可以随时调整或抛弃那些有缺陷的模型。[11] 我们用假想的情景来检验我们的模型，并构建大量的智力模型来应对所有我们可能会遇到的情况。这很容易，也很经济——不需要借助任何设备或工具，也不需要将自己置于危险之中。如果我爬上树枝去取蜂蜜，树枝可能会断，蜜蜂则可能会蜇伤我。但如果我用一条藤缠住树枝，就可以将树枝弄断，等蜜蜂飞走了，我就能得到蜂蜜。一切都在我们的大脑里发生了！

就抽象思维和推理首次出现的时间，学者们展开了激烈的争论。毕竟，要想知道你的配偶或者好朋友的真实想法已经够难了，更不用说已经死了10万年的祖先了。

解剖学意义上的现代人类出现在大约20万年前，这一点已获得广泛认同。直到几十年前，人们才普遍认为富有创造力的抽象思维出现在大约4万年前，那时人类已离开非洲，扩散到整个欧洲和亚洲。大约同一时期，7R变异出现。科学家认为，最早的洞穴壁画，以及由骨头、石头雕刻而成的工艺品和工具，都可以追溯到这个时期。语言和现代人类行为的突然出现，被称为"大跃进"（Great Leap Forward）。使我们成为现代人的那些属性，被美国神经生理学家威廉·卡尔文（William Calvin）总结为行为上的5个b：刀片（blades）、珠子（beads）、葬礼（burials）、骨器（bone tools）和审美（beauty）。[12] 其中，审美意味着审美能力和表现形式，而表现形式则包括玩游戏、讲故事、艺术创作和音乐创作。

但最近的发现对这个假设提出了质疑。在海风吹拂的南非海岸上方的一个洞穴里，考古学家发现了一个鲍鱼壳，里面含有干了的糨糊，糨糊的成分包括木炭、富含铁的泥土、碎裂的动物骨头，以及不明液体。这个鲍鱼壳是一个史前颜料罐。在摩洛哥东部，人们发现了贝雕和彩绘贝壳，它们曾被用来作为装饰性的珠子。在非洲其他地方，人们还发现了一些捕捉动物的复杂圈套和陷阱。这三种人造物均可追溯到大约8万年前，而抽象思维的线索甚至能追溯到更早的时期。这些证据表明，知识、技能和文化是在数十万年的时间里逐渐积累起来的，而非一次"大跃进"就能实现。

抛开人类在什么时候进化出了这些独特的能力，著名的心理学家史蒂芬·平克（Steven Pinker）① 指出了另一个问题，即人类为什么进化出这些独特的能力。他好奇的是："为什么人类具有追求抽象的智力成就，诸如科学、数学、哲学和法律的能力？要知道，在进化过程中，人类需要到处觅食的生活方式决定了运用这些能力的机会是不存在的，而在人类生存和繁衍的过程中，这些能力即使派上了用场，也不会得到充分利用。"[13] 换句话说，在现代文明中，我们频繁地运用数学和科学来改造环境、延长寿命，但是对一个每天必须寻找食物和庇护所的狩猎采集者来说，抽象概念毫无用处。

平克和其他进化心理学家推测，这些特质是作为自然选择的副产品而出现的。从这个角度来看，我们在进化过程中占据了一个"认知龛"，这是其他物种都没有的。[14] 我们不断改造环境，从而形成了复杂的社会网络，这使得我们在面对环境挑战时能迅速做出反应，而动物的遗传进化过程则要慢得多。例如，人类的灵活性使其能创造出更新的工具，发现新的狩猎策略，这些工具和策略在团队协作时最有效。同时，语言能让我们进化出诸如利他主义和互惠主义这类复杂行为，智力模型则让我们在看到虚拟场景在真实世界中如何运作之前，就能有效地完成它们。实现某个目标的有效方法经过改变后，可能也适用于达到另一个目的。例如，对机会主义的杂食动物来说，肉类是营养的主要来源，而相比采集浆果，捕杀动物需要更多的智慧，因此，食肉有助于提高智力。我们的社交能力、智力和体能是共同进化的。这一观点虽然很难得到证明，但它的确解释了抽象推理是如何发展的，即使它并不直接作用于人类的生存。

---

① 史蒂芬·平克是当代伟大的思想家、世界语言学家和认知心理学家，其"语言与人性"四部曲《心智探奇》《思想本质》《语言本能》《白板》阐明了人性的本源、内涵及局限，追溯人类诸多苦难的根源，拨开道德错觉的迷雾，直达现实的彼岸。这四部曲的中文简体字版已由湛庐文化策划，浙江人民出版社出版。——编者注

多元世界新视野

假设我们回到2 500年前，从世界各地来到伊奥尼亚（Ionian）海岸边一个繁忙的港口，与哲学家阿那克萨戈拉（Anaxagoras）为伴（如图1-2）。阿那克萨戈拉是一个严谨且简朴的年轻人，他认为，宇宙是诞生的胜于宇宙不存在的原因，是理解宇宙的契机。

图 1-2　希腊哲学家阿那克萨戈拉

注：希腊哲学家阿那克萨戈拉生活在公元前500—前428年，他提出了
　　宇宙的自然机制，并支持多元论或"多元世界"概念。此图来源于
　　15世纪的《纽伦堡编年史》（*Nuremberg Chronicles*）手稿。

许多思想家都认为，"地球并不独特，它只是宇宙中众多世界中的一个"，阿那克萨戈拉就是其中之一。[15]

只需想想人类在古希腊时期以前的几千年里是如何看待天空的，就知道阿那克萨戈拉的想法是多么大胆。天空是关于神话和传说的一张地图、一口钟、一部历法以及一个知识库。静止的地球位于宇宙的中心，天堂则围绕着地球旋转，这看起来是显而易见的。太阳、月亮、行星和恒星都是遥不可及的。史前人类具有抽象思维，能构建智力模型，但他们似乎并未运用这种能力去想象地球之外的世界。

阿那克萨戈拉被当时的文明中心雅典吸引，从伊奥尼亚移居到了雅典。伟大的希腊剧作家欧里庇得斯将阿那克萨戈拉的理论融入自己的悲剧作品中。阿那克萨戈拉的朋友伯利克里（Pericles）成为雅典黄金时期最伟大的政治家和演说家。在新奇的思想和革命性的理论方面，阿那克萨戈拉是多产的。他认为，太阳是一团比伯罗奔尼撒半岛（Peloponnese Peninsula）大得多的熔化的金属，而月球是一块大岩石，且和地球一样不会自己发光，恒星则是炙热的石头。他还认为，银河系是由无数恒星发出的光构成的。对于太阳的季节性运动、恒星的运动、日食，以及彗星的起源，他也给出了物理解释。阿那克萨戈拉推测，宇宙在诞生之初是一团混沌，但其中已经包含了所有最终的成分。他认为结构的形成没有逻辑上的限制，所以他提出，在世界之中可能还存在着无穷无尽的世界，这些世界有大也有小。[16]

新奇的思想往往会招致强烈的反对。阿那克萨戈拉受到指控，因为他摆脱了神学思想的干预，提出了一种对宇宙的物理性的解释，并且敢于提出"太阳和希腊一样大"的想法。他与伯利克里的密切关系也让他受到迫害，因为这位著名的政治家树敌太多且对手都很强大。为了避免被处死，他逃回了伊奥尼亚，并在流亡中度过了余生。

早在"哲学之父"泰勒斯（Thales）的著作中，"多元世界"的概念就已出现，泰勒斯猜想宇宙是无限的。在原子论者和伊壁鸠鲁派的著作中，这一概念得到了进一步发展。仅仅几个世纪后，罗马哲学家、诗人卢克莱修（Lucretius）就大胆地指出："在宇宙中，没有什么是独一无二的。在宇宙中的其他地方，一定还存在其他的地球、其他的人类，以及其他的驮兽。"[17]

希腊哲学致力于用理性思考代替恐惧和迷信。人类早已拥有抽象思维，但希腊人却通过运用数学和逻辑规律，使这种能力得到加强。基于几何学和对日食、月相的理解，阿利斯塔克斯（Aristarchus）推导出太阳一定比地球大，并由此提出了日心说，比哥白尼早了近2 000年。通过观察月食时地球影子的形状，埃拉托色尼（Eratosthenes）得到了地球是球形的结论。他利用这一点以及太阳在地球表面不同地方投影的方式，来估算地球的大小。在漫长的一生中，埃拉托色尼远行的距离从未超过160公里，他却能理解早期人类所不知道的事情，尽管后者进行了横跨地球的史诗般的迁徙。

古希腊哲学家将智力模型扩展到了全新的领域。德谟克利特（Democritus）提出了一个问题：如果用一把尖刀重复不断地对一块石头进行分割，结果会如何？从逻辑上讲，这个过程要么会一直持续下去，直到石头变得无限小，要么终止于一种基本的、不可再分割的物质单元。他抛弃了无限小的粒子的概念，而假设了原子的概念。阿尔库塔斯（Archytas）则想知道，如果站在宇宙的边缘向外用力投掷一支矛会发生什么。如果矛遇到障碍物，就会产生这么一个问题：障碍物之外是什么呢？由此，他认为宇宙是无限的。在没有原子加速器和望远镜的情况下，古希腊人不可能找到这些问题的答案，但他们的"思想实验"预示着现代科学的诞生。[18]

然而，"多元世界"的思想被亚里士多德的对抗性观点和知识优势所压制，这影响了宇宙学的发展进程。亚里士多德认为地球是独一无二的，并不存在所谓的"多元世界"。亚里士多德的地球中心说之所以根深蒂固，是因为它符合常识——如果地球不是宇宙的中心，它就会快速运动，但地球的运动并不明显。在基督教神学中，"地心宇宙学"和人与造物主之间的特殊关系是一致的，这种学说也因此成为基督教神学的一部分。不过，"多元世界"的观点却得到了其他宗教传统的支持。印度教和佛教宣扬有智慧生命栖居的多重世界。[19] 在一个印度神话故事中，因陀罗说："我只谈到了这个宇宙中的那些世界，但请想象一下同时存在的无数宇宙，每一个都有自己的因陀罗和梵天，也都有自己演化的世界和毁灭的世界。"

统治性的思想会禁锢想象力。诗人和梦想家挣脱了西方传统思想的桎梏，想象着地球之外存在着什么。公元2世纪，罗马时代著名的无神论者琉善（Lucian）创作了一部名为《真实的故事》（*A True Story*）的浪漫奇幻小说，这部小说奠定了现代科幻小说的基础。[20] 在这部小说中，人类被送到月球，他们在那里遇到了骑着三条腿的鸟赛跑的类人族。在这部伟大的奇幻小说中，行星和恒星上生活着人类和奇幻的生物。

对于宇宙，似乎就只剩下猜测这一种选择了。然而，大约在哥白尼提出将地球的地位降低到和其他天体一样的时候，科学技术的发展第一次使宇宙触手可及。

火箭和炸弹

02

中央王国，对抗引力的历程

引力是我们试图离开地球摇篮的过程中无法绕过的"对手"。

我们的一生被牢牢地限制在地球上。大部分人跳跃的高度无法超过其腰部，即使是最优秀的跳高运动员也无法跳过一层楼的高度。如果我们扔出的物体比我们小，我们会扔得很远。一个优秀的运动员向上扔一块石头，石头能到达的高度可能在70米左右。[1]

550年前，明朝的一位中层官员万户①痴迷于飞天之梦，为此，他做出了种种努力和尝试。万户来自一个富裕的家庭，他仕途平坦，本可以成为一位高级官员，但他厌烦了官场。万户对中国传统的火药和爆竹更感兴趣，而在节日与娱乐活动中使用火药和爆竹已经有好几个世纪的

---

① 万户本名陶成道，因在历次战争中屡建奇功，被朱元璋封为万户。他是第一个想到利用火箭飞天的人，被称为"世界航天第一人"。——编者注

历史了。他还渴望鸟瞰世界。有一天，他穿上了自己最好的衣服，然后坐在一把绑有47枚火箭的坚固的竹椅上（如图2-1），双手各拉着一只大风筝来控制飞行的方向。随着万户一声令下，其47个助手同时点燃火箭，然后冲向掩体。据传说，一声巨响之后，滚滚浓烟冲天而起，当烟雾散去之后，万户也消失无踪。

图 2-1　《万户飞天图》

注：万户是明朝中期（16世纪）的一位富有传奇色彩的官员，他将47枚
　　火箭绑在一把特制的椅子上，试图成为世界上第一个飞上天空的人。

与其说万户是中国第一位宇航员，还不如说他可能是第一个因众多火箭同时爆炸而身亡的人。尽管万户的尝试失败了，但当时的明朝在发展火箭方面遥遥领先于其他国家，并开启了火箭学和战争相辅相成的悠久传统。

关于最早使用火箭的文献记载很少。有记载称，希腊哲学家阿尔库塔斯，也就是那位猜想宇宙边缘的哲学家，曾利用空气来移动一只悬挂在金属丝上的木头小鸟，以此来娱乐意大利南部城市他林敦（Tarentum）的居民。动力的来源是逸出的蒸汽。第一枚真正的火箭可能是偶然出现的。早在公元1世纪，中国人就学会了利用硝石、硫黄和木炭粉来制造简单的火药。[2] 他们将这些物质混合后放入竹筒里，并在节日上将竹筒投入火中，从而产生爆炸。其中有些竹筒没有发生爆炸，而是在燃烧的火药产生的气体的推动下从火中飞了出来。

"火箭"一词最早出现在公元3世纪的三国时代。当时的士兵已经学会了将填满火药的竹筒绑在箭上，然后点燃火药，再用弓将箭射出。228年，在"陈仓之战"中，魏国的军队就是用这种"火箭"来抵御蜀军的进攻。

在接下来的几个世纪里，火箭不断出现在娱乐性质的烟火表演中，但也显现出了成为军事武器的潜质。中国人找到了制造能自己发射的火箭的方法，即将一条装有火药的管子的一端密封好，为燃烧缓慢的导火线留出空间，另一端则保持敞开的状态，然后将管子绑在木棍上以保持稳定，再配上一个粗略的制导系统。点火后，这个固体燃料火箭喷出的气体会产生巨大的向前推力。1232年，中国首次在战争中使用这种火箭——金军用这种火箭来抵抗蒙古军队的进攻。[3] 虽然此类火箭的攻击性没有破坏性武器那么大，但我们可以想象，当"飞火之箭"接二连三地射过来，会对士兵们的心理造成什么样的影响。

其他文明紧随其后，也开始了火箭的研究和应用。蒙古人也采用了火箭，还雇用了汉人火箭专家，在后者的帮助下，他们征服了俄罗斯和部分欧洲其他地区。1258年，在火箭的帮助下，他们占领了巴格达。很快，阿拉伯人也学会了制造和使用火箭，10年后，在第7次和第8次十字军东征中，他们利用火箭击败了法国国王路易九世。接着，欧洲人很快就发现了其中的奥秘，并开始着手改进这项技术。[4] 罗杰·培根（Roger Bacon）发现了火药的最优配比：硝石75%、炭15%以及硫黄10%。相比中国人的配方，按照这个配方配制的火药爆炸力更大，从而使得火箭的射程更远。

早期的火箭很不可靠，只能用来迷惑和吓唬敌人。随着火药技术的发展和成熟，火箭开始影响战争的结果。世界上第一次军备竞赛由此诞生。

整个明朝时期，中国人一直在努力研制新的、复杂的火箭。当时，像中国这样的航海大国一直遭受着海盗的侵扰，猖獗的海盗活动造成了巨大的损失。为了抗击海盗，戚继光使用硬木作为火箭的箭体，并在火箭前端尾部安装了穿甲的剑或矛。戚继光在10艘战舰上部署了2 000多枚火箭，并研制了多发齐射火箭——通过一根导火线能同时发射最多100枚火箭。此外，他还研发了能在水面上飞行数千米的多级火箭，以及箭筒可重复使用的火箭。戚继光就是用这些火箭来守卫长城，抵御蒙古军队的进攻。

火药和火箭最早是由中国人发明的。在中世纪时期，中国就能凭借强大的军火力量将入侵者压制在海上。然而，中国人的科学是以实验为基础的，没有发展出相应的理论。13世纪晚期，数学家杨辉指出："前人会根据不同的问题改变他们所使用的方法的名称，同时又没有给出相应的详细解释，因此后人无法得知理论的起源或基础。"[5] 讽刺的是，中华文明虽绵延不断，但这种稳定性反而阻碍了创新。强大的中央集权政府和严重的官僚作风，扼杀了人们尝试新事物的动力。与此同时，欧洲遭受了一系列的饥荒和瘟疫，导致经济停止增长，社会发生动荡。在如此混乱的情况下，文艺复兴和科学革命出现了，并推动欧洲走向了繁荣。

最终，对科学和技术的忽视，使中国失去了优势。到14世纪末期，欧洲已经迎头赶上。出于战争目的，欧洲人研发并完善了滑膛炮。火箭的地位则降低了，仅仅用于烟火表演。[6] 万户的飞天梦想也渐渐被人们遗忘了。

牛顿的著作为火箭的研发提供了坚实的理论基础。牛顿是万有引力理论和运动定律的发现者，这两个理论是几个世纪之后人类开展太空旅行的基础。在其1687年出版的杰作《自然哲学的数学原理》（*Principia*）中，牛顿将天体的运动规律和地球上物体的运动规律统一在了一起。如果扔下一个苹果，那么在1秒钟内，它落下的距离是月球"落下"的距离的3 600倍，两者都是地球引力作用的结果。牛顿提出了一个"思想实验"，在这个实验中，一门大炮被架在一座高度超过地球大气层的高山顶上。在没有摩擦力和空气阻力的情况下，唯一的作用力就是地球引力。[7]以适中的速度发射炮弹，炮弹会落在山脚下。随着发射速度的增加，炮弹的飞行距离会越来越大。牛顿计算了炮弹落向地球表面的速度，发现其与地球表面"远离"炮弹的速度相同（如图2-2）。

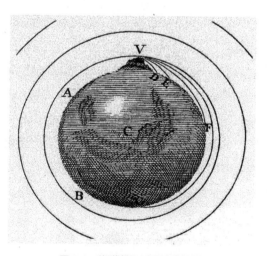

图2-2　炮弹落下时形成的轨道

　　注：在牛顿的思想实验中，从一座高度超过地球大气层的高山顶上水平
　　　　发射一枚炮弹，随着发射速度的增加，炮弹下落时的表面曲线会
　　　　形成一个圆形轨道。

这就是轨道的概念。从牛顿假想的大炮中以7.9千米/秒的速度发射出的任何抛射体，都将受到地球引力的束缚，但永远不会落到地上；如果速度超过11千米/秒，抛射体将会永远脱离地球。

梦想家

不管从哪方面来看，康斯坦丁·齐奥尔科夫斯基（Konstantin Tsiolkovsky）都不太可能成为火箭科学家。1857年，他出生在俄国一座小镇上的一个贫穷的波兰移民家庭，是家中18个孩子中的第5个。10岁那年，他得了猩红热，听力几乎完全丧失，从此与外界几乎隔绝了。14岁那年，他母亲去世，他也辍学了。

齐奥尔科夫斯基成了一个孤独的少年。他搬到了莫斯科，每天在当地的图书馆待很长时间，自学了物理学和天文学。在这期间，他受到了尼古拉·费奥多罗夫（Nikolai Fyodorov）的影响。费奥多罗夫是一位未来学家，他鼓吹寿命延长和长生不老，并认为人类的未来在太空中。齐奥尔科夫斯基无意中发现了儒勒·凡尔纳（Jules Verne）的作品，后者关于太空旅行的故事启发了他。齐奥尔科夫斯基的家人发现了他的天赋，却担心他因沉迷于学习而废寝忘食。19岁那年，他父亲将他接回了家，并帮他弄到了教师资格证，让他能以教书谋生。

后来，齐奥尔科夫斯基进入莫斯科郊外的一所地方学校，成了一位数学老师。他利用业余时间创作科幻小说，但很快他就发现自己对太空旅行中的具体问题更感兴趣。他意识到，在炮弹的加速力的作用下，乘客根本无法存活，但在凡尔纳的笔下，正是这种加速度的力量将旅行者送到了月球。于是，他闭门读书，只为破解这一难题。当他打算发表关于气体分子运动论方面的著作时，他的一位朋友告诉他，相关的著作25年前就已经出现了。齐奥尔科夫斯基十几岁时，就建造了一台离心机来测试强大的引力的影响，实验对象是他从当地的农民那里买的鸡。随后，他又在自己的公寓里建造了世界上第一个风洞，并针对球体、圆盘、圆柱体和圆锥体进行了空气动力学实验。然而，齐奥尔科夫斯基的研究没有资金支持，他与科学界也缺乏联系，因此，他的大部分见解都只停留在理论上。

1897年，齐奥尔科夫斯基提出了一个理论，这个理论成为现今开展的所有太空旅行的基础。

他得到了一个火箭质量变化与排气速度之间的关系的方程。他意识到，喷嘴的关键作用是迫使气体高速喷出，并预言只有通过多级火箭才能克服地球引力。他设计了用于控制飞行轨道的尾翼和燃气射流，还设计了将燃料压进燃烧室的泵，并提出了用推进剂来冷却飞行中的火箭的机制。他脑子里充满了奇思妙想，甚至想出了飞船、金属喷气式飞机和气垫船的设计方法。当他听说了新近建造的埃菲尔铁塔后，他又萌生了在没有火箭的情况下通过太空电梯进入轨道的想法。[8]

然而，这位俄国梦想家却厄运缠身。[9] 在齐奥尔科夫斯基得到以他的名字命名的火箭方程的前一年，他的儿子自杀了。8年后，一场洪水使他的大部分研究成果付诸东流。又过了3年，他的女儿因参加革命活动被逮捕。

齐奥尔科夫斯基在1911年写道："将脚踩在小行星上，在月球上举起一块石头，在以太空间中建造移动基地，围绕着地球、月亮和太阳建起可居住的环状区域，在几十千米远的地方观察火星，降落在火星的卫星上，甚至在火星表面登陆——还有比这些更疯狂的吗？"[10] 正是得益于他的工作，这些幻想变成现实才成为可能。

在被称为"宇宙进化论"（Cosmism）的哲学和精神运动的支持下，齐奥尔科夫斯基继续开展工作。在俄国，宇宙进化论最重要的支持者之一是费奥多罗夫，齐奥尔科夫斯基曾在图书馆里读过他的著作。他们都拥有乌托邦式的信仰，都认为人类的未来是向太空扩张，并战胜疾病和死亡。宇宙进化论出现在俄国革命之后，展现了无产阶级在征服行星和恒星方面奋勇向前的英雄形象。[11] 齐奥尔科夫斯基的一句名言概括了他在宇宙探索方面的观点："地球是人类的摇篮，但人类不可能永远生活在摇篮里。"

在20世纪20年代，对于齐奥尔科夫斯基的研究工作，年轻的物理学家赫尔曼·奥伯特（Hermann Oberth）还一无所知，但他也梦想着去太空旅行。和齐奥尔科夫斯基一样，奥伯特也从凡尔纳的小说中得到启发。他反复阅读凡尔纳的小说，甚至到了能倒背如流的程度。当他还是小孩的时候，他就开始涉足火箭领域。到1917年时，他已经积累了丰富的专业知识，还发射了一枚液体推进火箭，为普鲁士军事部长做了一次展示。[12] 奥伯特的博士学位论文《飞往星际空间的火箭》（*The Rockets to the Planets in Space*），后来成为火箭科学领域的重要文献，但在当时，他的这篇论文却没有得到重视。奥伯特猛烈地批评德国的教育体制，称其"……就像一辆有着强大功率的尾灯的汽车，虽然能照亮过去，却无法启迪未来"。[13]

和齐奥尔科夫斯基一样，奥伯特在其职业生涯中的大部分时候也远离学术界，以教书谋生。他是星际航行协会（Spaceflight Society）的主要成员之一，这个协会是德国的一个业余火箭研究团体。当欧洲经济陷入衰退时，该协会的成员曾搜集他们能找到的所有材料用于制造他们的火箭。1929年，奥伯特成为弗里茨·朗（Fritz Lang）执导的电影《月里嫦娥》（*Woman in the Moon*）的技术顾问，该片是第一部设置了宇宙场景的电影。在为这部电影做宣传时，他因意外事故失去了一只眼睛。同年，奥伯特进行了他的首个液体燃料火箭发动机的系留点火试验。18岁的沃纳·冯·布劳恩（Wernher von Braun）是其助手之一。在人类探索太空的历史上，冯·布劳恩是一个无法绕过的名字。

美国人罗伯特·戈达德（Robert Goddard）是发射液体燃料火箭的第一人。戈达德小时候很瘦弱，还遭受胸膜炎、支气管炎和胃病的折磨。大部分时间里，他都躲在当地的公共图书馆，沉迷于赫伯特·乔治·威尔斯（Herbert George Wells）的科幻小说。17岁那年，一天，他爬上一棵樱桃树，清理掉枯树枝："我想象着，或许可以制造出一些能飞向火星的设备，这是多么神奇啊。如果缩小比例尺，从我脚下的草地上发射这些设备，会如何呢……从树上下来时，我已经不是爬上树时的我了。"[14]从那时起，戈达德就确定了自己的理想。

1914年，戈达德注册了液体燃料火箭和多级火箭的专利，这是他200多项专利中的第一项。他既是一位物理学家，也是一个喜欢亲自动手的实验家。液体燃料火箭对各项技术指标的要求非常严格，因为挥发性的燃料和氧化剂必须以很精确的可控速率注入燃烧室。在1926年春天一个寒冷的早晨，戈达德成功发射了一枚小型的液体推进火箭，他将其命名为"内尔"（Nell）。戈达德是在他姑妈家的农场里发射了这枚火箭，火箭飞行了不到3秒，飞行距离为56米，最后降落在一片卷心菜地里（如图2-3）。多年来，戈达德进行了30多次飞行试验，不断改进他的设计和技术，直到飞行高度达到数千米。1929年，他与著名的飞行员查尔斯·林德伯格（Charles Lindbergh）建立起了终生的友谊，两人都怀有飞天的梦想。[15]

图 2-3　戈达德及其发明的液体火箭

注：1926 年，在新英格兰寒冷的初春里，戈达德站在他最著名的发
　　明——液体火箭的发射架旁边。这枚火箭的液体燃料是汽油和液
　　氧，装在戈达德这件尚未完工的作品的缸体内。

　　然而，当时的世界并没有做好接受火箭的准备。1919 年，戈达德发表了奠基性论文《到达极高空的方法》（*A Method of Reaching Extreme Altitudes*），却遭到媒体和同行科学家的嘲笑。一篇发表在《纽约时报》上的未署名的评论提出了尖锐的批评，指责戈达德连基本的物理定律都不懂：“戈达德教授……不了解作用力与反作用力之间的关系，也不知道需要用比真空更合适的物体来施加反作用力……当然，他好像只缺乏高中的物理知识。”[16] 49 年后，在“阿波罗 11 号”发射升空后的一天，《纽约时报》刊登了一则简短的更正：“进一步的研究和实验证实了 17 世纪时牛顿的发现，现在可以确定的是，火箭在真空中也能飞行，就像在大气层中一样。本报对当年的错误感到抱歉。”[17] 对戈达德来说，这个道歉来得太迟了，他已于1945年因喉癌逝世。

沃纳·冯·布劳恩，火箭发展史上最具争议性的人物

20世纪40年代，太空探索和战争再次结合在了一起。戈达德从史密森学会（Smithsonian Institution）和古根海姆基金会获得了少量研究经费，当时的政府机构对他的研究毫无兴趣，军方对此则不屑一顾。但美国未来的对手却对戈达德的火箭兴趣浓厚。20世纪30年代，德国驻美大使馆的武官将戈达德的工作报告给了德国的军事情报机构，苏联则通过潜伏在美国海军航空局（US Navy Bureau of Aeronautics）的克格勃（KGB）间谍来搜集情报。第二次世界大战末期，戈达德检查了一枚被美军缴获的德国V-2弹道导弹。V-2导弹比戈达德设计的所有火箭都要先进，但他确信德国人"偷"了他的设计。戈达德感到非常愤怒，指控奥伯特剽窃了他1919年的设计。经此一事，戈达德变得偏执而多疑，对于自己的研究成果则守口如瓶。[18]

V-2火箭的缔造者是火箭发展史上最具争议性的人物：沃纳·冯·布劳恩。

我们可以想象这个德国男孩开始对火箭着迷时的情景。德国人用火箭推进汽车，创造了陆地速度纪录，受此启发，这个12岁的男孩在拥挤的街道上制造了大混乱。似乎是为了和万户遥相呼应，冯·布劳恩将他所能找到的十几个最大的冲天火箭绑在玩具货车上。与万户不同的是，冯·布劳恩并未坐在玩具货车里，而是在点燃火箭后，往后退了几步。结果令他兴奋不已："这完全超出了我最疯狂的梦想。玩具货车像疯了一般倾斜着上窜，还拖着一条如彗星般的火尾巴。火箭燃烧完时，轰鸣一声，火花四溅，玩具货车翻滚着停了下来。"[19] 赶到现场的警察却没有注意这些，他们直接拘留了这个男孩。

冯·布劳恩的父亲将他救了出来。他父亲是德国农业大臣，母亲的血统可以追溯到法国、英国和丹麦王室，年轻的冯·布劳恩继承了男爵头衔。他一生都表现出近乎傲慢的自信。

冯·布劳恩虽然是一位天才音乐家，会弹钢琴，拉大提琴，还能以欣德米特（Hindemith）的风格谱曲，但他刚开始接触数学和物理时感到很吃力。他的母亲给他买了一架望远镜，很快他就被月球迷住了。十几岁时，他就买了奥伯特所著的《通往星际空间的火箭》（*By Rocket into Interplanetary Space*）一书，当他打开书时，却感到很沮丧。他回忆道："让我惊愕的是，我一个字都看不懂，里面全是令人困惑的数学符号和数学公式。"[20] 他意识到，若想开展太空旅行，必须以性能计算为基础，因此，他决定学习相关的课程。18岁时，在奥伯特的指导下，他开始了自己的研究。同年，在听了一位高空热气球运动先驱的演讲之后，他对那位先驱说："我打算在将来某一天飞往月球。"

希特勒上台时，冯·布劳恩21岁。之后，他声称自己不关心政治，对身边的人和事也不感兴趣。对于他这种不严肃的爱国精神，往好里说，是他太天真了，完全没有意识到自己的研究成果会带来什么样的后果；往坏里说，他就是死亡和毁灭的帮凶。[21]

作为一个业余爱好者，冯·布劳恩继续着他的火箭试验。在柏林的日子里，他忙于攻读物理学硕士学位，业余时间则待在柏林城外一片占地1.2平方千米、长满了灌木和杂草的地方。利用搜寻来的材料和免费的劳动力，柏林火箭学会（Berlin Rocket Society）的成员们在这个地方积极地开展工作。当陆军军械部（Army Ordnance Department）对他们的研究表现出兴趣，并提供资金支持时，冯·布劳恩高兴极了。（实际上，戈达德一直在寻求的正是这种来自军方的资助，但他的工作没有获得这种资助。）1934

年，冯·布劳恩完成了他的博士论文，其中的部分内容关系到国家安全，所以一直处于保密状态，直到1960年才公开。他将太空旅行的梦想放在了一边，搬到了波罗的海中的一个岛上，军方在岛上为他建造了一个大型设施。在那里，他研制出了一种武器，这种武器最终被命名为"复仇武器2号"（Vengeance Weapon 2），或者简称为V-2（如图2-4）。

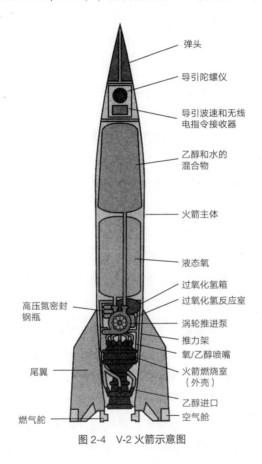

图2-4　V-2 火箭示意图

　　注：德国 A4 火箭示意图。A4 火箭后来被重新命名为 V-2 火箭，或者"报
　　　　复/复仇武器2号"，它是世界上第一枚远程弹道导弹。在第二次
　　　　世界大战后期，德国向英国和比利时境内发射了 2 000 多枚 V-2 火箭。

冯·布劳恩很庆幸自己能安然无恙地熬过战争，但他的新生活却处处受限，为此他感到十分愤怒。他在得克萨斯州埃尔帕索（El Paso）附近的布利斯堡（Fort Bliss）工作，但在没有军队保护的情况下，他不能离开基地。在德国时，只有26岁的他就有上千名工程师向他汇报工作。但在美国，他的研究团队不仅人手不足，而且资源匮乏。还好，那些忠诚的德国工程师仍然称呼他为教授。

在战后那几年，冯·布劳恩虽然感到非常沮丧，但他也得以重新开始。他又能自由地追求自己的太空之梦。

梦想与噩梦

第二次世界大战结束后，在美国陆军的指挥下，冯·布劳恩和100多位德国高级科学家继续研发V-2火箭。

同时，苏联接管了米特尔维克（Mittelwerk）工厂，却发现绝大部分优秀的工程师已经逃到了美国。在美国，德国科学家成了火箭研发的核心力量，而在苏联的德国科学家仅仅充当顾问的角色，并在20世纪50年代初期被遣返回德国。在苏联，与冯·布劳恩相当的人物是同样才华横溢的谢尔盖·科罗廖夫（Sergei Korolev）。通过对V-2火箭开展逆向工程研究，他很快就提出了自己的设计方案，并使发动机的推力达到了前所未有的100吨。在一场大清洗运动中，科罗廖夫被关进监狱，并在狱中度过了6年，其间他受到虐待，身体出现了严重问题，影响了他的一生。在冷战期间，苏联仅将他称为"主要设计者"，直到1966年逝世之后，科罗廖夫的身份才为西方国家所知。

第二次世界大战后，美国和苏联之间的互不信任日益加深。美国失去了对原子弹的垄断，只能眼睁睁地看着苏联联合部分欧洲国家，形成了从波罗的海到亚得里亚海的"铁幕"（Iron Curtain）。苏联则害怕遭受侵略，因为在第二次世界大战中，苏联损失了2 700万人，而且靠近苏联领土的美国军事基地拥有非常强大的空军力量。对于意识形态在所谓的太空竞赛中的作用，记者兼历史学家威廉·巴罗斯（William Burrows）总结道："冷战成为巨大的发动机（最重要的催化剂），将火箭和货物送到远离地球的地方。如果齐奥尔科夫斯基、奥伯特、戈达德等人是'火箭之父'，那么资本主义和共产主义之间的竞赛就是火箭的'助产婆'。"[22]

让人类离开地球，是这些梦想家从未放弃的雄心壮志。但在接下来的10年里，太空旅行的梦想一直被核毁灭的噩梦所笼罩。

美国和苏联虽然没有发生直接冲突，但双方用尽了军事欺诈、代理战争、支持战略同盟、间谍活动、宣传，以及技术和经济竞争等手段。在冷战中，最前沿的对抗就是核军备竞赛。第二次世界大战结束后，美国自认为在发展核武器方面拥有绝对优势，因此，当1949年苏联的第一颗原子弹爆炸成功时，美国的专家们都震惊了。

"曼哈顿计划"（Manhattan Project）是美国研发和制造原子弹的计划。这个计划的保密程度非常高，连时任美国副总统的哈里·杜鲁门都不知道它的存在。然而，间谍无孔不入。美国和苏联都在军事武器方面投入巨大。1952年，美国首先成功试爆了氢弹，之后不到一年，苏联的氢弹实验也取得了成功。

当美国和苏联研制出能将物体发射到太空的弹道导弹时，太空竞赛就已经开始了。1955年，这两个国家相继宣布发射人造地球卫星的计划，前后仅相隔4天。[23] 双方的核武器储备迅速增加，根本目的是确保能在数小时内锁定并摧毁敌方的任何城市。

在美国，由于海陆空三军都想发展自己的洲际弹道导弹，洲际弹道导弹的研发反而因此受阻。美国空军研发出了擎天神火箭（Atlas rocket），美国海军则拥有先锋火箭（Vanguard rocket），而由冯·布劳恩率领的美国陆军研发团队，正在改进由V-2火箭演变而来的红石火箭（Redstone rocket）。随着太空竞赛不断升级，美国总统艾森豪威尔最终认可了海军的先锋火箭，因为它是由海军研究实验室研发的，而这个实验室看起来更像科研机构，而非军事机构。"擎天神计划"和"红石计划"则都被叫停了。艾森豪威尔想避免太空竞赛的公开军事化，也不想留下把柄，让苏联在宣传上大做文章。

与此同时，苏联也投入大量资金，不遗余力地研发洲际弹道导弹。科罗廖夫研发出了R-7火箭，其威力远远超过美国的所有火箭。R-7火箭可以搭载3吨重的弹头，射程达8 047千米。在苏联和俄罗斯的太空计划中，R-7火箭衍生出的火箭家族已经服役了50多年。1957年10月4日，苏联将一个会发出哔哔声的金属球送入了轨道，震惊了全世界。这个金属球就是"斯普特尼克1号"，它只有一个沙滩球大小，重量与成年人相当（如图2-5）。

太空竞赛的"赌注"随即猛增。作为1957—1958年的国际地球物理年期间的部分活动，美国和苏联都研发出了自己的人造卫星。小型卫星可以用于科学研究，大型卫星却能将核武器送入轨道，这不得不令人担忧。显然，谁控制了太空前沿，谁就能控制世界。

美国急于赶上苏联，创造出能媲美斯普特尼克卫星的辉煌成就。当全美的电视观众看到一枚先锋火箭在发射几秒后发生爆炸时，整个国家都感受到了耻辱。报纸称其为"Flopnik"和"Kaputnik"，意即发射失败的卫星。随后，苏联驻联合国代表根据"苏联援助发展落后国家计划"为美国提供帮助。冯·布劳恩和他的团队则立即行动起来，迎接挑战。1958年1月31日，"探险者1号"（Explorer 1）成功进入轨道，替美国挽回了颜面，但苏联依旧处于领先地位：斯普特尼克重达84千克，与一个成年人的体重相当，而探险者号仅重5千克，不比一块砖重多少。

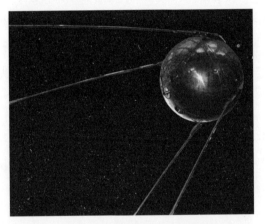

图 2-5　第一颗人造地球卫星"斯普特尼克1号"

注：第一颗人造地球卫星"斯普特尼克1号"，是由苏联于1957年10月发射的近地轨道卫星，轨道周期约为90分钟。在坠入大气层烧毁之前，它在轨工作了22天。"斯普特尼克1号"拉开了太空竞赛的序幕。

尽管当时正值冷战的高峰期，太空很容易成为军队的专属领地，但作为三军统帅的总司令始终保持着头脑冷静。对手资金雄厚、组织严密，艾森豪威尔只能奋起直追。作为前总司令，艾森豪威尔对军队的官僚作风非常了解，因而更倾向于民间组织。他还意识到，创新将来自国家航天机构，而不是在竞争和孤立状态下运作的小团体。当国会就这一问题举行听证会时，来自得克萨斯州的年轻议员林登·约翰逊（Lyndon Johnson）站了出来，他在推动这一国家航天机构成立方面发挥了至关重要的作用。[24]

这一系列事件，导致了美国国家航空航天局（NASA）的成立，也暴露了美苏两国进军太空的动机，以及双方之间的紧张关系。当斯普特尼克卫星围绕地球飞行时，詹姆斯·基里安（James Killian）接受艾森豪威尔的任命，担任其科学与技术特别助理。基里安是麻省理工学院的校长，艾森豪威尔选择基里安，表明他想要强调太空政策的民用意图。1957年年末，在给艾森豪威尔的一份备忘录中，基里安写道，很多科学家强烈反对国防部控制太空计划，因为这会使太空研究局限于军事目的，美国的太空活动也会被视为军事活动。然而，参议院军事委员会预备附属委员会咨询了众多专家的意见，这些专家表示，如果由军方掌控太空计划，美国就不会被斯普特尼克卫星搞得颜面扫地了。1958年5月，苏联发射了重达1吨的"斯普特尼克3号"卫星，它的体积太过庞大，导致美国的鹰派和鸽派互相指责，并各自采取行动。但鹰派的声音越来越大。[25]

艾森豪威尔顶住了压力。1958年10月1日，美国国家航空航天局成立，它是一个旨在和平开展太空探索的民间机构。成立之初，这个机构有8 200个员工，预算为3.4亿美元。《太空法案》（*Space Act*）规定了它的8个目标，其中包括扩展关于太空的知识，改进航天器，保持美国在空间科学与技术方面的领导地位，以及与国际伙伴和盟友开展合作。[26]在苏联发射了震惊世界的斯普特尼克人造地球卫星后不到一年，《太空法案》就签署了。

送机器人进太空

带我飞向月球

对美国来说，虽然"斯普特尼克号"卫星是技术上的"珍珠港时刻"，但它一直在努力追赶苏联。

在第一个五年太空计划里，苏联突飞猛进，获得了一系列令全世界瞩目的成就：第一颗在轨人造地球卫星，第一个挣脱地球引力的物体，第一次空间数据连接，第一个登陆月球的探测器，第一个飞往金星的探测器，第一个飞往火星的探测器，第一位进入太空的宇航员，第一位进入太空的女宇航员，第一次双人载人航天，以及第一次将狗送入地球轨道并安全返回。[1]

1961年4月12日，在哈萨克斯坦一片贫瘠的草原上，尤里·加加林（Yuri Gagarin）搭载的"东方1号"（Vostok 1）载人飞船发射升空，他因此成为世界上第一个绕地球轨道飞行的人。加加林1.57米的身高有利于他适应微小的太空舱。作为预防措施，这次飞行采用全自动模式，只围绕地球飞行一圈，而且加加林也不用控制飞船，因为当时的医学还无法得知，人类在遭受发射过程中产生的高压和接下来的失重时会有什么反应。在紧急情况下，加加林只需打开一个文件，将一串特殊指令输入计算机，就能控制飞船。[2] 尽管如此，"东方1号"宇宙飞船仍被看作一个历史性事件（如图3-1）。[3] 美国再次感受到了当初"斯普特尼克号"卫星发射时的震惊和尴尬。

图 3-1 苏联发行的纪念加加林的邮票

注：1961 年 4 月 12 日，加加林成为世界上第一个进入太空的宇航员。他以空军上校的军衔退休，并被授予"苏联英雄"的称号，这是苏联的最高荣誉。加加林成了世界名人。1968 年，他在一次例行飞行训练中坠机罹难。

当时，新上任的美国总统约翰·肯尼迪年轻有为，非常重视航空事业的发展。在加加林绕地球飞行不到两个月，在艾伦·谢泼德（Alan Shepard）在亚轨道飞行了15分钟、成为美国第一个进入太空的宇航员之后不到3个星期，肯尼迪总统就在国会参众两院联席会议上发表了特别演讲："我相信这个国家应该致力于实现这个目标，在10年之内将人类送上月球并让其安全返回。"[4]

载人航天计划的第一阶段在冷战逐渐加剧的背景下展开。尽管"水星计划"（Mercury program）的第一批宇航员不需要自己驾驶宇宙飞船，但将人类送入轨道只是征服太空的第一步，而征服太空是两个超级大国之间展开竞争的形式。

在肯尼迪阻挠菲德尔·卡斯特罗（Fidel Castro）的秘密计划失败之后，苏联加大了对古巴的军事支持。在欧洲，美国和苏联的坦克在新建的柏林墙两侧对峙。1962年10月，当苏联准备在古巴部署核导弹时，世界似乎已经处在核战争的边缘。美国拥有的核武器超过3万枚，苏联很快迎头赶上。"同归于尽"式的核武器威慑逻辑是无法带来慰藉的。

因此，人类历史上规模最大、技术最复杂的"阿波罗计划"（Apollo program）开始了。[5]在"阿波罗计划"的鼎盛时期，有50万人和2万家公司参与其中。以现在的美元来衡量，该计划耗资超过1 000亿美元。

为了尽快实现登月目标，美国国家航空航天局需要巨额预算，并且紧密地专注于这个目标。在肯尼迪发表演讲时，只有两位宇航员进行过太空飞行。1962年，作为"阿波罗计划"的先导，美国国家航空航天局启动了"双子星计划"（Project Gemini）。

"双子星"宇宙飞船搭载着两位宇航员，通过开展对接技术试验，训练宇航员在宇宙飞船舱外活动的能力，以及开展长时间飞行试验，来模拟往返月球的旅程。"阿波罗计划"早期的所有宇航员都来自"水星计划"和"双子星计划"，他们有着丰富的经验。

美国希望和苏联展开合作，而不是在登月竞赛中付出双倍的努力。古巴导弹危机的和平解决，将世界从核战争的边缘拉了回来，肯尼迪和尼基塔·赫鲁晓夫之间也达成了和解。1963年，肯尼迪在联合国大会上发表演讲，提出联合开展太空探索的计划。起初，赫鲁晓夫拒绝了这个提议，但当肯尼迪于1963年11月遇刺后，他准备好接受这个提议了。肯尼迪也要防范风险，所以他在合作与竞争之间犹豫不决。1963年11月22日，如果肯尼迪有机会发表演讲，他应该会说："美国并未打算在太空竞赛中屈居第二位。"[6] 不到一年时间，赫鲁晓夫下台，林登·约翰逊和列昂尼德·勃列日涅夫（Leonid Brezhnev）之间矛盾尖锐，因而双方合作开展太空探索的计划就被搁置一旁了。

美、苏这两个世界超级大国之间的双边关系中充满了虚假消息和误解，这一点是在当时的一些保密文件解密之后才慢慢为人们所知。[7] 美国和苏联彼此忌惮，同时也都高估了对方的能力。苏联拒绝开展太空合作，部分原因是不想暴露他们计划中的技术短板。在肯尼迪1961年发表的著名演讲中，他就敢于自我揭短。

早期的太空飞行风险很大。苏联的大部分损失在当时都是保密的，后来才为人所知。[8] 1960年，一枚R-16洲际弹道导弹的二级火箭在点燃一级火箭的推进剂时发生了爆炸，造成100多位苏联顶尖军事和技术人才丧生。炮兵部队元帅米特罗凡·涅杰林（Mitrofan Nedelin）当场葬身火海，留下的唯一可辨认的遗物就是他的勋章。

一年后，一位苏联宇航员在高氧含量的实验室里进行测试时被大火烧成了灰烬。苏联甚至抹掉了这位宇航员存在过的所有证据。这是极其不幸的，因为1967年"阿波罗1号"的飞行组员也在相似的情况下丧生，如果知道苏联的那起事故，也许就能重新设计飞船的太空舱。巧合的是，在一次地面测试中，太空舱中的氧气被火花引燃，发生大火，格斯·格里森（Gus Grissom）、爱德华·怀特（Edward White）和罗杰·查菲（Roger Chaffee）被严重烧伤，在氧气耗尽后窒息而亡。同年，在"联盟1号"（Soyuz 1）飞船降落时，降落伞系统发生故障，弗拉基米尔·科马洛夫（Vladimir Komarov）因无法打开降落伞而身亡。

将自己置身于1 900立方米煤油和液氧之上的小金属容器里的人，是极其英勇的。据见证过"土星5号"（Saturn V）发射的人回忆，即使远在3.2千米之外，人们也能感受到它的发动机产生的巨大热浪和压力波直扑胸膛。5台巨大的发动机每秒消耗15吨燃料，产生3 560万牛顿的推力。巨大的"土星5号"火箭比自由女神像还高出20米（如图3-2）。

1969年7月，当尼尔·阿姆斯特朗（Neil Armstrong）在一系列技术故障后，对"阿波罗11号"的登月舱实施手动操控时，休斯敦飞行控制中心（Mission Control in Houston）的工作人员极度紧张。阿姆斯特朗在剩下的燃料不够飞行1分钟的情况下，通过控制登月舱，在布满砾石的崎岖不平的月球表面找到了一个合适的地点，并成功登陆月球。坐在休斯敦飞行控制中心的查尔斯·杜克（Charles Duke）通过无线电对阿姆斯特朗说："你们这帮人都快变成蓝色了。[1]我们又喘过气来了。"9

无论过去还是现在，登月都是一项壮举。有24位宇航员进行了飞月之旅，他们是少数脱离了地球引力场束缚的人，其中12位宇航员还在月球上留下了脚印。

---

[1] 这句话暗指他们对任务失败的恐惧。——编者注

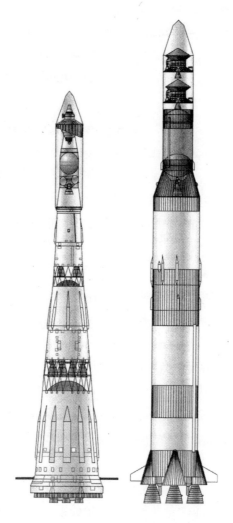

图 3-2　苏联 N1/L3 火箭（左）和美国"土星 5 号"火箭（右）

注："土星 5 号"火箭有 36 层楼高，最大推力达到了 3 560 万牛顿，
　　能将 60 吨载荷送入地球轨道。

1970年，"阿波罗13号"的3位宇航员凭借着他们的机智和英勇，成功地将发生氧气爆炸后严重受损的飞船带回了地球，尽管这是一次壮举，但公众对登月的兴趣并没有增加。透过模糊的历史镜头来看，"阿波罗计划"似乎获得了公众的广泛支持，但实际上，大部分人认为政府在太空方面的投入过大。肯尼迪和约翰逊都曾抱怨"阿波罗计划"耗资巨大，所以取消了最后三个登月计划，转而让美国国家航空航天局研究航天飞机，其目的是将航天飞机打造成"太空货车"，定期把宇航员和货物送入近地轨道。实际上，这是从宏大的"阿波罗计划"中抽身的策略。

　　毕竟，登月计划意义深远。

　　宇航员虽然都很爱国，但都本能地意识到自己代表了全人类。当他们围绕地球飞行时，他们中的很多人可以不带任何地域偏见地评价地球。在这里，没有政治派别，没有文化边界。脆弱的地球悬浮在黑暗的太空里，犹如一个蓝色的玻璃球，地球这一标志性的形象激起了20世纪60年代末期的环境保护运动。军事工业复合体最伟大的功绩受到了反主流文化积极分子的追捧，这的确非常具有讽刺意味。[10] 1969年，弗兰克·辛纳屈（Frank Sinatra）在电视节目中演唱《带我飞向月球》（*Fly Me to the Moon*），表达了自己对"将不可能变成可能"的宇航员们的敬意。这首歌的曲风活泼轻快，完美地表达了飞跃地球边界的宇航员的喜悦。

人鼠之间

　　太空旅行最困难的部分就是到达太空。

　　对火箭而言，最重要的量是最大Q值（Max-Q）——在火箭加速过程中由于大气阻力而产生的最大气动压力。当飞行的高度比较低时，压力比较小，因为此时的速度小；当飞得很高时，压力也比较小，因为此时的大气非常稀薄。最大Q值出现在两者之间的某处，它出现之时，也是监控发射过程的工程师们极度紧张的时刻。对"土星5号"火箭和航天飞机来说，最大Q值出现在发射后大约1分钟的时候，此时高度大约为12.2千米。

火箭上的乘客都会感受到巨大的冲击力和振荡，但最危险的是重力。我们在地球上所受到的地球引力向下的加速度为9.8 m/s²，也就是1 g。我们的身体里充满了水，所以很柔软，这使得我们承受加速度的能力很强，当然这也与加速度的方向有关。战斗机飞行员能承受8 g或9 g的加速度，在这种加速度下，血液都流向脚部，只要持续时间不超过几秒钟就没有问题。但在-2 g或-3 g的加速度下，血液会冲向头部，飞行员会失去意识甚至死亡。美国空军上校约翰·斯塔普（John Stapp）是一位空军医生，在20世纪50年代，他冒着生命危险进行了人类能承受的加速度极限测试。斯塔普一次又一次将自己捆绑在火箭滑车上进行试验，在其中一次试验中，瞬间受力达到了46 g，但他成功地活了下来。在这些试验中，斯塔普上校多次肢体骨折，而且永久性地丧失了视力。他最后在家中安然辞世，享年89岁。

在主发动机关闭前，"阿波罗号"的宇航员感受到的最大重力为4 g，当他们再入地球大气层时，重力将近7 g。而航天飞机的宇航员在上升和降落阶段所受的重力不超过3 g，这是你在任何一座过山车里都能感受得到的。但在航天时代早期，医学还无法确定人类能否在太空苛刻的环境中存活，因而用很多哺乳类动物代替人类开展这方面的试验。这种做法有着悠久的传统。1783年时，人们就将一只羊、一只鸭子和一只公鸡放在当时刚发明的热气球上做测试。

莱卡（Laika）是人类航天事业中众多无名英雄中的一员。它是哈士奇和小猎犬杂交的后代，是莫斯科街头的一只流浪狗。苏联科学家更青睐流浪动物，因为他们认为在大街上流浪的动物适应性更强。在10只流浪狗中，莱卡因为性格沉着冷静而被选中。在经受了离心机和嘈杂环境的考验后，莱卡被苏联科学家连续不断地放入越来越小的空间，它在每个空间都会待一段时间，最长的待了3个星期。然后，莱卡就适应了微小的太空舱。为了能及时发射，以便为纪念布尔什维克革命40周年献礼，赫鲁晓夫给设计者们施加了很大压力。因此，"斯普特尼克2号"搭载着莱卡在匆忙中发射升空，此时距离"斯普特尼克1号"发射升空还不到一个月。

早期的数据显示，莱卡有些焦躁不安，但仍然享用着自己的食物。然而，因为温控系统存在缺陷，莱卡在入轨飞行约7小时后因为过热和压力超标而死亡。事实上，莱卡是不可能活着完成飞行的，因为苏联科学家已经为它准备了有毒的食物，在飞船再入大气层发生炽热燃烧之前，它就会安静地死去。当时的报道是，莱卡在飞行到第六天时因氧气耗尽而死。动物权利组织在世界各地的苏联大使馆表示抗议，还在位于纽约的联合国总部进行了示威游行。[11] 多年以后，苏联解体，参与此事的科学家终于可以畅所欲言了，其中有些人感到很懊悔。莱卡的训练员奥列格·加真科（Oleg Gazenko）中将承认："用小动物来开展试验对我们所有人来说都是一种折磨。我们像对待不能说话的婴儿那样对待它们。时间越久，我就越后悔，真希望当初没有那么做……我们从这项任务中学到的东西，远不足以为小狗的死辩解。"[12]

苏联用小狗开展试验，美国则更喜欢用猴子，因为猴子与人类更相近。第一只进入太空的猴子名叫阿尔伯特（Albert），它于1948年乘坐V-2火箭升空。阿尔伯特死于窒息。在这类试验进行的前10年里，动物的死亡率非常高。1959年，埃布尔（Able）和贝克（Baker）成为美国第一对飞入太空并活着返回地球的动物，在这个过程中，它们承受住了32 g的重力。埃布尔是一只恒河猴，返回地球后不久就死于一次外科手术。"贝克小姐"（Miss Baker）是一只松鼠猴，后来又活了28年（如图3-3）。贝克小姐每天都会收到150多封来自小学生的信，它死后被安葬在亚拉巴马州亨茨维尔的美国太空和火箭中心的墓地里，有300人参加了它的葬礼。

图3-3 松鼠猴"贝克小姐"

注："贝克小姐"是一只来自秘鲁的雌性松鼠猴，它是第一只活着完成了太空飞行的动物。当时它被安置在美国空军的一颗弹道导弹的前锥体内，上升到580千米的高度，承受住了32 g的重力，最高速度达到了16 000千米/小时。

1947年，果蝇乘坐一枚缴获的德国V-2火箭，成为第一个被送入太空的物种，然后依次是老鼠、猴子、男人和女人。

从那以后，有许多动物完成了太空旅行。到20世纪60年代初，美国和苏联都成功地将老鼠发射到太空，随后苏联又将青蛙和豚鼠加入他们的发射团队里。法国也用老鼠来做试验。1963年，法国计划将一只名叫菲利克斯（Felix）的猫送入太空，但菲利克斯有自己的计划，它逃走了，法国人只得用一只名叫菲力赛特（Felicette）的猫来代替菲利克斯。1968年，两只乌龟搭载苏联的"探测器5号"（Zond 5），成为第一种飞往月球的动物。与这两只乌龟同行的还有酪蝇、黄粉虫，以及其他生物样本。几年后，美国用"阿波罗16号"和"阿波罗17号"将老鼠和线虫送往月球。航天飞机让动物的太空旅行变得更方便。目前，蜘蛛、蜜蜂、蚂蚁、蚕、蝴蝶、蝾螈、海胆和水母等生物都在轨道上飞行过。不过，宇航员非常担心其中的一些乘客，特别是马达加斯加发声蟑螂和南非扁石蝎。

这些危险旅程中的大部分都是在近地轨道上完成的，近地轨道的高度为几百千米，也就是一个下午的车程。即使往返月球一趟也不到80.5万千米，很多经常乘坐飞机出行的商务人士每隔几年就会积累到这个里程。

相比之下，飞向行星则要困难得多。

行星探索的艰难历程

20世纪60年代中期，美国国家航空航天局的预算达到了顶峰。作为联邦预算的一部分，美国国家航空航天局的预算从1967年的峰值5.5%迅速缩减到1973年的1%，从这以后，就一直处在1%以下。[13] 20世纪70年代，美国国家航空航天局还面临着另一个挑战，虽然这个挑战不像让宇航员在月球上跳跃、驾驶月球车那样伟大，那样激动人心。

从地心说世界观转向多元世界观，是人类思想史上的一次重要转变。

地心说认为，地球是独特的、唯一的；多元世界观则认为，宇宙中的天体在物理上和地质上都是相似的。太空旅行以一种通过望远镜观测无法实现的方式，将这些世界带到了我们面前。

1610年以前，行星只是在天空中流浪的不会闪烁的光点。月球上有陨石坑和黑色的"月海"，人们将它们进行组合，形成假想的图案。当伽利略将望远镜指向月球时，他观测到的月球表面"就像地球表面一样，到处是巨大的隆起、深坑峡谷和蜿蜒的河道"[14]。但与阿波罗宇航员到达月球后我们看到的情况相比，这简直不值一提。阿波罗宇航员在崎岖的月面行走，并带回了约382千克的岩石样本。现在，我们精确地测定出了月球的年龄，误差不超过1%，也弄清楚了月球的地质史，还知道月球是由地球在婴儿期时被撞击之后的残骸凝聚而成的。

经过几百年的望远镜观测，人们发现了一小部分行星，但对这些行星的确切性质却知之甚少。它们只是夜空中细小而模糊的光斑。其中，火星是个例外，它拥有白色的极冠和网格状结构特征。美国业余天文学家帕西瓦尔·罗威尔（Percival Lowell）一厢情愿地认为，这些网格代表了火星文明的灌溉系统。即使是与我们邻近的火星，望远镜观测能揭示的物理实在也很少。近至1966年，科学家们仍在争论火星上是否覆盖着植被。

宇宙空间广袤无边，这是理解行星探索的背景。我们从沿地球轨道飞行前进到成功登月，就像离开自家后院前往另一座城市进行探索。地球轨道的高度为几百千米，月球距离我们大约40万千米，因此，相比进入近地轨道，登月要困难得多。在最接近点时，地球与火星之间的距离是地月距离的200倍，地球与木星之间的距离是地月距离的1 600倍，而地球与太阳系边缘之间的距离，比这还要大1 000倍。

在太空竞赛中，人类成功地登上了月球，这是一项伟大的成就。通过引导无人航天飞船飞往地球之外数亿千米的天体，美国和苏联能检验它们的技术，扩展它们有关太阳系的知识。然而，失败无可避免。1958年，美国陆军和空军4次发射先驱者系列探测器，但都失败了。与此同时，"月球计划"（Luna program）的前三次任务也以失败告终。苏联通常不会公开未进入预定轨道、发射失败的任务，甚至不会为失败的发射任务分配月球计划的编号。但坚持不懈的努力终于换来了成功。1959年1月，在"斯普特尼克号"卫星成功发射后不到两年，"月球1号"（Luna 1）成为第一个摆脱地球引力的人造物体。到1959年年末，后继的"月球2号"和"月球3号"探测器撞击了月球表面，拍摄到了布满陨石坑的月球背面。这些探测器带来了丰厚的科学回报，我们因此获得了关于月球化学组成、引力和辐射环境的重要信息。

1962年，"水手2号"（Mariner 2）成功下降到距离金星32 000千米以内，美国完成了首次行星探测飞行。两年后，"水手4号"完成了首次火星探测飞行。让行星探测器成功到达目的地是一项科技创举。以高尔夫运动来做个类比，行星探测飞行就像用球杆将高尔夫球打进一个球洞里，而这个球洞直径不到2.54厘米，且远在366米之外。

让航天器在行星上登陆并传回探测数据更是难上加难。

苏联率先成功了。1970年，"金星7号"（Venera 7）探测器成功登陆金星，并传回了23分钟的数据。但这是在经历了15次尝试之后才成功的。在"金星号"系列探测器之前，有3艘航天器未能成功挣脱地球引力，另有1艘发生了爆炸。在经历了7次失败任务后，1971年，苏联的"火星3号"（Mars 3）登陆飞船才传回不到20秒的数据。由于火星任务困难重重，苏联曾放弃他们的火星探测达10年之久。

当美国国家航空航天局的工程师们开始将他们的专业知识应用于太阳系探索时，他们才意识到他们当中没有人从事行星科学研究。因此，他们开始劝说和诱惑大学招收这方面的科研人员与博士后，行星科学这一学术领域由此形成。行星科学是地质学和天文学的交叉科学，不断吸引着具有创新精神和传奇色彩的人物。

虽然行星探索的发展历程很惨烈，但研究成果非常丰富。自"阿波罗计划"以来，在美国国家航空航天局工作的一群志向远大的年轻行星科学家精英，发射了火星轨道飞行器和登陆器（"海盗1号"和"海盗2号"）、木星探测器和土星探测器（"先驱者10号"和"先驱者11号"），以及太阳系外行星天王星和海王星探测器（"旅行者1号"和"旅行者2号"）。

这些任务始于20世纪70年代，取得了巨大成功。"先驱者10号"和"先驱者11号"分别发射于1972年和1973年，它们都飞越了木星及其卫星，"先驱者11号"还近距离观测了土星。两个探测器都携带了一块镀金铝板，上面刻有人类的图像和有关探测器来源的信息，期待某天这两个探测器能被外星人发现。"先驱者10号"和"先驱者11号"都已经离开了太阳系，"先驱者10号"目前距离地球160亿千米之遥。自1977年发射以来，"旅行者号"探测器一直向地球传回数据，已经持续36年。"旅行者2号"造访过天王星和海王星，"旅行者1号"是目前飞得最远的人造航天器，正沿着距离地球193亿千米的星际空间飞行。1975年发射的"海盗号"探测器，在火星表面不同的地点释放了两个登陆器，并开展了第一次，也是唯一的一次火星土壤生命检测。这一时期可以说是行星科学的"黄金时代"（如图3-4）。

图 3-4　第一张火星表面的照片

注：这是第一张从另一颗行星表面传回来的照片。1976 年 7 月 20
　　日，"海盗 1 号" 成功登陆火星。经过放大处理，这张火星表面
　　局部图呈现了一个干燥、寒冷的火星，打破了人们数十年来对这
　　颗红色行星的遐想。靠近中心的石头直径大约为 10 厘米。

　　20世纪80年代是行星科学的低潮期，探测的脚步逐渐放缓，但1997
年发射的"卡西尼号"（Cassini）探测器，至今仍在对土星系统进行探
测。"卡西尼号"与一辆汽车差不多大，搭载了十几台科学仪器。它飞越
16亿千米去窥探新的世界，第一次看到了令人惊奇的景象：水世界木卫
二的断裂冰面下存在海洋，土卫六上存在由乙烷和甲烷构成的湖泊，木卫
一上的火山每年为这颗小卫星覆盖上2.54厘米厚的硫，以及像煤烟一样黑
和像镜子一样亮的卫星。2005年，"卡西尼号"探测器释放的"惠更斯
号"（Huygens）登陆器在土卫六上软着陆，向我们展示了一个有湖泊、
河流、云层和雨水的异域世界。"惠更斯号"重约300千克，在电池耗尽
之前，它对土卫六的大气进行了采样，并拍摄了几个小时土卫六表面状况
的照片。"惠更斯号"目前仍然是飞行距离最远的人造航天器。[15]

　　通过行星探测器上的数字相机，我们得以一窥这些遥远世界的不同特
点和"个性"。这些新型相机以数百万的像素而非单个像素传输数据。
1990年，"旅行者1号"经过12年的飞行，长途跋涉64亿千米，最终到达

太阳系边缘，这是前所未有的。"旅行者1号"还为地球拍了一张照片，照片中，地球只是漆黑背景中的一个光点。地球的这一形象引起了人们的广泛共鸣，卡尔·萨根（Carl Sagan）将这个光点形象地称为"暗淡蓝点"（Pale Blue Dot），并以此为号召，呼吁人类善待彼此、保护地球："在宇宙中，我们的地球只是被黑暗包围的一粒孤独的尘埃……不会有来自其他地方的帮助拯救我们……我们这个渺小世界的遥远图像……提醒我们应该善待彼此，爱护和珍惜这个暗淡蓝点，这是目前我们所知的唯一的家。"[16]

人，抑或机器

太空探索困难重重，这也让我们意识到了人类无法在太空中存活下来这个事实。让我们想象一下，在无任何保护的情况下，身处太空中的人会怎么样。

想象一下你正在一个大型空间站末端的房间里，房间里有空气，但没有食物和水，你也没有穿航天服。你需要穿过一条长长的通道才能到达安全地带，但这条通道在被一颗流星撞击后破裂了，通道里现在处于完全的真空状态。你估计，到达通道另一端需要5秒钟，打开气闸舱还需要大约10秒钟，然后才能进入增压区。你能成功吗？

如果你在这个过程中深吸了一口气，那就不会成功。真空是致命的，因为它会让你肺部的空气膨胀，破坏脆弱的肺部组织。因此，呼出肺部的空气是个很好的策略。虽然身体组织内的水分会蒸发，血管内会形成气泡，但皮肤可能会阻止你爆炸。然而，在大脑因缺氧而失去意识之前，你几乎不可能成功到达安全区，虽然这只需要大约15秒的时间，之后你会立即死亡。与这些困难相比，适应零重力环境就像在公园里散步一样容易。

我们已经证实了人类能在太空中生活和工作，但人类太脆弱了，保护太空中的人类的安全成本太高，因此，对于究竟是用人还是机器开展太空探索更好，人们一直争论不休。机器人的优势在于更坚固、紧凑、耐用，相对更便宜，但人有能力适应任何情况并做出实时、复杂的判断。

　　登月虽耗资巨大，但仍是一个壮举。在那之后，美国认为太空探索的目标已经达成。随着资金的缩减，美国国家航空航天局改装了剩下的"土星5号"运载火箭，用于发射天空实验室空间站，以及运送宇航员到天空实验室空间站。同时，美国国家航空航天局开始研发可重复使用的运载工具，以期实现以大约每周一次的频率将宇航员和设备送入近地轨道。航天飞机最多能搭载8位宇航员和25吨货物。此外，在经历了4次连续的N1运载火箭发射失败，以及第二次相当于5 000吨TNT炸药量级的发射台爆炸之后，苏联放弃了登月计划。1971年，苏联首先发射了空间站，并命名为"礼炮号"（Salyut）空间站。处于真空状态的太空是非常危险的，举一个令人恐惧的例子：第二批到达"礼炮号"空间站的3位宇航员在准备再入大气层时，飞行舱失压，导致这3位宇航员在40秒内窒息而亡。随着美国和苏联这两个超级大国的关系逐渐解冻，太空竞赛也随之结束。1975年，"阿波罗号"飞船和"联盟号"飞船成功对接，美国宇航员汤姆·斯塔福德（Tom Stafford）和苏联宇航员阿列克谢·列昂诺夫（Alexey Leonov）历史性的握手，标志着美国和苏联在太空竞赛方面的关系得以缓和。

　　1981—2011年，航天飞机共执行了135次飞行任务，将300位宇航员送入了太空。在早期的任务中，航天飞行既用于科学研究，也用于军事载荷试验；在后期的任务中，航天飞机则用于完成国际空间站的组装，同时也提醒我们太空旅行的危险性和高成本。[17]

1986年1月28日，"挑战者号"航天飞机发射仅仅73秒后，就在清澈的蓝天下发生爆炸，震惊了美国。后来调查发现，一侧的固体燃料推进器上的一个O型密封环失效引发泄漏，导致航天飞机在以2倍声速飞行时受到了极大的气动压力。因为美国国家航空航天局挑选了中学教师克丽斯塔·麦考利芙（Christa McAuliffe），作为世界上第一位进入太空的教师，所以数百万学生观看了发射过程。令人恐惧的是，在航天飞机解体时，乘员舱是完好无损的，也就是说，7位乘员很可能死于随后坠入海洋时的撞击（如图3-5）。[18] 17年后，悲剧重演，"哥伦比亚号"航天飞机以20倍声速的速度再入地球大气层时发生爆炸。在"哥伦比亚号"航天飞机发射时，一块泡沫绝热材料从外部燃料箱脱落，撞击到了航天飞机左翼前缘，形成裂隙。在这两起灾难中，共有14位乘员丧生。

航天飞机并没有原来计划的那么经济和灵活。原来计划的是，每个星期飞行一次，而实际上，航天飞机每两个月或三个月才飞行一次。在整个航天飞机计划期间，发射一次的成本大约为10亿美元，折算成将每千克物体送入轨道的成本是8万美元。只有在获得了巨额政府补贴的前提下，商业实体才有能力使用航天飞机。因为发射力度不够，再加上5架航天飞机中有2架因灾难性事故而损失，美国军方对航天飞机失去了耐心，转而研发了不需要宇航员的重载火箭。

然而，在让宇航员而不是机器人开展太空工作的重要性方面，航天飞机提供了研究案例。与训练有素的宇航员相比，机器人并不是全能的，也没有宇航员可靠。在燃料几乎耗尽的情况下，阿姆斯特朗手动控制"阿波罗11号"飞越了一片砾石区，并成功登陆月球；"阿波罗13号"的宇航员操控着受损的飞船围绕月球飞行，并成功地返回地球，他们都很好地诠释了那种"凭经验"解决问题的能力，而这种能力是我们都渴望拥有的。尤其值得一提的是，在哈勃空间望远镜的5次维修任务中，宇航员的技术水准得到了充分展现，他们多次在太空中长距离行走，完成具有挑战性的技术工作，并在紧急情况下做出艰难的决定。因为担心宇航员可能遭受的风险，美国国家航空航天局前局长迈克·格里芬（Mike Griffin）曾经拒绝了最后一次哈勃空间望远镜维修任务。但最后，由于用机器人执行维修任务太困难了，注定会失败，他还是让宇航员在2009年为哈勃空间望远镜进行了最后一次升级。

图 3-5　"挑战者号"航天飞机爆炸时的情景

注：1986 年 1 月 28 日，在发射 73 秒后，"挑战者号"航天飞机爆炸解体，7 位乘员丧生。这起灾难以及 2003 年发生的"哥伦比亚号"航天飞行失事事故（7 位宇航员丧生），深刻地提醒着我们太空旅行的巨大危险性。

在机器人和人之间二选一，本身就是错误的。机器是探路者，是高级侦察员，它们可以尽可能地学习，为人类的后续跟进做好准备。到目前为止，我们已经运用无人探测器对太阳系进行了探索，但这些无人探测器的功能有限。机器是人类探索太空时的延伸，当人类最终在太空中定居下来时，它们将会成为我们的搭档。

BEYOND
OUR FUTURE
IN SPACE

第二部分

现　在

转动的老鼠，约瑟芬娜（Josefina）这样称呼那些从不待在中央控制舱里的人。我们都笑了。约瑟芬娜是我最好的朋友，我喜欢她调皮的笑容和带有感染力的幽默感。很多"漫游者"都很冷漠、自大，他们知道自己是被特意挑选出来的精英，也常常表现出如此。一些人有救世主倾向，我觉得这有些恐怖。

从飘浮的中央控制舱里看出去，地球就像一个镶嵌在黑天鹅绒里的玩具，蓝白相间，若隐若现，像子宫一样，很舒适。中央控制舱是基地中唯一的零重力区域，所有的生活区和工作区都在旋转轮的边缘，经旋转产生约0.67g的重力，以防中央控制舱里的人出现骨质疏松和生理失调等严重问题。旋转轮边缘没有真正的窗户，因为窗户会显示出地球每30秒旋转一圈时产生的令人眩晕的景象。墙上安装着大型显示屏，其显示的森林沼泽和高山草地的全息图像十分鲜活。对我来说，这让我更加迷失了方向，因为在480千米的高空上，一块钛金薄板将我们与寒冷、令人肺部破裂的真空隔绝开来，也与地球上真正的森林沼泽和高山草地隔绝开来。

我仍然怀揣梦想，而且坚信定能实现。在白天，我任务艰巨，目标明确，但我开始恐惧夜晚了。

为了让我们不要总去想将要做的事情，监督员让我们一直保持着忙碌状态。月球和火星上有大型的移民地，研究人员定期飞往木星和土星，运输机定期往来于小行星带，但我们从来没有断绝与太阳系的密切联系。

我们对风险一清二楚。太空是无情的，人类是柔软而脆弱的，而灾难是无法避开的。我小时候就曾目睹灾难的发生。在轨飞行的研究站被一阵微流星体损毁；第一艘欧洲着陆器因为轨道计算错误而飞出了宇宙深空；第一个火星殖民地因宗派斗争而解散了。

我想念我的家人，但我无法想象回到她们身边的情景。屏幕上，妈妈和姐姐的图像很清晰，但她们的声音已变得遥远而空洞。她们告诉我们，分别是早晚的事情。约瑟芬娜说她大多数晚上都会哭，我为她感到难过，我也为与她有不同的感觉而难过。基地只是一个金属壳，我们通过与新部落结合在一起来融入基地。

当得知谁将会被开除出基地时，大家都感到很震惊。我们还是能从某些情况中看出端倪的。拉杰什（Rajesh）和迪米特里（Dimitri）很粗鲁，也很有心计，他们在同事中的名声也不好。接下来要离开的是那些不满者、共谋者，以及主谋的追随者。我们也怀疑其他一些人。他们的共同之处就是表情困惑，无法进行正常的眼神交流。他们对任务已失去了兴趣，所以必须离开，因为我们本就不够团结，使命感也不强。但最后离开的那些人看起来很正常。索尼娅（Sonja）和皮埃尔（Pierre）就是其中的成员，我们和他们一起度过了美好的时光。然而，分析工具已经将他们两人挑选了出来，而且任何人都不能对该决定表示异议。一些微妙的行为模式将他们标记成了威胁因素。在去吃晚餐的途中，我和约瑟芬娜看到他们在航天飞机区的气闸舱里。我永远也无法忘记他们脸上的表情：狂躁、愤懑、茫然、恐惧。

索尼娅和皮埃尔努力保持着乐观。公共区域的喇叭里播放着抚慰人心的轻松活泼的音乐。他们改变了日常计划，精心地安排了聚会和庆祝活动。来自监督员的信息是经过仔细斟酌的，内容积极乐观。那么，下面是什么样的呢？从我们所在的这个有利位置看去，地球是一颗美丽的行星。地球上的居民掌管着地球。所有的方法都是为了解决世界的问题，但这些易怒的精英常常争吵不休、优柔寡断。

从某种意义上说，生活在基地里是没有时间概念的。不会有气候或植被的变化来提醒你又过了几天或者几个星期，生日与节日也被遗忘和忽视了。但另一方面，时间正冲向尽头的感觉又十分强烈。尽头即将到来。

一天晚上，我和约瑟芬娜走进中央控制舱，然后以地球的视角，我们旋转着奔向相反方向的港口和漆黑的太空。当我飘浮着时，我伸出手用指尖触摸她的指尖。我们都没有说话。我们头顶上方有三座光滑的黑色方尖塔。它们在基地旁边完全平行地飘浮着，为我们的命运而随时待命。

它们就是"方舟1号"、"方舟2号"和"方舟3号"。

变革一触即发

04

遭遇太空赤道无风带困境

美国国家航空航天局已经处在太空探索的"赤道无风带"。

赤道无风带是一片区域，而不是一种精神状态。18世纪时，水手们知道在赤道附近的一片特定区域里，可能几天甚至几个星期都不会有盛行风，航船可以在平静无风的海面上驻留。美国国家航空航天局也陷入了停滞期，工作人员和支持者都情绪低落，研究工作则停滞不前。[1]

第一部分介绍了太空行业过去的情况，接下来我们来了解一下现状。首先，我们将介绍40年过去后，也即从1969—1972年的登月到没有能力将宇航员送入近地轨道，我们的壮志雄心还剩多少。我们会探讨太空旅行中的重重困难，其根源在于火箭方程中无法改变的事实。然后，我们会介绍正在发展中的太空旅游产业带来的一线希望。最后，我们将对比信息技术和空间技术的发展进程，这让我们相信，太空探索复兴在即。

2013年美国政府关门危机时期，可能也是美国国家航空航天局的最低潮期，97％的员工被迫休假，在24个联邦机构中比例是最高的。只有一部分骨干员工留下来确保国际空间站上的人员安全。其他活动则停止了——没有人开展科研活动，没有飞行任务要执行，电子邮件也无人回复。这残酷地提醒了我们，太空旅行这一崇高目标轻而易举就能被地球上的政治竞争"禁足"。

同时，美国国家航空航天局也一直受限于陈旧的基础设施。2013年，监察长办公室发现，美国国家航空航天局 80％的设备是40多年前的老设备，早就过时了，且每年的维护成本高达2 500万美元。对美国国家航空航天局来说，只在这些设备上刷上一层漆之类的翻新是远远不够的，毕竟，积压的设备延期维修费总计已高达22亿美元。[2] 几十年来，美国国家航空航天局所获得的政府拨款一直在缩减（如图4-1）。2008年美国政府对银行的紧急救助，就超过了1959年以来美国国家航空航天局获得的所有政府拨款。如果没有钱，就无法开展太空旅行[①]。

航天飞机是美国太空探索事业萎靡不振的一个缩影。航天飞机代表的是40年前的技术，2011年执行完最后一次飞行任务。航天飞机的发射率只有原计划的1/10，每次发射成本则比原计划高了20倍。5架航天飞机中有2架发生爆炸，机上所有乘员丧生。除了象征性的飞行发射和为哈勃空间望远镜提供服务之外，在大部分时间，航天飞机仅作为发射卫星的昂贵的"豪华轿车"，以及为造价高昂但已过时的国际空间站运送建设物资。"挑战者号"和"哥伦比亚号"航天飞机的灾难，早已铭刻在美国人的灵魂深处。因为这两起灾难，人们对美国的太空探索计划普遍持又爱又恨

---

① 原文为"No bucks, no Buck Rogers"，这是一句谚语，巴克·罗杰斯（Buck Rogers）是20世纪早期一部太空旅行漫画中的人物，这里代指太空旅行。——编者注

的态度。[3] 2011年以来，没有俄罗斯的帮助，美国甚至无法将宇航员送入轨道。

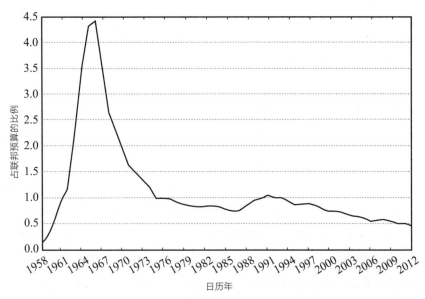

图 4-1　美国国家航空航天局的预算占联邦预算的百分比

注：此图显示了 20 世纪 60 年代初期以来，美国国家航空航天局的预算
　　在联邦预算中所占的比例。在"阿波罗计划"期间，美国国家航空
　　航天局的预算达到了前所未有的高度，但并没有持续多久。从那
　　以后，除了在航天飞机计划和国际空间站计划期间稍有增长之外，
　　美国国家航空航天局的预算一直在稳步减少。

除了和美国之间的双边关系非常冷淡外，俄罗斯自身的问题也不少。

苏联解体后，俄罗斯的太空计划也遇到了预算缩减和缺乏创新等问
题。[4] 1965年，苏联发明了"质子号"运载火箭（Proton Rocket），用
于发射洲际弹道导弹，俄罗斯现在仍在使用基于"质子号"火箭原始设

计的改进型。最近几年，俄罗斯遭受了7次任务失败。2010年，3颗卫星坠入太平洋。2011年，一艘货运飞船在执行国际空间站再补给任务时发生爆炸，在西伯利亚上空形成了一个巨大的火球，致使空间站上的6位宇航员不得不动用储备的食物和水。2013年，另外3颗卫星在一次爆炸中损失，并在发射地点周边留下了数百吨有毒残骸。俄罗斯宇航学院（Russian Space Academy）院士尤里·卡拉什（Yuri Karash），将俄罗斯火箭研发比作为蒸汽机升级："你为它配备一台计算机……你为它装上空调，你将具有大学学位的火车司机安排在驾驶室，但它仍然是一个蒸汽车头。"[5] 俄罗斯政府审计署发现，用于空间计划的资金被白白浪费了。

位于哈萨克斯坦西部大草原的拜科努尔航天发射场（Baikonur Cosmodrome）已经衰落了。拜科努尔航天发射场是发射"斯普特尼克号"卫星的地方，也是尤里·加加林和莱卡创造历史的地方。但如今，很多空置的建筑被游牧人占据了，这个小镇正在与海洛因走私犯和激进分子做斗争。来自美国、欧洲和日本的宇航员只能通过有车辙的道路进入发射场，对于这些道路，骆驼享有优先通行权。但宇航员们还是不断往来这里，因为这里是进入太空的唯一道路。

与此同时，美国发射无人探测器探索太阳系的计划虽然基本上算是成功的，但也面临着压力。用于行星科学的预算一直在缩减。一台精密复杂的行星际探测器造价高达几十亿美元，但每10年的总预算仅够执行几次任务。[6] 更根本的问题在于钚。20世纪70年代以来，我们对太阳系外行星及其卫星的了解，几乎完全依赖于放射性同位素钚-238释放的能量。由于太阳能太微弱，化学电池效率太低，核反应堆（当然，不能用于制造核弹）的副产品钚-238就成了理想的超级燃料。然而，俄罗斯糟糕的计划和虚假的承诺，使得美国国家航空航天局没有足够的钚来支撑接下来几年的探测任务。核危机太严重了，受其影响的研究者称之为"大麻烦"。

通信是另一个必须解决的基本性问题。当你在YouTube上观看一个搞笑的猫视频时，你也许会模模糊糊地意识到视频是一串由0和1组成的数据流，但不会去想这些数据是如何传到你的电脑上的。实际上，视频、电子邮件以及数据并不是作为一个整体传输的，而是被分割成众多的数据包，通过光纤和无线电波经由网络的网络传输到世界各地，然后在你的电脑或者掌上设备中重新组合——就像一节一节的数字香肠。对生活在地球上的人来说，这种传输方式很有效。为什么月球或火星上的宇航员想要观看猫视频就那么困难呢？

首先，光或者无线电波从地球到达火星的时间为4～21分钟，这取决于火星和地球在各自轨道上的相对位置。美国国家航空航天局的工程师无法像电子游戏爱好者玩游戏一样，通过快速移动操纵杆来控制火星探测车翻越沙丘。探测车由控制指令精心控制，考虑到信号来回火星和地球之间所需的时间，两个控制指令之间会间隔30分钟甚至更久。其次，自转中的行星会遮挡住轨道飞行器，因此存在无法进行通信的死区时间。最后，这些中断和延迟会带来技术性问题，因为网络路径是不断变化的，如果某个数据包在其他数据到来之前等待太久，这个数据包就会被废弃。目前，互联网还无法延伸到太阳系。幸运的是，"互联网之父"文顿·瑟夫（Vinton Cerf）一直在辛勤工作，他于1973年开发出了最初的网络协议，目前正在和美国国家航空航天局合作，开发能无缝传输数十亿千米的下一代系统。[7]

然而，当太空探索处于赤道无风带而无法前进时，真正的问题不在于资金短缺或者通信受阻，而在于推进力不足。

梦碎火箭方程

为什么太空旅行这么困难呢？按照牛顿的估算，这只不过是将物体加速到28 405千米/秒。这种说法与将名画《蒙娜丽莎》描述成一个微笑的女人的画像一样毫无意义。粗略的描述是无法体现这项工作的复杂性和精妙之处的。

在死寂的海面上，当微风拂过，海面会泛起涟漪，平抚心境。千年以前，人们就知道，如果你能用帆布或者船帆捕获风，风就会推动你向前。从罗马人到维京人的大型船只都用横帆来捕获风，再运用人力划桨来加强动力。但1 000多年前来往于地中海的水手们通过实验发现，三角帆几乎能让船只顶风航行，而且使用多张帆时效果更好。然而，在顺风时，横帆船的速度无法超过推动它前进的风的速度。现代游艇的速度能比风速快好几倍，即使在几乎逆风而行时也一样。

1738年，瑞士科学家丹尼尔·伯努利（Daniel Bernoulli）就这一情况做出了解释。伯努利是著名的伯努利家族的一员，这个家族盛产数学家和科学家。其中的物理原理是，在任何流体中，流体流速变大都伴随着压力变小。风被迫扫过弯曲的帆面时，帆前方的风速比帆后方的风速快，因而帆前方的压力就会减小，帆后方的压力就会增大，这个压力差推动着帆船前进。

现在，我们假设帆是横的。如果横帆能通过空气推进，那么它在向上的方向上就会受到相同的力。飞行原理是以几百年前总结出的牛顿物理学为基础的。

飞行中的物体，比如鸟、飞机或者火箭，一直在持续不断地与相反方向的力做斗争。引力，这一向下的力是无法避开的敌人。向上的力是升力，来自流经翅膀的空气。向前的力是推力，由鸟类的肌肉或者飞机的发动机提供。推力的反作用力是阻力，来源于空气的阻碍，通过精心的空气动力学设计，我们可以将阻力降到最小。

人类的飞行始于气球。对于气球而言，推力来自风的冲击，升力来自密度比空气小的气体的浮力。3世纪时，中国人就发明了热气球来传递军事信号，同时，他们还发明了"火箭"。1783年，让-弗朗索瓦·德罗泽尔（Jean-François de Rozier）和达兰德斯侯爵（Marquis d'Arlandes），乘坐由蒙哥尔费（Montgolfier）兄弟设计的热气球，在法国乡间飞行了8千米，这是人类第一次升空飞行。他们恳求法国国王路易十六赐予荣耀，因为路易十六曾经颁布法令，规定第一个试飞员必须是已判决的罪犯。在气球所能达到的最大高度，即使是最轻的气体氦气①也无法在稀薄的空气中产生浮力。2012年，奥地利极限运动员菲利克斯·鲍姆加特纳（Felix Baumgartner）乘坐气球，上升到了3.9万米的高空，这个高度几乎接近气球所能到达的极限高度，是民航飞机飞行高度的3倍。他身着增压服，从气球上跳了下来，并迅速下落。在自由下落的4分钟时间里，他突破了声障，速度达到了1 358千米/小时左右。[8]

谨慎地讲，动力飞行开始于1903年，当时奥维尔·莱特（Orville Wright）在离地面几米的高度，以慢于跑步的速度飞行了大约36米。莱特兄弟从鸟类的行为中受到启发，并针对不同的翼形和轮廓开展了大量试验。平板机翼能产生升力，但现代机翼设计模仿鸟类和船只，设计成了向上弯曲的曲面。莱特兄弟用云杉木制造飞机，用自行车链条来驱动两个手工制作的推进器，发动机也是定制的，因为当时现有的汽车发动机都不合

---

① 最轻的气体应为氢气。——编者注

适。莱特兄弟通过抛硬币来决定谁将进行历史性的首次飞行。

整个20世纪，飞机飞得越来越快，越来越高。飞机的推力先是来自改装后的汽车内燃机，这种内燃机能带动螺旋桨。20世纪中期，这种动力来源的飞机飞行高度约为16千米，速度达到了720千米/小时，后来就被喷气式飞机取代了。喷气式发动机是英国皇家空军军官弗兰克·惠特尔（Frank Whittle）设计出来的，他克服了严重的健康问题才成为飞行员。他发明的发动机先吸入空气，空气经涡轮机压缩后与燃料混合燃烧，最后通过喷嘴高速喷出燃烧的气体。在飞机飞行高度高、速度快时，这类发动机的效率最高。喷气式飞机将飞行高度和速度的纪录，提高到了惊人的56千米和3 524千米/小时，这一速度是声速的3倍还多[1]。[9]

对太空的探索，将我们带回到以探险为驱动力的民间努力和军方的影子世界之间的紧张关系之中。例如，"黑鸟"SR-71战机等美国军用飞机的最高速度是机密。美国空军制造了一系列绝密战机，甚至连政府、军事人员和国防承包商都不知道这些战机的存在，其中就包括3马赫的黑鸟战机、F-117夜鹰隐形飞机和B-2轰炸机。所有这些都是吸气式喷气飞机，无法飞入太空。

喷气式发动机在高度超过100千米的高空是无法正常运行的，此高度的空气非常稀薄，只有海平面的两百万分之一。这个高度被称为卡门线（Kármán line）。在此高度上，飞机必须以轨道速度飞行才能产生足够的升力以保持在空中。太空是没有边界的，地球大气层向外太空逐渐过渡到真空。近地轨道的高度从大约160千米往上，在这个高度以下，稀薄的大气会产生足够的阻力，使得卫星轨道下降，最后卫星在大气层中烧毁。国

---

[1] 原文有误，3 524 千米 / 小时应约为声速的 3 倍。——编者注

际空间站的轨道高度达到了惊人的400千米。

　　然而，军方的确有一系列项目涉及由火箭提供动力的飞机，其中一些项目是保密的。X系列试验飞机（X-planes）始于贝尔X-1试验机（Bell X-1），后者于1946年首飞。1947年10月14日，查克·耶格尔（Chuck Yeager）上尉驾驶X-1试验机飞越加利福尼亚州的莫哈韦沙漠（Mojave Desert），成为第一个以超声速飞行的人。当这则禁止发布的新闻出现在《航空周刊》（Aviation Week）和《洛杉矶时报》（Los Angeles Times）上时，有关记者受到了被起诉的威胁，当然最后他们并没有被起诉。[10] 耶格尔从来没有上过大学，但他升到了准将军衔，进行了几十次试验飞机的飞行，并创造了2.4马赫的飞行速度纪录。在创造了这些前所未有的速度纪录后不久，他驾驶的X-1变得非常不稳定；在50秒内突降了15 240米。在正常着陆前，耶格尔及时控制住了飞机。他简朴、低调的风格通过电影《太空先锋》（The Right Stuff）铭刻在了流行文化中。[11]

　　1959年，美国空军推出了有史以来飞行速度最快的X-15试验飞机。X-15是一种空天飞机，这是一种在地球大气层中能像飞机一样工作，在太空中又能像宇宙飞船一样飞行的飞行器。X-15下降时是无动力的滑翔降落。1967年，皮特·奈特（Pete Knight）上尉驾驶X-15飞行，速度达到了6.7马赫，这个纪录保持了近半个世纪。与耶格尔一样，奈特也经历了死里逃生。在一次飞行中，所有机载系统都失去了动力，他不得不驾驶X-15从5.2万米的高度紧急降落。[12]

　　美国空军和美国国家航空航天局合作研发了X-15，但当后者选择擎天神火箭和红石火箭作为"水星计划"的运载火箭，并将第一批美国人送入太空时，双方发生了分歧。8位空军飞行员驾驶X-15飞到了足够高的高度，从而获得了宇航员资格，其中就包括尼尔·阿姆斯特朗，他后来成为第一个踏上月球的人。[13] X-15只有3架，总共执行了199次飞行任务。一位飞行员在1.8万米的高空进行超声速旋转时，其驾驶的飞机发生解体，他也因此丧生，飞机残骸撒落的范围超过了130平方千米。

其他的空天飞机包括美国国家航空航天局的航天飞机、俄罗斯的"暴风雪号"（Buran）航天飞机（1988年飞行过一次）、伯特·鲁坦（Burt Rutan）的"太空船1号"（SpaceShipOne，2003—2004年间飞行过17次），以及X-37。X-37是一个旨在研发可重复使用的太空技术的项目，1999年由美国空军启动，于2004年转交给美国国家航空航天局负责。不妨将X-37看作航天飞机的更先进、更小且无人驾驶的版本。X-37和航天飞机一样，但和美国其他空天飞机不同，它是真正的轨道飞行器，能达到最小160千米的高度。[14] X-37只飞行了3次。2011年，波音公司宣布了一项升级版计划，升级版的货舱的增压隔舱最多可搭载6位宇航员。

X-37是一个绝密计划，对于它在轨道上能做什么，人们只能靠猜测。一个有趣的地缘政治式的讽刺是，发射X-37的擎天神火箭的第一级用的是更强劲的俄罗斯RD-180发动机。2014年年初，在乌克兰局势日益紧张之际，俄罗斯国防部长宣布不再为美国军方的发射提供火箭发动机。波音公司只得从擎天神火箭转向美国制造的"德尔塔"（Delta）系列运载火箭，后者的推力超过了445万牛顿。

这听起来似乎很简单：只要用够大、动力够强的火箭，就能走出太空探索的低潮期。但还存在一个问题，这个问题将我们带回到了康斯坦丁·齐奥尔科夫斯基的火箭方程。

齐奥尔科夫斯基的火箭方程告诉我们，火箭的最终速度只取决于燃料燃烧后的排气速度和燃料与有效载荷的质量比。无论你将火箭设计得多么巧妙，无论你的火箭发动机多么精巧，都会受到火箭方程的控制。坏消息是，最终速度和燃料与有效载荷的质量比成对数关系。如果将燃料的质量增加1 000倍，速度只能提高到原来的7倍。在火箭上装载的燃料越多，就会有越多的能量浪费在推动多余的燃料上。化学燃料的最高排气速度大约为4 000米/秒。因此，火箭方程告诉我们，要想达到轨道速度，所需燃料的质量必须是有效载荷的10倍。很多梦想都因火箭方程而破灭。

太空旅客

由于从未将诗人或艺术家送入太空，美国国家航空航天局失去了激起民众对太空旅行的热情的大好机会。

在太空中感受失重，凝视着地球那薄如蝉翼的大气层，再望向相反方向漆黑无尽的太空，这种经历能激发出任何形式的创新精神。诗人能描绘那些无法描述的状态，因此，他们可以将人类渴望离开地球摇篮的原因传达给生活在地球上的我们。[15]

在太空探索的早期，美国国家航空航天局曾考虑将杂技演员、柔术演员以及女性送入太空，因为相比一般男性，他们的体型更小巧，体重也更轻。但当时正处于冷战时期，艾森豪威尔总统明确规定宇航员必须是军队的试飞员。这个决定简化了宇航员的挑选程序，因为500个申请者都是受过训练的优秀男性。1959年，第一批宇航员被挑选出来，他们的年龄都在40岁以下，身高均不超过1.8米，都拥有工程学学位，且作为喷气式飞机试飞员，飞行时间都不少于1 500小时。对学位的要求将像耶格尔这样的优秀空军试飞员挡在了门外。耶格尔年轻时就入伍了，一路成长，并获得了军衔。选拔的结果是令人满意的，但竞争非常激烈。"水星计划"的宇航员都是民族英雄，但试飞员指出，宇航员并不需要实际驾驶宇宙飞船，他们只是"罐头肉"（Spam in a can）①。

选拔出来的宇航员类型单一：镇定沉着的典型白人男性，大都来自美国中西部。[16] 提及这24位来自俄亥俄州的宇航员，著名电视主持人史蒂芬·科尔伯特（Stephen Colbert）问俄亥俄州的国会女议员史蒂芬妮·塔布斯·琼斯（Stephanie Tubbs Jones）："你们州让人们想要逃离地球，对此你怎么看？"[17]

1962年，第二批宇航员选拔开始，选拔标准略有放宽，民航飞行员也被包含在内，这使得阿姆斯特朗成为其中之一。1965年，医学学位和科学学位也被接受，而且可以在服役之后再达到飞行方面的要求。到目前为止，最大的变化出现在1978年的第八批选拔，当时，美国国家航空航天局将宇航员分成两类：飞行员和任务专家。第八批选拔出来的35位宇航员中有6个非洲裔美国人、1个亚洲裔美国人和6个女性，其中就包括萨莉·莱德（Sally Ride），美国第一位进入太空的女性。

此外，苏联和俄罗斯宇航员的人口统计学特征也很明显，除了瓦伦蒂娜·捷列什科娃（Valentina Tereshkova），她曾是纺织厂工人和业余跳伞运动员。1963年，捷列什科娃成为第一位飞入太空的女性，也是第一个飞入太空的平民。

当1984年美国国家航空航天局宣布"太空教师计划"（Teacher in Space Program）时，克丽斯塔·麦考利芙从1.1万个申请者中脱颖而出。此外还有"太空记者计划"（Journalist in Space Program），申请者包括沃尔特·克朗凯特（Walter Cronkite）和汤姆·布罗考（Tom Brokaw）。

---

① 出自电影《太空先锋》，常用来比喻太空舱里的宇航员。——编者注

美国国家航空航天局甚至考虑过"太空艺术家计划"（Artist in Space Program），但后来发生了令人震惊的"挑战者号"航天飞机灾难，导致麦考利芙和其他6位宇航员丧生。尽管麦考利芙的后继者芭芭拉·摩根（Barbara Morgan）从教师岗位上退休后，加入了美国国家航空航天局的宇航员队伍，并最终乘坐航天飞机进入太空，但美国国家航空航天局还是悄无声息地终止了其民用太空计划。

截至2013年年底，来自38个国家的540人到过近地轨道或者更高的轨道，他们的年龄在25～77岁。去过太空的人并不多，相比之下，有4 000多人登上了珠穆朗玛峰。绝大多数太空旅行者都受雇于军队或者政府部门，但在过去10年里，出现了一个新兴产业：太空旅游。[18]

2003年，在损失了第二架航天飞机之后，剩下的所有飞行任务，都变成了美国国家航空航天局履行完成国际空间站建设的义务飞行。涉及科学家或平民的任务都被搁置了。此外，苏联解体后，将千疮百孔、资金极度短缺的太空计划留给了俄罗斯。因此，当1990年东京广播公司（Tokyo Broadcasting System）支付2 800万美元给俄罗斯，条件是送东京广播公司的一个记者进入"和平号"空间站（Mir Space Station）时，俄罗斯欣然同意。1999年，和平号公司（MirCorp）成立，旨在将这个陈旧的俄罗斯空间站开发用于旅游。这家公司主要由美国企业家资助。和平号公司与俄罗斯一家发射公司合作，将"和平号"空间站提升到了更高的轨道，并与美国全国广播公司（NBC）和马克·伯内特（Mark Burnett）签订了协议。伯内特策划了《幸存者》（Survivor）系列电视节目。美国工程师和百万富翁丹尼斯·蒂托（Dennis Tito）成为第一个自费太空游客。对于《目的地"和平号"空间站》（Destination Mir）电视真人秀节目，美国全国广播公司甚至为其投放了广告。

但这也招致了批评。美国国家航空航天局的官员和国会议员严厉批评了和平号公司，称其破坏了国际太空协议，是对太空探索的蔑视。廉价的和平号计划，暴露了美国国家航空航天局的发射任务和国际空间站的巨大成本，也让美国国家航空航天局感到难堪。美国国家航空航天局迫使俄罗斯将"和平号"空间站离轨，并想方设法扼杀初生的太空旅游业。不过蒂托对美国国家航空航天局的震怒置之不理，仍于2001年搭乘"联盟号"宇宙飞船进入太空，并在国际空间站停留了8天。在他之后，又有1个南非人、1个美国人和1位伊朗裔美国女性进入了国际空间站。2009年，出生于匈牙利的商人查尔斯·西蒙尼（Charles Simonyi），成为第一个两次进行太空旅行的人。到2009年下半年，太阳马戏团（Cirque du Soleil）的创始人盖·拉利伯特（Guy Laliberté）成为太空游客时，费用已经从2 000万美元上涨到了令人咋舌的4 000万美元。[19]

我们羡慕宇航员，但很难体会到他们的感受。他们很自信，技艺很精湛，在他们身上几乎看不到紧张和焦虑，而且他们善于情感分析。第一批太空游客都是极其富有的企业家（大约只占世界总人口的0.01%），他们和普通人本就不同。

2003年，美国国家航空航天局曾短暂地招募艺术家宇航员，他们挑选了劳丽·安德森（Laurie Anderson）作为第一位（也是最后一位）常驻艺术家，安德森是一位表演艺术家和音乐家。[20] 但进展并不顺利。第一天，她坐在约翰逊航天中心（Johnson Space Center）主任的办公室里，问道："我什么时候上去？"她得到的回答是，这是不可能发生的事情。

太空探索史与互联网发展史，惊人地相似

有没有什么方法可以预测太空探索的未来？从目前的进展来看，太空

探索的发展离不开那些拥有远见卓识的梦想家。自冷战时期开始，太空计划逐渐形成、发展起来，但发展过程断断续续，所有这些都使其成为独一无二的存在。然而，太空探索的发展史与我们生活中不可或缺的一部分——互联网的发展史有着惊人的相似之处。两者都经由军事工业复合体孵化并逐渐发展，两者的成长都得益于政府投资，并且两者都在私营企业家的参与下获得了新的、显著的增长，这些私营企业家的投资使政府的投资相形见绌（如图4-2）。

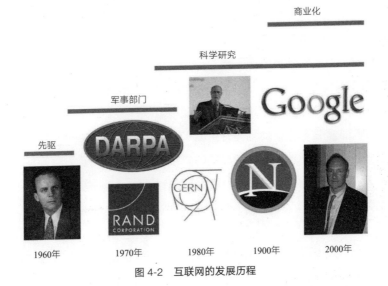

图 4-2　互联网的发展历程

注: 互联网先驱预见了一个全球互连的通信系统。在进入私营部门之前，
　　互联网在军事部门和研究实验室中逐渐形成。私营部门的研究成
　　为互联网发展和创新应用的驱动力。

罗伯特·戈达德和沃纳·冯·布劳恩之于火箭，就像约瑟夫·卡尔·罗伯内特·利克莱德（Joseph Carl Robnett Licklider）之于互联网。利克莱德的大名虽然只有那些狂热的计算机极客才知道，但只要是轻松地浏览过网

页，或者在1秒钟内向地球两端发送过电子邮件或图片的人，都应该对他钦佩不已。他是一位心理学家，业余时间喜欢翻新汽车，朋友和同事经常称呼他为J. C. R. 或者利克（Lick）。20世纪50年代，利克莱德对计算机产生了兴趣，那时他是麻省理工学院研究语音感知的教授。当时，计算机还很少，很昂贵，很庞大，大小与一辆汽车差不多，用电量与一个小型城镇相当，但功能远不如你的智能手机强大。传输数字资料的唯一方法就是将其写在体积庞大的磁带上，再将磁带邮寄出去。

利克莱德对信息技术的潜能有着异乎寻常的洞察力。他预见到了互联网在多个领域的应用，比如图形显示、指向–点击交互界面、电子商务、网上银行，以及数字图书馆。当时的大众传媒工具只有电视和广播，他就设想到了双向数据流，以及信息通过全世界范围内的计算机网络进行传输。他还预言未来人们会按需从网络上下载软件。利克莱德不是发明家，但他的想法多得惊人。他创建并资助了一些研究团队，来研究我们现在看来是理所当然的功能。在最简单的信息技术的基础上，利克莱德就预见到了信息技术蕴藏的巨大潜能，就像当初戈达德在他第一枚火箭只飞行了不到60米的情况下，就预见到了火箭最终的运载能力一样。

和太空计划一样，互联网也依靠军方的投资才得以发展成熟。美国军方特别关注数据在指挥中心之间的有效传输，以及受到核攻击时的剩余打击力量和恢复情况。1962年，利克莱德成为美国国防部高级研究计划局（Defense Advanced Research Projects Agency，简称DARPA）的一员。1969年10月29日，加州大学洛杉矶分校和斯坦福大学的研究实验室建立起了实时连接，在系统崩溃前传输了3个字符。这虽然是很简单的数据传输，却与近一个世纪前亚历山大·格拉汉姆·贝尔（Alexander Graham Bell）发出第一条电话信息一样，开启了一场革命。

美国国防部高级研究计划局创建的阿帕网（DARPANET），后来成为互联网的技术核心。到20世纪80年代早期，每20天就会增加1个新节点。很多技术性难题都是在这个开拓性的年代解决的，比如将数据切割成数据包的协议设计，通过网络不同路径分散传输数据包，并在目的地将这些数据包无缝组合。互联网发展的第二阶段是在大学和政府的实验室里完成的。到20世纪80年代末，美国国家科学基金会（National Science Foundation，简称NSF）铺设了高速互联网的物理构架，美国国家航空航天局将全世界2万多位科学家连在了一起。[21]

但在当时，公众并没有意识到互联网的存在。互联网只用于研究人员之间发送数据和电子邮件，商业应用是被禁止的。

20世纪90年代中期，互联网商用之门被打开了。伴随着公众对电子邮件服务需求的不断增长，私人互联网服务提供商（Internet Service Providers，简称ISPs）如雨后春笋般冒了出来。美国国会通过了一项立法，同意美国国家科学基金会支持不完全用于研究和教育目的的网络发展。这引起了研究人员的焦虑，他们担心新的互联网可能无法满足他们的需求。网络世界一直是一个充斥着文本和方程的极客之地，但在1989年，欧洲核子研究中心（CERN）的研究员蒂姆·伯纳斯-李（Tim Berners-Lee）公开了他的超文本概念，以供公众使用。1993年，由伊利诺伊大学的马克·安德森（Marc Andreessen）领导的研究团队，发布了首个网页浏览器"马赛克"（Mosaic），增强了互联网的视觉吸引力。不久之后，加密算法被加入到数据处理中，数据处理变得更安全。

1995年，美国国家科学基金会解除了互联网商用方面的所有限制，让私人公司接管这个高速"主干网"。同年，雅虎搜索引擎、eBay拍卖网站和在线图书零售商亚马逊等公司成立。大量的新受众接受了互联网科技，并以前所未有的方式运用互联网。正如我们即将看到的那样，太空产业目前可能正处在1995年互联网所处的状态，已经做好了腾飞的准备。

这个类比的核心是，政府和军方有足够的财力来发展科技，而不用在乎利润或者投资收益。一旦这个领域的发展时机成熟，私人部门就能播下种子，并看看哪些长得最好。

如果政府和军方过多干涉，技术就无法发挥出最大的潜能。在告别演讲中，艾森豪威尔总统就军事工业复合体的危害提出了警告。[22]具有讽刺意味的是，作为典型的华盛顿内部知情人士，这位五星上将兼两任总统竟发表如此感人的演讲，来反对影响力过度集中在政府内部及其周围。他说："我们必须警惕军事工业复合体获得不正当的影响力，无论它是否有意谋求。权力被灾难性误用的可能性已经存在，并将长期存在。"[23]通往太空之路与通往信息时代之路的类比，似乎应该到此为止。然而，当我们回顾当前围绕美国政府利用互联网技术，高度精确且侵入式地获取个人信息的争议时，就会发现两者之间存在着不可思议的联系。

为了更好地理解太空旅游的潜力，我们有必要了解一下互联网的发展过程。进入商业和文化领域之后，互联网急速崛起。在双向电信通信量中，1993年时互联网只占了1%，到2000年时已占据了50%，现在更是占据了99%。1993年，大约只有100万台互联网主机，现在则多达10亿台。太空旅游即将沿着互联网的发展轨迹，成为一个非军事化和高度商业化的产业（如图4-3）。

也许不久之后，太空旅游会变得既经济又安全，并成为普通大众而非少数特殊人群才能进行的活动。一些最近成立的空间公司，有些会像网景公司（Netscape）和远景公司（Altavista）公司一样经历辉煌与衰落。

1995年时，这两家公司分别是网页浏览器和搜索引擎方面的领导者，而现在早已被人遗忘。有些则会成为像谷歌那样的巨头。接下来的10年将会非常有趣。

图 4-3 太空旅游的发展历程

注：在太空旅游的发展过程中，也涌现出一些目标远大的梦想家，他们致力于让人类永久地驻留太空。军事超级大国之间的竞争和美国国家航空航天局的大力支持，推动了太空旅游的发展进程。最近已有私人投资注入，目前的太空产业正处在 20 世纪 90 年代初期互联网所处的状态。

与企业家合作，借助太空旅游的力量 05

伯特·鲁坦，激进的设计者

企业家就像能推动太空旅游进入下一层级的高辛烷值燃料——不稳定，有时候还难以控制，但能取得前所未有的成就。在不受传统思想或制度约束时，技术先驱往往能达到最佳工作状态。他们着眼于远大的目标，这些目标听起来可能有点不切实际，但他们以惊人的热情和百折不挠的精神追求着自己的目标。如果他们收入一般，又非这个领域的从业者，就需要财力雄厚的人的支持，以达成目标。

在罗伯特·戈达德身上，我们看到了这些因素的结合。他在进行开创性的实验时，学术界回避他，美国军方也嘲笑他。他早期得到了来自史密森学会的少量资助，之后又得到了丹尼尔·古根海姆（Daniel Guggenheim）的儿子哈里·古根海姆（Harry Guggenheim）的资助。丹尼尔·古根海姆拥有多家矿业公司，并在19世纪末成为当时世界上最富有的人之一。哈里曾是一位海军飞行员，也是家族基金会的主席，同时还是查尔斯·林德伯格的朋友，正是林德伯格将他介绍给了戈达德。1930年，林德伯格得到了古根海姆基金会提供的10万美元资金，相当于今天的400万美元。[1] 这笔资助推动了火箭时代的到来。

戈达德比他所处的时代超前太多，当时他的工作尚处于无人监管的状态。1926年，美国联邦航空管理局（Federal Aviation Administration，简称FAA）成立，但直到1984年，才成立了一个监管火箭和商业太空旅游的部门。

和其他企业家一样，伯特·鲁坦也十分厌恶官僚作风。

当被问到在莫哈韦沙漠深处的一个新场地发射飞行器一事，是如何获得美国联邦航空管理局的批准时，鲁坦回道："最好是请求他们原谅，而不是请求他们批准。"鲁坦当了一辈子飞行员，现在已经70多岁了，心脏也出现了问题。植入他胸腔的除颤器被他称为"备用点火系统"。提及健康问题，他说，当你坐在飞机上，将油门杆往前推，将驾驶杆往后拉时，即使没有健康证明，飞机照样能起飞。[2] 到目前为止，他还从未因为违反规定而被禁飞。

鲁坦按照自己的方式开始了他的飞空之路。他在俄勒冈州乡下一个没有水管的房间里长大，他父母信奉的教派禁止教众在周末活动。由于无法进行体育运动，他8岁时就开始制造自己的飞机模型，并因此获得了对设计的直观感受。"我从来不用配套组件来组装飞机，"他回忆道，"我买了些轻木，然后制造了一架新飞机。"他认为，他之所以能在后来的职业生涯中成为一位优秀的工程师，是因为他始终保持着创造性。

1965年，鲁坦大学毕业后就被美国空军聘为民航飞机测试工程师。

他的工作是解决F4"鬼怪"（Phantom）喷气式战斗机的稳定性问题，这种战斗机曾发生61次坠毁事故。当目睹自己的朋友迈克·亚当斯（Mike Adams）驾驶的X-15因为稳定性问题而坠毁，亚当斯因此丧生时，解决这一问题就变成了他的责任。鲁坦发明了一个旋转稳定系统，从而解决了F4编队的稳定性问题。他的很多自主设计都使用了鸭翼——安装在主翼前方且略高于主翼的小翼，以增强控制性和稳定性。鲁坦还喜欢在飞机的后部多装一个"推进式"发动机。此外，他还是最早采用轻型复合工程材料的人之一。

30岁时，鲁坦创建了自己的第一家公司——鲁坦飞机厂（Rutan Aircraft Factory）。他设计的双座飞机大受欢迎，从业余爱好者到美国国家航空航天局都在使用。他装配飞机使用的是泡沫塑料和玻璃纤维，而不是金属。当有人问他建造一架飞机需要多长时间时，他的回答简明扼要："一个半妻子。"鲁坦的观光飞机是既高效又精密的杰作，但他并不满足于此。1982年，他创建了一家新公司，名为缩尺复合材料公司（Scaled Composites）。30年来，这家坐落在加利福尼亚州干旱、如月球表面般的莫哈韦沙漠中的公司，一直走在飞机设计的最前沿。[3]

鲁坦的"旅行者号"（Voyager）吸引了全世界的目光。"旅行者号"是第一架不需要补充燃油就能环绕世界飞行的飞机，这在很多航空专家看来是不可能的。不需要补充燃油就能环绕世界飞行，这是进入轨道的一个关键因素，因为飞行器的大部分重量来自燃料。"土星5号"运载火箭发射时，燃料占了总重量的90%；"旅行者号"起飞时，燃料占了总重量的73%。留给飞行员和副飞行员的空间很少，而在飞行中，乘员承受能力的高低决定了失败风险的大小。

"旅行者号"看起来像一只蜻蜓，实际上它是一个飞行的燃料箱，机翼和翼梁里装满了燃料。对于"旅行者号"的机身和机翼，鲁坦采用了全新的设计方案，通过将纸蜂窝夹在碳纤维复合材料之间，极大地减轻了重量。在空气动力学中，最重要的数据是升阻比（Lift-to-drag Raito），升阻比越大越好。升阻比为27的"旅行者号"，优于升阻比为17的大型喷气式客机和升阻比为20的信天翁。鲁坦是在莫哈韦餐厅中与哥哥迪克·鲁坦（Dick Rutan）吃午餐时想出的这个创意，并在餐巾纸上画出了草图。鲁坦让他的员工把每一个新零件都扔到空中来进行重量测试，"如果掉下来，就表明它太重了"。

因为没有资本的支持，所以鲁坦的飞机造价低廉。

很多公司都拒绝资助他。不过，拉斯维加斯恺撒皇宫（Caesars Palace）的所有者想资助他，前提条件是飞机要从赌场的停车场起降，但赌场的停车场太小了，根本无法满足要求。有一家公司控告鲁坦伪造机翼，并向他索赔5万美元，鲁坦和他的团队却因此得到启发，想到了用几百美元来自行制造机翼的方法。鲁坦在自己的道奇牌达特（Dodge Dart）旅行车顶放飞了一架模型，而不是采用风洞进行试验。他说，风洞只能告诉你你已经知道的结果。他自掏腰包完成了这个项目。1986年12月，迪克·鲁坦和著名飞行员查克·耶格尔之女珍娜·耶格尔（Jeana Yeager），踏上了他们的冒险之旅。9天后他们着陆时，燃料从最初的3 175千克减少到45千克。[4]

对于他的下一场挑战，鲁坦的资助资金情况略有改善。

亚轨道空间飞行的挑战之所以吸引着他，其原因就像2010年他在一次采访中谈到的那样："通过将这类飞行的安全性提高几个数量级，同时将成本降低几个数量级，我们就能取得一些突破。"[5] 鲁坦注意到，艾伦·谢泼德在1961年飞入太空时还待在一个很小的太空舱里，而10年后他已经能在月球上打高尔夫了。在那10年里，人类探索太空的步伐似乎势不可挡。他认为，如果你在1971年对人说，我们现在要付钱使用俄罗斯的飞船才能进入太空，这定会被认为是异端邪说。

20世纪90年代末，鲁坦找到亿万富翁、微软共同创始人保罗·艾伦（Paul Allen），提出竞争安萨里X大奖（Ansari X Prize）的想法。加利福尼亚的一家基金会设立了总额为1 000万美元的奖金，奖励第一个在两周内两次将载人航天器送到100千米高空的机构或组织。在地面上发射火箭太复杂，鲁坦转而利用大型飞机将火箭带到适中的高度，剩下的就交由火箭来完成。然而，着陆又是一大挑战。鲁坦不想采用没有引导的伞降，更不打算使用航天飞机和"联盟号"飞船所采用的笨重的防热罩。

羽毛球在飞行过程中会自动调整方向，从而与运动方向保持一致，鲁坦从中得到启发，巧妙地解决了着陆问题。艾伦和鲁坦成了搭档，"太空船1号"在加利福尼亚的沙漠里渐渐成形（如图5-1）。为了保持直观感觉和亲身实践的工程精神，鲁坦从高塔上扔出一个模型，以测试"太空船1号"的稳定性。2004年6月，在1万多人的注视下，鲁坦的航天飞船母舰"白骑士"（White Knight）拖运着"太空船1号"升空。"太空船1号"成为第一个到达100千米高度的载人民用航天器。同年9月，"太空船1号"飞行了两次，其间只隔了5天，鲁坦因此获得了安萨里X大奖。唯一的分歧来自鲁坦和艾伦的一次争论——投资者更希望媒体而不是公众来观看发射过程，但鲁坦想激励下一代人去从事伟大的事业。鲁坦赢了。孩子们坐在60辆校车里，观看了这次历史性的飞行。也许，这点燃了下一代太空企业家的热情。[6]

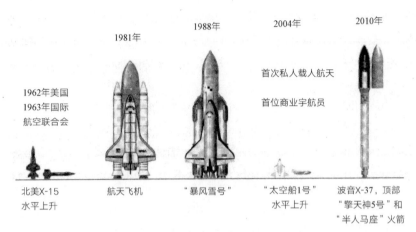

图 5-1　第一代空天飞机

注：图中为过去 50 年的空天飞机。X-15 是美国空军的试验机；20 世纪
　　80 年代，美国和俄罗斯都有了自己的火箭运载的航天飞机。鲁坦的
　　"太空船 1 号"是一座里程碑，是私人资本主导的太空飞行第一次
　　成功进入近地空间，而波音 X-37 是一种新型的火箭运载空天飞机。

　　客观地说，在航空领域，鲁坦是我们这个时代最重要的革新者之一。
他提出了大约400种飞机设计方案。他设计的飞机打破了众多纪录，位于
美国华盛顿的史密森美国国家航空航天博物馆（Smithsonian National Air
and Space Museum），陈列展出了其中5架。2008年，鲁坦和一位英国
亿万富翁结盟，作为太空探索方面的先驱，他又前进了一步。这位亿万富
翁和鲁坦一样豪爽，而且他拥有的设备非常齐全。

理查德·布兰森，亲身实践的传媒大亨

　　对于母亲，理查德·布兰森（Richard Branson）始终心怀感激。布兰
森小时候患有阅读障碍症，性格孤僻，拒绝和成年人交流，而且很依赖母
亲，这让他母亲感到很沮丧。为了纠正他的这些毛病，有一次，布兰森的

母亲在离家4.8千米的地方停车后，将布兰森赶下了车。这样，7岁的布兰森就必须与陌生人说话，才能找到回家的路。他成功做到了，虽然这花了他10个小时。这种做法虽然略显残酷，却让他在与成年人交流时变得更加自在。

布兰森21岁那年，他的母亲再次介入，使他得以免于牢狱之灾。就在退学之前，布兰森创办了《学生》（The Student）杂志，然后开始了他称之为"维珍"（Virgin）的邮购唱片业务，这些都是在一家教堂的地下室里开展的。1976年，他的第一家维珍唱片店在伦敦牛津街开业，但存在严重的资金周转问题。为了偿还银行贷款，他假装购买唱片用于出口来逃避消费税。他因此被逮捕，在监狱里度过了一晚。他母亲将家里的房子进行再抵押后，帮他还清了欠款，他才免于被审讯。他从这件事中吸取了教训，并坚信自己能做得更好。他在自传中写道："有犯罪记录的人是不太可能被允许建立航空公司的，但凡事总有例外。"[7]

让我们来看看布兰森到底是个什么样的人，他毫无戒心却又自私自利，低调谦逊却又贪得无厌，富有魅力却又自以为是，他缔造的商业帝国拥有400多家公司，他的身家位列英国第四。他具有多动症的所有特征，他还有探险家的基因——这是一个好品质。

布兰森从出售唱片中积累了经验，但他像一个蝴蝶收藏家，或一只在花丛中飞来飞去的蝴蝶。他经营的范围极广，从避孕套（他的副品牌，失败了）到邮购新娘（没有客户光顾），再到酒（维珍伏特加）和低俗小说（维珍漫画）。他形成了自己的一套有效的品牌风险投资方法，维珍集团扮演着松散保护伞的角色，他则发挥自己在市场营销方面的天赋，利用品牌杠杆发展旗下的品牌，不过每个品牌都有选择的自由，既可以接受试验，也可以选择失败。在厚达600页的自传《致所有疯狂的家伙》

（*Losing My Virginity*）中，他详细描述了自己的管理风格——相信直觉，随心所欲。布兰森笑着说："我不会让财务报表扰乱我的生活。"他甚至声称自己不知道净利润和毛利润的区别。[8]

布兰森兴趣广泛，不拘一格，他认为航空和太空产业已经为创新做好了准备。他离开高利润、低风险的音乐录制和销售行业，转而进入高风险的商用航空业。1984年，他租用了一架租期为一年的大型喷气式客机，成立了维珍大西洋航空公司（Virgin Atlantic）。刚开始时，他差点就失败了。在适航审定飞行时，鸟儿飞进了飞机的一个发动机，而更换发动机需要100万美元，他当时根本无力支付这笔费用。他设法借来了钱，几天之后首航成功。这次飞行变成了一场横跨大西洋的庆祝派对，派对中酒水自由畅饮，还有很多袒露上身的模特。为了保证更好的宣传效果，树立恣意享乐的资本主义野孩子形象，他还邀请了很多记者参加派对。之后，他与政府资助的英国航空公司（British Airways）进行了长期而残酷的竞争。他的对手用卑鄙的手段来对付他，比如冒充他的员工，非法窃取他的乘客名单，以及散播有关他和他公司的谣言等。[9]布兰森起诉对手诽谤，后来双方达成庭外和解，布兰森因此获得了10亿美元的赔偿。然而，随着燃油成本上涨和经济衰退，在20世纪90年代初期，航空公司的运营变得十分困难。为了让自己的航空公司渡过危机，布兰森卖掉了唱片业务，他说，这个决定伤透了他的心。与众不同的是，他通过到达更高的高度，即进入更具挑战性、完全没有业绩表现的行业——太空旅游业，来摆脱困境。1988年，在英国广播公司（BBC）的一个儿童电视节目中，布兰森被问到一个问题，他从中得到了启发，而考虑开展太空旅游。

2004年，布兰森成立了维珍银河公司（Virgin Galactic），并委托鲁坦改进他的"太空船1号"，以便能适用于太空旅游。"太空船1号"只有1个飞行员，而"太空船2号"（SpaceShipTwo）有2个飞行员，能搭载6位乘客。作为"太空船2号"的母船，"白骑士2号"（White Knight Ⅱ）将从新墨西哥州的一个定制场地起飞，这个场地有一条长约3 048米的跑道，以及一座与"太空时代"相匹配的航站楼。在15 850米的高度，"太空船2号"将会在火箭的推动下上升到100多千米的高空，在这个高度，能看到地球弯曲的表面和漆黑一片的太空。总飞行时间为2个半小时，在飞行轨迹的顶端，有大约6分钟为失重状态下的抛物线飞行。对于这种飞行体验，维珍银河公司要价25万美元。

他们的目标在慢慢实现。到2013年年末，已有650多人支付了定金，总额达到8 000万美元。布拉德·皮特（Brad Pitt）、汤姆·汉克斯（Tom Hanks）、凯蒂·佩里（Katy Perry）、帕丽斯·希尔顿（Paris Hilton）以及史蒂芬·霍金（Stephen Hawking），都在预订者名单上。作为一个"顽固不化"的太空旅行迷，布兰森将他的新飞船命名为"企业号"（Enterprise）。他邀请威廉·夏特纳（William Shatner）乘坐新飞船，但据说被夏特纳拒绝了，因为夏特纳害怕飞行。但夏特纳的说法是，布兰森问他，他愿意付多少钱参加首航，夏特纳的回答是："你愿意付多少钱请我参加首航？"[10]

布兰森曾说，"白骑士2号"代表着"我们不断增长的未来宇航员和其他科学家群体，以崭新的眼光看待世界的机会"。他认为，为了人类的繁荣昌盛，我们必须向地球之外扩张。

然而，即使对像布兰森和鲁坦这样富有魔力的先锋来说，太空产业仍风险重重。2007年，鲁坦的缩尺复合材料公司厂房发生了一起爆炸，造成3人死亡、3人受伤。一年后，鲁坦说："如果有人跟你说太空旅行和乘坐民航客机一样安全，无论是谁，都不要相信他。""太空船2号"的最大飞行速度达到了4 000千米/小时，在飞船下降的过程中，乘客受到的加速度为6 g。由于乘客所穿的航天服没有头盔，所以如果飞船在91 000米的高度失压，后果将不堪设想。在30多次试飞中，只有3次是超声速飞行。2014年年初，维珍银河公司改用了一种基于塑料的新型固体火箭燃料。同年10月，在一次试飞中，"太空船2号"的火箭发生故障，造成一位飞行员身亡，另外一位飞行员重伤。因为这次事故，第一次商业飞行发射的时间再度推迟，此时距离原计划的首次发射时间已经过去了5年。

布兰森从来不会安分地待在办公室——他是一个热衷于亲身实践的冒险家。1986年，他驾船参加横渡大西洋的比赛，并以有史以来最快的速度完成了比赛。1987年，他又成为驾驶热气球飞越大西洋的第一人。1991年，他驾驶着热气球飞越了太平洋，并打破了两项纪录——飞越太平洋的最大距离和最快速度。当"太空船2号"最终首航时，布兰森和他的两个孩子——霍莉·布兰森（Holly Branson）和山姆·布兰森（Sam Branson），也将出现在乘客名单上。

彼得·戴曼迪斯，太空未来主义者

"在接下来的二三十年里，人类将在太空中定居下来，而不再依赖于地球。"私人太空产业初期面临的问题将会很快得到解决，我们也将成为行星际物种，对此，彼得·戴曼迪斯（Peter Diamandis）[①] 信心十足。在指导美国国家航空航天局的《太空法案》中，这一目标从未被提及。戴曼迪斯指出："自肺鱼从海洋里爬到陆地上以来，这还从未发生过！"[11]

---

① 彼得·戴曼迪斯是 X 大奖创始人，以及奇点大学执行主席。其经典作品《富足》《创业无畏》为我们刻画出通向美好未来的路线图。这两本书的中文简体字版已有湛庐文化策划，浙江人民出版社出版。——编者注

和布兰森一样，戴曼迪斯也是一个连续创业者和太空旅行迷。很小的时候，他就开始了自己的逐梦之旅。在8岁的时候，他就向朋友和家人发表了关于太空计划的演讲；12岁时，他在一次火箭设计竞赛中获得了第一名。还在麻省理工学院读大二时，他就成立了一个遍及全美的学生太空组织。他就读哈佛大学医学院主要是为了让父母高兴，因为他父母都是医学专家——但太空对他的吸引力太大了。在获得医学博士学位之前，他创建了国际空间大学（International Space University），这所学校位于法国斯特拉斯堡，已经培养了3 300个毕业生，校园价值达到了3 000万美元。他还创建了一家名为国际微空间（International MicroSpace）的公司，用于发射微型卫星，并与美国国防部签订了价值1亿美元的合同。然而，这超出了戴曼迪斯的承受能力，他的公司也无法履行合同，因此他将公司卖掉了（自然是为了获得巨额的收益）。

1994年，戴曼迪斯阅读了林德伯格的回忆录《圣路易斯精神号》（The Spirit of St. Louis），并从中得到启发。他得知，在1919年5月，一位名叫雷蒙德·奥泰格（Raymond Orteig）的旅馆老板出资2.5万美元作为奖金，奖励给第一个在纽约和巴黎之间实现直飞的人。为了赢得这笔奖金，9个团队总共花费了40万美元。人们认为林德伯格是一匹黑马，因为他没有资金支持，也缺乏飞行经验，根本就没有获胜的希望。从大学退学后，20岁出头的林德伯格成为一个"特技飞行员"，他驾驶一架小型双翼飞机，在全美范围内进行兜风飞行和特技飞行表演。他先是为美国军队开了一年飞机，后又为美国邮政部开了一年飞机，主要是投递邮件。当得知了奥泰格奖时，他立刻就产生了兴趣。

在林德伯格参与竞争时，已经有6位著名的飞行员为了赢得奥泰格奖而丧生。在此之前，林德伯格甚至没有飞越过一片大型水域。25岁的他被媒体戏称为"飞行傻瓜"。他驾驶飞机从纽约飞往巴黎，用时33个小时，一举完成了这次史诗般的飞行。起飞时，满载燃油的飞机差点儿撞上跑道尽头的电话线路；飞行途中，他还要应对雾和冰；降落时，他只能通过航迹推算法来定位，最后降落在巴黎漆黑一片的勒布尔热机场。[12]1927年林德伯格赢得奥泰格奖时，飞行仍然是很危险的，但人们对飞行的热情和浓厚兴趣催生了一个新的产业。奥泰格奖从设立到最终被林德伯格摘得，一共花了8年时间，但在随后的3年时间里，航空客运量增加了30倍。奥泰格奖衍生出了2 500亿美元的航空产业。

戴曼迪斯找到了自己的商业模式。

30年来，进入太空的成本毫无变化，所以这自然成了戴曼迪斯设立的激励奖的目标。在戴曼迪斯宣布设立X大奖时，他没有资金，而且很多人都认为他这个想法很疯狂，但他毫不气馁，反而更受鼓舞。5年后，他成功说服安萨里家族出资1 000万美元作为奖金，以激励创新（如图5-2）。安萨里家族的掌门人是阿努什·安萨里（Anousheh Ansari），她出生于伊朗，后成为一位工程师。1979年后，她移居美国，并创立了一系列电信公司。

为了赢得X大奖，有7个组织共花费了1亿美元。2004年，鲁坦成功夺得X大奖。如今，在史密森美国国家航空航天博物馆中，鲁坦的"太空船1号"悬挂在"阿波罗11号"上方，旁边是林德伯格的"圣路易斯精神号"。两年后，安萨里乘坐俄罗斯的"联盟号"飞船进入国际空间站，成为第四位太空游客。

从那以后，X大奖的挑战范围不断扩大。戴曼迪斯曾受邀在谷歌发表演讲，演讲结束后，一位身穿T恤的男子走向他，并对他说："我们共进午餐吧。"这个人就是谷歌的首席执行官拉里·佩奇（Larry Page），在

图 5-2　电力月球车原型

注：对于 X 大奖和新兴的商业太空企业，美国国家航空航天局一直保
　　持着警惕。这辆电力月球车的原型被设计用于未来的月球基地，
　　其可供 2 位宇航员吃、睡以及漫游 2 个星期，其航程可达几千米，
　　且能爬上 40° 的斜坡。

他的帮助下，X大奖的奖励范围扩展到了人类面临的其他巨大挑战，如
健康、能源和环境等。除了佩奇，X大奖基金会的董事会成员还包括电
影导演詹姆斯·卡梅隆（James Cameron）、媒体专家阿里安娜·赫芬顿
（Arianna Huffington）以及宇航员理查德·加里奥特（Richard Garriott）。

　　目前，戴曼迪斯最感兴趣的是"高通三录仪X大奖"（Qualcomm
Tricorder X Prize），奖金为1 000万美元，用于奖励研制出《星际迷航》
（Star Trek）中麦考伊博士（Dr. McCoy）使用的医学仪器的团队。三录仪的
功能十分强大，通过对着它说话、咳嗽或者用它进行皮肤点刺试验，就能
测量生命机能，并诊断出15种疾病，而且比获得职业资格认证的医生的诊

断还要准确。虽然真正的三录仪还没被研发出来，但最近已经出现了很多关于健康监测和诊断的应用程序，可以安装在智能手机上使用。"归根结底，这是为了使全世界的医疗保健服务走向大众化。"戴曼迪斯说。他还发现，和太空旅行一样，"科技的发展速度远远超过规则改变的速度"。[13]

唯一一次"失败"来自"阿琴基因组X大奖"（Archon Geomics X Prize）竞赛，这一奖项旨在奖励在10天或更短的时间内，以低于1 000美元/基因组的成本，对100个基因组进行精确测序的团队。然而，生物技术产业的蓬勃发展让这个激励奖变得毫无意义。[14]

在宇航员的所有经历中，最特别的当属零重力体验。为了激起人们对太空探索的兴趣，戴曼迪斯成立了一家以营利为目的的公司——零重力公司（Zero G Corporation），让付费客户体验抛物线飞行中的失重状态。那是1992年，恰逢哥伦布史诗般的航行500周年纪念，而布什政府的月球-火星计划刚刚失败。戴曼迪斯认为，在太空探索方面，政府一直以来都缺乏灵活性，以及承担风险的勇气。更糟糕的是，政府官员的官僚作风严重抑制了创新。当戴曼迪斯向美国联邦航空管理局表达他的想法时，他们告诉他，根据相关制度的规定，在俯冲的飞机中，乘客必须系好安全带。戴曼迪斯花了11年时间才说服持反对意见的人，进而得以向公众提供一种既刺激又令人恶心的体验。

在戴曼迪斯的乘客中，最著名的是伟大的物理学家霍金。戴曼迪斯通过X大奖基金会与霍金相识，霍金将他想进入太空的梦想告诉了戴曼迪斯。戴曼迪斯为霍金提供零重力体验作为替代，霍金当场就接受了。但戴曼迪斯的飞行合作伙伴却说："你疯了吗？这会要了他的命！"美国联邦航空管理局的官员也说："你只能为身体健全的人提供飞行服务。"（霍金患有肌萎缩侧索硬化症，只能坐在轮椅上。）2007年，霍金被特许进行零重力体验飞行，他萎缩的身体摆脱了轮椅，进行了8次抛物线俯冲。霍金只能控制自己的一小部分肌肉，据戴曼迪斯描述，在飞行过程中，霍金脸上露出了一个"吃屎般的傻笑"。[15]

在这次飞行的新闻发布会上，霍金说："我认为人类是没有未来的，除非进入太空。因此，我想激发公众对于太空的兴趣。"

戴曼迪斯是一个理想主义者，他认为飞速发展的科技将彻底解决人类面临的问题。在奇点大学（Singularity University），这一点得到了完美体现。奇点大学坐落在硅谷，是一所未经授权的教育机构，由戴曼迪斯和发明家、未来学家雷·库兹韦尔（Ray Kurzweil）[①] 共同创建于2008年。如果没有这么多真实的成功案例，戴曼迪斯可能很容易就被认为是狂热的梦想家。戴曼迪斯很理解戈达德说过的一句话，当时，《纽约时报》嘲笑戈达德的目标无法实现，戈达德说："每一个梦想都是一个笑话，除非有人将它实现；梦想一旦实现，它就会变成人们习以为常的事物。"[16] 对于人类的未来，戴曼迪斯预言："90亿人的大脑协同工作，形成'元智力'（Meta-intelligence），通过元智力，你能了解其他人的想法、情感及其所掌握的知识。"[17]

埃隆·马斯克，太空运输专家

埃隆·马斯克（Elon Musk）希望终老于火星。

---

① 雷·库兹韦尔是21世纪伟大的未来学家与思想家，其全新力作《人工智能的未来》是一部洞悉未来思维模式、全面解析"人工智能"创建原理的颠覆力作。他通过一系列推理告诉我们，我们有能力创造超过人类智能的非生物智能。此书中文简体字版已有湛庐文化策划，浙江人民出版社出版。——编者注

与戴曼迪斯一样，马斯克也相信人类的未来在太空中，人类必须成为行星际物种。他受到艾萨克·阿西莫夫（Isaac Asimov）《基地》（Foundation）系列小说的影响，但他的想法更黑暗，带有反乌托邦倾向，因为他认为还有一种威胁着人类生存的因素："一颗小行星或者一座大型火山就能摧毁地球，但我们面临的风险却是恐龙从来没有见过的，比如工程病毒、无意中创造出的微型黑洞、灾难性的全球变暖，以及某些至今仍不为人知的技术，这些都可能会导致人类的灭绝。人类已经进化了几百万年，但在过去的60年里，原子武器制造出的潜在破坏力足以灭绝人类。我们迟早要扩展到蓝绿相间的地球之外，否则人类就会走向灭绝。"[18]

马斯克通过创立互联网公司而成名，并因此积累了财富，但他的血液里流淌着对火箭的热爱。他的父亲是一位工程师，因此他习惯于去解释事物是如何运作的。还是小孩时，他就开始建造火箭。他在南非长大，那里没有预先制造好的火箭，他便去药店买来火箭燃料各种成分的材料，并将这些材料装填进管子里。30多年后，他正在建造高效的火箭，以此引领发展中的私人太空产业。

马斯克从小就表现出了一些特质，这些特质后来对他产生了积极的影响，并推动他进入顶级创新者和企业家的行列。据他母亲说，他9岁就读完了《大英百科全书》，并且记住了其中的大部分内容。他母亲不得不每天检查，以确保他有东西可以吃，有干净的袜子可以穿。他因纠正同学的细小的事实错误而被疏远，但他成年后依然保持着直率的性格。在他人眼里，马斯克的名声与冰冷的钢铁紧密相连，因此，他成为电影《钢铁侠》中小罗伯特·唐尼（Robert Downey Jr.）饰演的托尼·斯塔克（Tony Stark）的灵感来源，也就不足为奇了。在电影中，斯塔克是一个花花公子，发明了一套具有飞行系统和武器系统的战甲。[19]

马斯克和布兰森有很多共同点。两人都是喜欢冒险和挑战传统观念的亿万富翁，都在综合运输行业取得了巨大成功——布兰森在铁路、航空和空间探索方面成绩斐然，马斯克则在电动汽车、宇宙飞船和超级环（Hyperloop）理念方面硕果累累。他们都是坚定的慈善家。很难想象马斯克有虚弱的毛病，就像布兰森很害羞一样；也很难想象马斯克在还清赌债后又站了起来，就像2013年布兰森和亚洲航空公司（Air Asia）的老板打赌输了后，在从珀斯（Perth）到吉隆坡（Kuala Lumpur）的慈善飞行中打扮成女服务员一样。

马斯克在宾夕法尼亚大学获得了商业学位和物理学学位。他在斯坦福大学攻读应用物理学博士时，只读了两天就离开了，转而去追求自己的创业梦想。马斯克说，当初他和弟弟创建网页软件公司，为报刊业提供在线城市指南业务，只是为了支付房租。1999年，他将Zip2公司以3.07亿美元的价格卖给了康柏公司。同年，他又成立了一家公司，提供在线金融服务，并开展电子邮件支付业务。他造就了PayPal品牌，并在3年后以15亿美元的价格卖给了eBay。好的创意是会传染的——点评网站Yelp、视频网站YouTube以及社交网站LinkedIn的创始人，都曾在PayPal与马斯克共事。[20]

即使在一群成绩斐然的空间探索前辈面前，马斯克也十分引人注目。他不仅具有发展新科技的技术背景，还是一位亲力亲为的管理者，也拥有实现梦想所需的财富。

马斯克开展太空探索活动的步伐快得惊人。从2002年开始，马斯克先后成立了太空探索技术公司（SpaceX）、特斯拉汽车公司（Tesla Motor）和太阳城公司（Solar City）。

太阳城公司是美国最大的太阳能发电系统供应商，运营着自2009年以来增长了10倍的太阳能市场。此外，太阳城公司还为电动汽车建造充电站，这有助于解决电动汽车市场中的"先有鸡还是先有蛋"的问题：当没有完善的基础设备作为电动汽车的支持时，人们是不愿意购买电动汽车的。每个星期五，马斯克都会离开他位于贝尔艾尔（Bel Air）的占地1 858平方米的豪宅，驱车32千米，前往位于好莱坞公园赛马场南部的经过改造的飞机库，特斯拉汽车公司的研究部门就在这里。他通常会驾驶他的特斯拉敞篷跑车，但那辆1967年款的E型捷豹跑车（E-type Jaguar）更符合他的恶趣味。他说，这辆跑车就像一个功能失调却又让人兴奋的女朋友。在最初的9年时间里，特斯拉汽车公司只卖出了2 500辆电动跑车，但马斯克相信，他能在"环保"汽车市场中与像丰田这样的汽车巨头展开竞争。丰田在2012年卖出了60多万辆混合动力汽车。

马斯克还经常前往太空探索技术公司的研究部门。那里有一个真人大小、身穿钢铁侠战甲的斯塔克塑像，欢迎着来访者。"猎鹰1号"（Falcon 1）、"猎鹰9号"（Falcon 9）和圆锥形的龙飞船（Dragon spacecraft）都是在那里研发和制造的（如图5-3）。

企业家的生活就像过山车一样，会经历大起大落。2008年年底，马斯克几近绝望。太空探索技术公司的前三次发射均以失败告终，特斯拉汽车公司又融资失败，太阳城公司背后的银行又违约，而他的离婚风波也闹得沸沸扬扬。但第二天，美国国家航空航天局就向他抛出了价值10亿美元的合同，让太空探索技术公司为国际空间站提供服务。2009年，太空探索技术公司成为第一家将卫星送入地球轨道的私人投资公司，又在2012年成为第一家与国际空间站对接的商业公司。太空探索技术公司当时还有价值30亿美元的积压订单。然而，紧张刺激的生活仍在继续。2013年年底，因特斯拉公司和太阳城公司业绩表现不佳，再加上与第二任妻子离婚，马斯克的净资产减少了13亿美元。

图 5-3 "猎鹰 9 号"运载火箭实拍图

注：“猎鹰 9 号”运载火箭由太空探索技术公司设计，并在加利福尼亚州制造。“猎鹰 9 号”是两级运载火箭，不仅能将 15 吨重的载荷运送至近地轨道，还能将 5 吨重的载荷运送到地球同步转移轨道。马斯克是太空探索技术公司的创始人，他生于南非，是一位发明家和投资者，通过创立 PayPal 积累了财富。马斯克还创建了特斯拉汽车公司，从而成为一位陆地旅行的革新者。

在太空探索的发展过程中，太空企业家呈现出了年轻化的趋势：鲁坦 70 多岁，布兰森 60 多岁，戴曼迪斯 50 多岁，而马斯克只有 40 多岁。不过，他们之间有着千丝万缕的联系。鲁坦为布兰森设计太空船，并赢得了由戴曼迪斯建立的组织设立的 X 大奖，马斯克又是该组织的董事会成员。

这 4 个野心勃勃的人，成了太空旅行的最佳代言人，但也有其他企业家动摇着传统秩序。61 岁的比尔·斯通（Bill Stone）是一位工程师，他创立了一家公司，就为了在木星的卫星木卫二上寻找微生物。他还是一个专业的洞穴探险者，曾带队前往世界上一些最难到达、最危险的地方。在探险的过程中，他曾目睹23位同事身亡。他得到美国国家航空航天局的资助，为计划中的"欧罗巴快帆"（Europa Clipper）任务的后续跟进计划测试技术。"欧罗巴快帆"任务包括绘制木卫二冰冻的表面，并找出冰层最薄的地方。在那之后，斯通的另一个想法将会发挥作用：一个能探索冰层下的海洋并寻找微生物的化学信号的钻冰机器人。他认为，如果在木卫二上发现了生命，那将会是科学史上最重大的事件之一。[21]

斯通虽然和前述"四巨头"没有直接关联，但他们可能在基因上有所相关。没有人验证他们的DRD$_4$基因（控制着多巴胺）的7R变体，看看他们追求新鲜事物的本性是否具有遗传性状。由凯斯西储大学（Case Western Reserve University）的斯科特·谢恩（Scott Shane）领导的团队，在研究了870对同卵双胞胎之后，发现了一个与成为企业家的可能性相关的明显的遗传因素。[22]芭芭拉·萨哈基安（Barbara Sahakian）是剑桥大学的神经科学家，她将风险决策或者冲动决策与创业成功联系起来，并指出："我们的研究结果引出了一个问题，即能否从药理学着手，来增强一个人的创业精神。"[23]

成为太空企业家，没有单一的模板。这些例子中的每一个人，都是实力和偏执的混合体。在这个犬儒主义大行其道，很多人都对技术感到困惑甚至恐惧的时代，他们却对科技能让人类的未来变得更美好有着不可动摇的信念。

06 飞越地平线

太空探索正在"升温"

在低迷了多年之后，目前，太空探索正在"升温"。在美国，几十年来，只有美国国家航空航天局在开展太空探索，但是现在，它已经很难赶上私人公司探索太空的步伐。这些私人公司正在努力创造一种新的太空旅行商业模式。

我们正在见证一种模式的转变，这无疑是激动人心的。美国国家航空航天局一直是一个以技术为主导的机构，是为了国家利益而设立的组织研究和开发的部门。我们可以将它和美国原子能委员会（Atomic Energy Commission）做个比较。原子能委员会成立于1946年，目的是将原子能设备从军方转移到民众手中，并对原子能的和平使用进行监管。20世纪60年代，在将人类送上月球的竞赛中，美国国家航空航天局成了为美国赢得国际地位的"发动机"，但登月毕竟是一个独一无二的历史事件。[1] 在联邦预算中，美国国家航空航天局的经费所占的比例已经从5%缩减到了0.5%。这个军事工业复合体虽然仍有着巨大的影响力，但开展太空探索的能力正慢慢向私人公司和商业机构转移。目前，这些私人公司和商业机构都在争夺来自政府的合同，但最终政府会转变为规章制度的制定者和监督者，就像在航空业中那样。

2012年5月，龙飞船与国际空间站成功对接（如图6-1），这是第一个备受瞩目的私人公司成功案例。埃隆·马斯克那形似橡皮软糖的龙飞船，是由一家员工不足3 000人、平均年龄为30岁的公司制造的。和庞大的美国国家航空航天局相比，这家公司毫不起眼。美国国家航空航天局的工作人员数量超过1.8万、平均年龄超过50岁，各种承包商达6万余家。龙飞船与国际空间站的对接过程并不是一帆风顺的。第一次对接尝试被迫中止，随后传感器又出现了问题，最终，当宇航员唐·佩蒂特（Don Pettit）操纵机械臂伸出10多米，将龙飞船抓住时，位于休斯敦的美国国家航空航天局飞行控制中心，以及位于加利福尼亚州的太空探索技术公司控制中心，爆发出了疯狂的欢呼声。佩蒂特当时说："我们抓住了一条龙的尾巴。"第二天，当他通过气闸舱去检查货物时，他说道："它闻起来就像一辆新车。"[2]

2013年年初和2014年，龙飞船返回近地轨道，完成了12次飞行任务的第一阶段。这12次飞行任务属于一份价值31亿美元的合同，合同双方为太空探索技术公司和美国国家航空航天局，目的是为国际空间站运送货物。2013年9月，轨道科学公司（Orbital Science Corporation）的"天鹅座"（Cygnus）飞船与国际空间站实现对接（在此次对接前的几个星期，"天鹅座"飞船有过一次对接尝试，但中途失败了），为国际空间站送去了几百千克有价值的补给，包括为宇航员特制的巧克力。这项业务因此变得具有竞争性。轨道科学公司也手握为国际空间站运送补给的合同，合同价值19亿美元。[3]

图 6-1　龙飞船与国际空间站成功对接

注：第一艘由商业公司研发制造的飞船与国际空间站成功对接。2012
　　年5月25日，太空探索技术公司的龙飞船靠近国际空间站，并被
　　一只机械臂抓住。

　　就在轨道科学公司将货物送入近地轨道的同一天，太空探索技术公司
迈出了大胆的一步——首次发射了推力更强劲的"猎鹰9号"运载火箭。
在成功将一颗加拿大气象和通信卫星送入轨道后，飞行控制人员试验了一
项通过回收再利用火箭来降低成本的技术，但并没有成功。回收方法是在
火箭中留下一小部分燃料，再点火，然后火箭飞回发射平台。但重新点火
后的火箭发生旋转，将燃料甩到了火箭的一侧，这使得火箭发动机缺乏燃
料，造成火箭坠毁。马斯克很乐观，他在推特上写道："经过这次飞行和
蚱蜢（Grasshopper）火箭的飞行测试，我认为我们现在已经了解了回收
火箭需要解决的所有难题。"[4] 蚱蜢火箭配有金属着陆支架，它被设计成
能降落回发射台，就像玩具火箭一样。2011—2013年，一枚小型的蚱蜢
火箭原型成功进行了8次试飞。2014年年初，全尺寸的"猎鹰9号"火箭
进行了首次试飞。蚱蜢火箭的设计飞行高度是90千米，略低于卡门线，
它能像直升机一样精确着陆。

通过"臭鼬工厂"（Skunkworks）项目，其他积极的参与者即将推出有前景的原型产品，因此马斯克需要不断创新。他曾说，当太空探索技术公司能通过发射卫星和为国际空间站运送补给赢利时，他就将把注意力转向火星。

在亚轨道旅游业务方面，XCOR航空航天公司与维珍银河公司展开了竞争。总部位于得克萨斯州的XCOR，正在研发"山猫"（Lynx）火箭飞机。按照设计，这种飞机能搭载一个飞行员和一位付费乘客，不到半个小时就能到达100千米的高空并返回地面。XCOR预售了将近300次飞行，每次飞行价格为9.5万美元。对此，理查德·布兰森可能并不担心，因为他的签约客户量是XCOR的3倍，客户年龄从11岁到90岁不等。维珍银河公司的销售说明书中这样写道："'太空船2号'拥有宽敞的客舱，能让您尽情体验零重力飞行的乐趣。"维珍银河公司有大量名人客户，包括贾斯汀·比伯（Justin Bieber）、凯特·温斯莱特（Kate Winslet）、莱昂纳多·迪卡普里奥（Leonardo DiCaprio）和汤姆·克鲁斯（Tom Cruise）等。对于未来的飞行旅程，帕丽斯·希尔顿如此憧憬："如果我回不来怎么办？这可是以光年来算的，如果我在1万年后才回来，我认识的人都死了，那该怎么办呢？也许我会发出'好吧，现在我不得不重头再来了'的感慨。"[5] 这一切看起来似乎很有趣，但名人们应该仔细阅读合约中那些难懂的条文——事实上，风险是真实存在的，在太空旅游产业发展初期，是有可能出现人员死亡的。布兰森虽然像杂耍表演者那样行为大胆夸张，但2014年一个飞行员的丧失，还是让他感到后悔不已。

太空探险公司（Space Adventure）是唯一一家有业绩记录的私人太空公司。这家总部位于美国的公司，经常利用其他公司开发的硬件设备来开展各种各样的太空业务。2001—2009年，该公司与俄罗斯航天局（Russian Space Agency）合作，将7个平民送入国际空间站。由于"联盟号"飞船运载能力有限，俄罗斯暂停了这一计划，后又于2015年重启了付费乘客太空旅游，英国音乐巨星莎拉·布莱曼（Sarah Brightman）却并未能按照计划飞赴国际空间站。为了这次太空旅游，布莱曼支付了4 500万美元，原计划在国际空间站停留两个星期。这笔费用远高于第一阶段太空游客支付的2 000万美元，但低于美国宇航员搭乘俄罗斯的飞船需要支付的6 200万美元。

太空探险公司也希望在亚轨道飞行业务上分得一杯羹，并计划开启一个宏大的飞越月球的商业计划。一位不愿透露姓名的乘客已经为此次毕生难忘的旅行支付了1.5亿美元，而这家公司正在为此次旅行寻找更多的乘客。[6] 无所不在的布兰森也关注着月球旅行，但他首先必须有一枚能发射轨道航天器的运载火箭，并建立一家太空旅馆。

罗伯特·毕格罗（Robert Bigelow）坚信，他将成为第一个将旅馆开到轨道上的人。毕格罗是一位敢于打破常规的亿万富翁，他创立了经济套房连锁酒店模式。现在，他脑子里有一个更高级别的住宿计划。毕格罗是个怪人，他相信不明飞行物（UFO）的存在，相信祈祷的力量，却不相信宇宙大爆炸理论——但绝不能因此忽视了他。他的公司已经发射了两个可充气的原型，虽然有些漏气，但目前仍在轨运行。美国国家航空航天局对此印象深刻，进而为国际空间站订购了一套设备。毕格罗还打算与太空探索技术公司合作，将一个容量为330立方米的泡沫舱送入轨道。这个泡沫舱能容纳6个人，相比其他太空舱也更舒适。对于一个110立方米的泡沫舱，一次往返飞行和两个月的太空住宿要价5 000万美元，为期一年的冠名广告要价2 500万美元。毕格罗的产品目前都还只是"雾件"①，因此，当2012年年底，他的公司和美国国家航空航天局签订了价值1 800万

---

① 雾件是指在开发完成前就开始宣传的产品。——编者注

美元的合同，旨在为国际空间站建造一个可充气的模块时，很多人感到非常吃惊，当然这也是一个里程碑。

蓝色起源（Blue Origin）公司是这场新太空竞赛中的黑马，由亚马逊的创始人杰夫·贝佐斯（Jeff Bezos）创建。蓝色起源公司采取循序渐进的方式，由亚轨道飞行慢慢转向轨道飞行。这家公司的格言是"Gradatim Ferociter"，这是拉丁语，意为"用令人敬畏的方式循序渐进"。鉴于亚马逊曾从网上书店迅速发展为销售业巨头，很多专家都希望蓝色起源公司能成为太空探索领域的主要参与者。该公司最初的计划是，到2010年，每周进行一次亚轨道旅游飞行——与其他竞争者一样，他们也过于乐观了。这家公司的网站尚未公布付费乘客首次飞行的计划日期。

亿万富翁贝佐斯和毕格罗都非常低调，蓝色起源公司的公开信息更是少得可怜。该公司成立于2000年，但直到2003年，贝佐斯以一系列空壳公司的名义，短时间内在得克萨斯州大规模购置土地时，人们才意识到这家公司的存在。与太空探索技术公司一样，蓝色起源公司也将使用可重复使用的垂直起降火箭。

被提名为高中毕业典礼的致辞代表后，18岁的贝佐斯说，他想"为将来进入轨道的200万或300万人建造太空旅馆、游乐园和居住区"。[7]《雪崩》（Snow Crash）的作者尼尔·斯蒂芬森（Neal Stephenson）已经在蓝色起源公司兼职多年，他还写了其他的科幻小说。

然而，美国国家航空航天局并没有轻易放弃，或直接将接力棒交给私人公司。这就像一个有着非凡成就的老大哥，突然有了一群青春年少、才华横溢又桀骜不驯的弟弟妹妹。美国国家航空航天局的很多货物运送业务已经外包出去，[8] 但有一些宏大的计划受到预算的限制。这些计划需要运力强大的火箭将大载荷送入地球轨道。付费让俄罗斯将美国宇航员送入国际空间站，这显然让美国国家航空航天局（和美国）颜面扫地。2005年，美国宣布了"星座计划"（Constellation program），目标是为国际空间站补充补给，最终向月球和火星发射载人飞船。但是，由于技术不成熟、计划延期以及预算缩减等问题，"星座计划"陷入无人管理的混乱局面。2010年2月，美国总统奥巴马终止了该计划。

几个月后，从"星座计划"的灰烬中，太空发射系统（Space Launch System，简称SLS）如凤凰涅槃般崛起。[9] 太空发射系统利用了原本准备用于"星座计划"的部分技术，并保留了很多"星座计划"的承包商——这是一个权宜之计，因为这项工作是在一些关键的国会选举区开展的。运载火箭将逐步进行升级，最终达到130吨的运载能力，超过强大的"土星5号"运载火箭。新近设计的"猎户座"飞船（Origin spacecraft）能搭载6位宇航员，并在2014年年底试飞成功。

整装待发，却无处可去？美国国家航空航天局的官员敏锐地意识到，如此引人瞩目且耗资巨大的工程，需要一个能激起公众兴趣的目标。幕后老板们对月球这个目的地并不满意，飞往火星所需的高昂成本又让他们望而却步。2010年4月15日，奥巴马在约翰逊航天中心发表了关于大型太空政策的公开演讲，他指出："有些人认为我们应该像原来计划的那样，首先重返月球，我对此表示理解。但在此，我必须十分坦率地说：我们已经去过月球了。"[10] 作为奋斗目标，美国国家航空航天局提出了"小行星重定向任务"（Asteroid Redirect Mission）：用无人航天器从深空中捕获一颗微型小行星，并将它拖到环绕月球的稳定轨道上，以便对其进行深入细致的研究。[11] 虽然美国国家航空航天局的许多正在开展中的任务都拥有良好的前景，但这项似乎是凭空出现的任务一跃成为其战略核心。然而，这项任务不仅要应对来自咨询委员会和资深行星科学家的质疑，还面临着一场艰难的筹资战，更不用说具体实施了。与此同时，美国国家航空航天局那些表现优异的弟弟妹妹正变得越来越强大。

官僚作风的束缚

我们已经习惯于被引力束缚在地球上，但新生的商业太空产业正面临着被官僚政治束缚在地球上的危险。

2006年，美国政府发布了太空旅游规章，这份规章长达120页，从乘客飞行前的培训到具体的医疗标准都被包括在内。大多数规定的内容都很容易执行，比如要求驾驶飞行器的人持有美国联邦航空管理局颁发的飞行执照，以及前来参加太空旅行的乘客需要签署一份协议书，以表明他们已经被告知相关风险。但其他一些规定令太空企业家很头疼，[12] 其中，最麻烦的是美国的《国际武器贸易条例》（*International Traffic in Arms Regulation*，简称ITAR）。该条例规定，火箭系统与坦克、枪械一样，需要得到批准才能出口。此外，由非美国公民开发的火箭系统，或者向非美国公民展示火箭系统，都需要获得批准。《国际武器贸易条例》的限制是很多研究者的痛苦之源，因为在一些不具备战略地位的探测系统和电子系统中，也必须遵循这一条例。据《经济学人》（*The Economist*）估计，自1999年以来，《国际武器贸易条例》对卫星技术的严格限制，已经使美国在全球商业卫星市场中所占的份额减少了一半。[13]

维珍银河公司也受到《国际武器贸易条例》的限制。这家公司在位于新墨西哥州的美国航天港（Spaceport America）外开展业务，但其客户却来自各个国家。因为该条例的限制，维珍银河公司与伯特·鲁坦围绕"太空船2号"展开的合作推迟了几年。在谈到与美国联邦航空管理局的合作时，鲁坦直言不讳地说："这个过程几乎毁掉了我的计划，不仅造成成本超支，还增加了试飞员的风险，但并没有降低无关公众的风险……我们因此错过了寻求新的、安全的解决方案的机会。"[14] 此外，还有关于国际乘客的问题，按照《国际武器贸易条列》的规定，外国乘客不允许观看飞船的内部结构。如果来自英国的乘客到达了航天港，他们要么被送回家，要么被蒙上眼睛才能升空，这显然会对太空旅游业造成不利的影响。维珍公司通过程序设计巧妙地解决了这个问题，这样乘客就无法看到幕后情况了。但当他们在阿拉伯联合酋长国的阿布扎比进行发射时，又将遇到另一个难题，因为在《国际武器贸易条例》中，阿拉伯联合酋长国并没有被列入"友好国家"。

这个问题并非美国独有。所有志在发展航天事业的国家都鼓励私人投资。在欧洲，阿丽亚娜空间公司（Arianspace）占据了全世界卫星发射市场的半壁江山。这家公司虽然获得了大量的政府补贴，但仍然受到欧盟内部严重的官僚作风的影响。能源火箭航天集团（RSC Energia）的大部分资产，被俄罗斯政府出售给了私人投资者，但俄罗斯对企业家怀有敌意，因而"能源号"（Energia）火箭只能使用"联盟号"的技术，而这些技术已有40年的历史。目前，英国的监管也十分严格，连维珍银河公司都无法在布兰森的祖国发射飞行器。2014年5月，当美国联邦航空管理局准许维珍银河公司从美国航天港进行发射时，布兰森终于松了一口气。

另一个问题和保险有关。太空保险是其他种类的旅游保险的简单延伸，但保险公司尚未计算出太空旅行的确切风险。火箭发生事故的概率很高，但这个概率的变化也很大。卫星的投保金额一般约为其重置成本的10%，而重置成本可能高达数千万美元。对私人发射而言，1亿美元的保险金额，保险费大约为30万美元。在美国，大型火箭能从联邦政府获得赔偿金，这也意味着，如果损失在1亿美元到30亿美元之间，那么超过1

亿美元的部分将由纳税人来买单。这就引出了太空旅游公司不愿谈论的一个问题——有人会命丧太空。

在"哥伦比亚号"航天飞机事故调查委员会公布的调查报告中，有这样一段话："将人类置于储存着数百万千克的危险推进剂的机器顶部，并点燃推进剂，这是极其危险的。人类还要乘坐这个机器返回地球，在返回途中，它需要通过将能量转化为热能来减缓轨道速度，就像一颗流星飞速坠入地球大气层，这同样是极其危险的。"[15]

这解释了"挑战者号"和"哥伦比亚号"这两架航天飞机失事的原因。在人类探索太空的历史上，共有21人不幸遇难，而这两起事故造成的死亡人数就占了绝大部分（"阿波罗1号"在地面发生起火，3位宇航员丧生）。1986年，"挑战者号"航天飞机在升空过程中，因固体火箭推进器的一个O型密封环失效引发泄漏而发生爆炸。2003年，因为一块防护板上的一个裂口，在再入大气层时，热量穿透了"哥伦比亚号"航天飞机的机体，最终导致事故发生。

太空旅行虽然不像你想象的那么危险，但确实很危险。有趣的是，相比在其他领域的严格管控，美国联邦航空管理局在运载工具的认证方面非常随意。到目前为止，私人航天器和飞机一样，无须认证就可获得美国联邦航空管理局颁发的许可证，因为他们认为私人航天器在载人方面是安全的。在此引用该条例："美国联邦航空管理局必须等到危害发生或者几乎要发生之时，才能施加限制，即使是针对可预见的危害。"因此，只有在出现具体问题或者出现实际死亡事故时，安全标准才会施行。此外，太空游客必须放弃对美国政府和运营商的任何索赔。这其实是在回避一个实质性的问题：太空旅游究竟有什么风险？

截至2013年年底，共有约540人进入过太空，其中21人不幸牺牲，死亡率为3.9%。如果将在发射或者再入时丧生的乘员数计算在内，结果是差不多的；对执行了绝大部分发射任务的"联盟号"飞船和航天飞机来说，死亡率均为2%。[16]

就统计数据来说还不算太糟，但具体的损失却令人震惊。在媒体的报道中，损失的详细情况被一笔带过，但在事故发生之初，几乎可以确定这两架命运早已注定的航天飞机上的全体乘员是活着的，坠落到地球上之后，他们也还有意识。当详细情况被披露之后，人们才发现，苏联的损失同样惨重。1967年，当"联盟1号"坠毁时，宇航员弗拉基米尔·科马洛夫（Vladimir Komarov）知道自己已无法活着回到地球，他对工程师们忽视了事先的警告而愤怒不已。1971年，3位俄罗斯宇航员在从"礼炮1号"空间站返回地球时丧生。由于换气阀在160千米的高空破裂，他们被暴露在太空的真空环境中，最终因缺氧窒息而亡。也有一些宇航员幸运地死里逃生。最具传奇色彩的就是"阿波罗13号"。1965年，俄罗斯的"上升2号"（Voskhod 2）飞船错过了再入点，两位宇航员于黑夜中降落在一片森林密布的荒野。在狼叫熊嚎此起彼伏的寒夜里，两人紧握着手枪挤在一起。首次登月任务的风险太大了，尼克松总统甚至为可能出现的情况——尼尔·阿姆斯特朗和巴兹·奥尔德林（Buzz Aldrin）被困月球，准备了一篇演讲稿。演讲稿中写道："命运已经注定，登上月球进行和平探索之人将长眠于月球。"[17] 如果真的发生这种情况，美国的太空探索计划可能会以完全不同的方式结束。

如果将这些死亡率与我们习以为常的旅行方式的风险相比，结果会如何呢？商用飞机是非常安全的，2008年时，每飞行1.6亿千米只有1.3人死亡，转换成一生中乘飞机死亡的概率则为1/20 000，也就是0.005%。1938年时，飞行还处于开拓时代，那时飞行的死亡概率是现在的10倍。

但开车的死亡概率高得惊人，换算成一生中开车死亡的概率为1/84，也就是1.1%左右。

因此，假如这是一生只有一次的乘风翱翔，那么，太空旅行比乘飞机旅行要危险400倍，但风险仅为开车的2倍（如图6-2）。

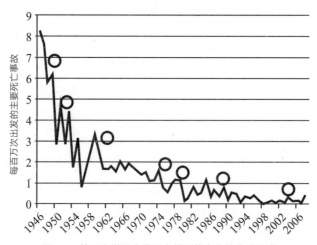

图6-2　第二次世界大战以来美国的商业航空事故率

注：安全方面的提升用圆圈来表示（从左到右）：增压舱，无线电通信，远程雷达，雷达导航，自动操作，自动驾驶仪，以及大型新式喷气飞机。

在15世纪初期，中国的宦官郑和率领一支庞大的舰队七下西洋，这支舰队由320艘舰船和1.8万余人组成，先后到过印度、阿拉伯半岛和非洲等地。他们的目标是：搜罗奇珍异宝，让沿途遇到的所有文明臣服，并让他们宣誓效忠中国皇帝。然而，郑和的巨大努力最终却付诸东流。在中国，人们不能拥有自己的船只，对外贸易也被禁止，探险也被轻易地终止了。到15世纪末，欧洲人扬帆起航开始了探险，但相比中国舰队的船只，他们的船只要小得多，也简陋得多。他们从政府那里获得了一些种子基金，但他们的探险主要受贸易和移民的驱动。其中一些移民建立了自由企业，并摆脱了他们之前的统治者的严格控制，最终造就了美利坚合众国。从中我们可以学到，飞越地平线进入太空的最好方法就是接受风险，并给予梦想家彻底的自由。

"专制"的火箭方程

官僚主义是人为的产物。乐观主义者可能会认为，在理想世界里，我们能摆脱甚至消灭官僚主义。然而，物理学是冷酷无情的。商业太空产业中的年轻企业家面临着一个他们无法逃避的问题："专制"的火箭方程。

我们已经知道，火箭是能产生动量的机器。火箭通过喷嘴以高速喷出气体，并沿着相反方向推进。牛顿定义了火箭物理学，齐奥尔科夫斯基则将其写成包含三个变量的方程。知道了其中两个变量，也就知道了第三个变量。任何花招或小聪明都无法改变这个事实。其中一个变量是克服引力做功并到达目的地所需的能量，对于近地轨道而言，这个能量相当于将静止物体加速到8千米/秒。另外两个变量与燃料有关：需要提供多少能量或推力，以及燃料占火箭总质量的百分比。

火箭的能量来源于原子之间的重组。因此，现代火箭是在化学的极限下工作的。（将来有一天，我们也许能通过聚变反应来重组原子核，从而为火箭提供能量，但目前我们还无法摆脱化学的限制。）最有效的反应是氢燃烧，或者说氧化。氢燃烧很清洁，因为燃烧后的产物是水。但氢燃烧也存在一个复杂的问题，那就是氢和氧在常温下都是气体，因此，必须将氢和氧加压并冷却成液态。与其他常见燃料的燃烧相比，氢氧燃烧有哪些优点呢？每千克氢氧燃烧释放的能量是汽油或天然气的3倍，是煤炭的

5倍，是木材的10倍。最接近氢氧的燃料，是一种经过高度提炼、易挥发的煤油，名为RP-1。[18]

　　燃料确定之后，最后一个变量也就确定了。如果是使用固体燃料或者煤油燃料的火箭，那么燃料必须占到火箭总质量的95%，而如果是使用氢氧燃料的火箭，那么燃料必须占85%。在"土星5号"运载火箭和航天飞机中，燃料在总质量中的占比即为85%。只需将这一数值与货运飞机（40%）、柴油火车（7%）、汽车（4%）以及集装箱货运船（3%）的燃料占比相比较，就会发现这些航天器装载的几乎都是燃料，实际有效载荷所占的比例很小，对"土星5号"运载火箭而言是4%，对航天飞机而言是1%（如图6-3）。

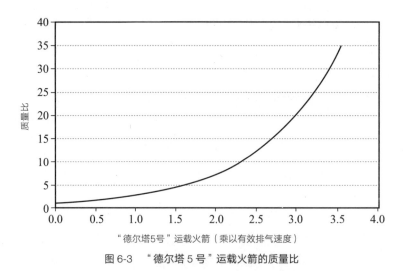

图6-3 "德尔塔5号"运载火箭的质量比

　　注：火箭方程描述了总初始质量与最终质量之比，是如何决定火箭的速度变化（或者说加速度）的。总初始质量就是载荷与推进剂的质量之和，最终质量就是载荷的质量。只有初始质量中的绝大部分都是推进剂，才能获得到达轨道的加速度。

火箭有发动机、喷嘴和燃料箱，还有非常多的管道，这些管道能快速、精确地将加压液体推进剂输送到燃烧场所。火箭的结构必须能承受发射时产生的压力、震动和加速度。火箭必须能在大气和真空的太空中飞行。此外，与"土星5号"运载火箭以及航天飞机的发射系统不同的是，火箭必须能重复使用。若想火箭的结构重量轻、强度大，就必须使用铝、钛、镁以及石墨–树脂复合材料建造。由于火箭方程的约束条件非常严格，所以工程裕度[①]非常小。试验和建模只能超过设计极限20%～30%。想象一下，你以97千米/小时的速度驾驶一辆汽车，然后加速到120千米/小时，毫无疑问，你的车会爆炸。

虽然"哥伦比亚号"和"挑战者号"航天飞机失事是由结构性问题导致的，但它们的发动机却是非常强大的，是火箭发动机中表现最好的。外部燃料箱和一座房子一样大，里面装满了冷却到–250℃的易燃低温液体燃料，压力高达4个标准大气压，并以1.5吨/秒的速度向发动机输送燃料。航天飞机就像一辆法拉利，但它是一个由性能而不是成本驱动的项目。在两次发射之间，航天飞机需要进行数千小时的人工检修。宇航员知道他们驾驶的是一架极其精密的机器，成千上万的零部件必须完全同步地工作（如图6-4）。他们也知道这架机器是由出价最低的投标人建造的，这让他们隐隐有些担心。自20世纪60年代以来，火箭技术虽然进步不大，但火箭的建造成本却因设计方案的改善而得以降低。

当马斯克将注意力转向火箭时，他就会像物理学家一样思考。火箭燃料通过重组原子来提供能量，造火箭的原理也是一样的。马斯克注意到，火箭材料只占最终火箭总成本的2%左右。对汽车而言，这个比例在20%～25%。在节约材料成本方面，太空探索技术公司已经进行了技

---

① 裕度是一个统计学术语，指留有一定余地的程度。——编者注

术革新，比如无须铆钉的焊接。太空探索技术公司使用的大部分组件由他们自己制造，而不是高价承包给分包商。他们简化了制造过程，在发射系统中使用了很多通用组件。他们也没有申请相关专利，因为马斯克认为中国人会把它们当菜谱。[19] 太空探索技术公司要建造的是丰田卡罗拉，而不是法拉利。

图 6-4　RS-25 发动机

注：RS-25 发动机是有史以来最强大、性能最好的火箭发动机。它由美国洛克达因公司（Rocketdyne）制造，是航天飞机的主发动机，在发射时能产生 187 万牛顿的推力。航天飞机的接替者也会采用这种发动机。

其他的私人太空公司也采取了类似的策略。现在讨论他们能将成本降低到什么程度还为时过早，但从先前的结果来看还是可期待的。[20]

在太空技术中，衡量效能的一个重要标准，是将每千克物资送到近地轨道的发射成本。就"土星5号"运载火箭、航天飞机、"德尔塔2号"运载火箭，以及"阿丽亚娜5号"运载火箭来说，每次运送载荷的成本约为1万美元/千克。俄罗斯的"联盟号"飞船很高产，共发射了近800次，每次运送载荷的成本约为5 300美元/千克。作为"联盟号"飞船的接替者，"质子-M"（Proton-M）运载火箭十分强劲，每次运送载荷的成本约为4 400美元/千克。对于长征火箭的发射成本，中国守口如瓶，但他们说比"联盟号"的成本高。维珍银河公司标价25万美元/人，按照成年人的平均体重来换算，可知每次运送载荷的成本为3 000美元/千克。然而，这只是进入亚轨道的成本。太空探索技术公司的目标更高，他们宣称，新的猎鹰重型火箭将会使进入近地轨道的成本降低到2 200美元/千克（如图6-5）。

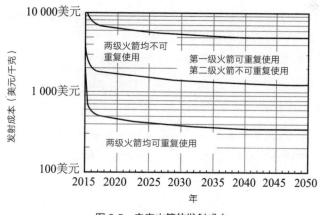

图6-5　未来火箭的发射成本

注：基于目前的火箭技术，计算得到火箭的预计发射成本。注意，纵坐标是对数坐标。不可重复使用的火箭，比如"土星5号"和俄罗斯的"质子号"火箭，成本一直很高，即使部分技术可重复使用，也很难将成本控制在1 000美元/千克以内。完全可重复使用的运载火箭能改变太空旅游业。

迷人的太空生活

对人类来说，处于失重状态是很不自然的，也很不舒服。正因为此，为人们提供零重力飞行体验的飞机也被称为"呕吐彗星"（Vomit Comet）。在经历过太空体验的游客中，大约一半人出现了晕动症，包括恶心、呕吐、头晕、头痛和全身不适等，这些症状通常会在两到三天后消失。但在所有宇航员中，大约有10%会长期遭受太空病的折磨，太空病不仅会让他们变得虚弱，还会扰乱他们的身体机能。[21]

在太空探索初期，宇航员就已经知道这些情况，但他们并没有说出来，因为他们希望成为"太空英雄"，而且如果他们这么做了，可能就再也不能执行飞行任务了。1985年，美国参议员杰克·加恩（Jake Garn）在乘坐航天飞机时呕吐不止，他因此成为一个典型代表。从那时起，宇航员就用"加恩标度"（Garn scale）来评估自己的症状。在整个飞行过程中，加恩基本丧失了行动能力。海洋学家、美国国家航空航天局研究员罗伯特·史蒂文森（Robert Stevenson）说："加恩……在宇航员队伍中创造了历史，因为他代表着人们所能承受的太空病的最高程度，因此，1加恩就代表完全不合格和彻底病倒。大部分人的不适程度可能只有0.1加恩。"[22]

一位荷兰研究人员开展了一些实验，参与实验的人被置于载人离心机（通常用于宇航员训练）中，研究发现，实验对象在离开载人离心机后出现了相似的症状。[23] 由此可知，太空病的诱因是适应不同的引力状态，而不是适应没有引力的状态。从技术上讲，宇航员不会遇到零引力的情况，因为在宇宙中，引力无处不在。但在地球轨道上，宇航员和他们的"容器"自由下落的速度与他们向前运动的速度相同，因此，他们是"漂浮"

在容器内的，用"微引力"（Microgravity）来描述会更确切。

因为有"和平号"空间站，所以俄罗斯人保持着零重力时间最长的纪录。20世纪80年代中期，瓦列里·波利亚科夫（Valeri Polyakov）在"和平号"空间站里待了438天，其他3位宇航员也在上面待了一年多。谢尔盖·克里卡列夫（Sergei Krikalev）曾6次前往"和平号"空间站，总共在空间站里待了803天。这些宇航员遇到的情况为我们将来送人类到火星时需要注意些什么，提供了重要参考。

某些生理效应可能会对宇航员造成潜在的危害。缺乏引力会导致体型发生变化。宇航员会变高5厘米或6.4厘米，但这种伸展（以及随后他们返回地球时的收缩）会非常痛苦。体内器官会向上漂移，脸部会浮肿，腰部和腿部会收缩，其结果就是宇航员会变成一个卡通形象的大力士。但这只是一种错觉，如果不抵抗引力，肌肉就会萎缩，骨骼也会变薄变脆弱。为了避免出现这些情况，宇航员们每天必须锻炼2～3小时。此外，心脏功能也会变弱，血压可能会降低到使人偶尔晕倒的程度。在太空中，人的免疫系统也会变得脆弱，体液向上移动会导致充血和头痛，葡萄糖耐受性和胰岛素敏感性也会发生剧烈变化。

由于没有地球大气层的保护，宇宙射线会对宇航员的大脑造成轻微损伤，这可能会加速阿尔茨海默症的发病。眼睛也无法逃脱。俄罗斯宇航员瓦伦丁·列别杰夫（Valentin Lebedev）在轨道上待了8个月后，患上了渐进性白内障，最终失明。宇宙射线还会在眼球中产生明亮的闪光，使眼球变成一个犹如迪斯科舞厅的闪光球。[24]

合适的食物有助于对抗身体上的不适，至少能提振宇航员的士气。在太空探索初期，宇航员的食物是非常糟糕的，通常是被挤压在牙膏管中的糨糊状调味食物，或者一口大小、经过冷冻干燥的小食。对灵敏的电子设备来说，漂浮的面包屑和液滴是致命的，因此，宇航员会想尽办法来避免它们。现在，宇航员的食物已经变得丰富多样。他们能享受袋装的鸡尾冷虾、奶油里脊丝和樱桃甜点。在食物的准备、密封、消毒和加热方面，美国国家航空航天局开发了很多新技术，这些技术已经被餐饮服务行业采用，并为全世界的电视迷带来了福音。航天飞机的燃料电池会产生水，这些水作为副产品被用于在轨道上重新制作食物，这也可以减轻发射重量。

在轨道空间站里，情况也差不多。"天空实验室"空间站里的宇航员会使用脚套，这样他们就能"围坐"在一张桌子前，每人都有一把小刀、一把餐叉、一个小勺，以及一把用于剪开塑胶封条的剪刀。国际空间站上的食物每8天轮换一次，如果你在那里待上一年，这些食物就会变得非常乏味。这些食物一半来自美国，一半来自俄罗斯，品尝和检查其他国家的食物就成了宇航员的训练项目。随着来自其他国家的人开始进入国际空间站，汉堡包和甜菜浓汤的食用量也多了起来。[25]

宇航员们也遵循一日三餐制，偶尔会吃点零食。那些半夜想吃点心的人必须查看一下物资储备情况，毕竟，来自地球的补给可能会因各种原因无法及时送达。抢夺他人的食物是一种严重侵犯，每位宇航员的食物都是根据他们各自的喜好定制的，并标有彩色的圆点以示区别。航行已经瓦解——这让我想起了《凯恩舰哗变》（The Caine Mutiny）中，由奎格（Queeg）舰长那消失的草莓引起的哗变。由于食物种类有限，宇航员很难获得均衡的营养。维生素D会加速流失，因为没有太阳光帮助合成，而缺乏维生素D会导致严重的骨质疏松。铁含量也会下降，因为宇航员体内无法产生足够的红血球去与铁结合，以达到正常的铁含量。卡路里和地球上大致是一样的。

吃进去的食物消化后就要排出体外。在紧致密封的航天器和空间站里，封装、处理排泄物是一个很现实的问题。美国国家航空航天局让宇航员通过使用"马桶训练器"，来掌握让自己的排泄物进入一个直径约5厘米的中央孔的方法，同时通过安装在马桶下面的视频镜头进行检查，以确定是否对准了中央孔。当太空厕所发生故障时，宇航员必须采取更原始的收集方法——使用尿片。2008年，国际空间站上唯一的厕所出现故障。讽刺喜剧演员史蒂芬·科尔伯特在节目中嘲笑美国国家航空航天局，说他们采用所谓的"像袋子一样的收集系统"。当美国国家航空航天局为其下一代太空厕所举行命名征集大赛时，科尔伯特号召他的观众去美国国家航空航天局的网站投票。他赢了。但美国国家航空航天局却临阵退缩了，并拒绝将这款马桶命名为"科尔伯特"，而取名为"宁静号"（Tranquility）。[26]

对于进入过太空的那几百个人来说，相比这段非凡的经历，身体上的不适根本不值一提。在90分钟内就能环游世界，而凡尔纳笔下的斐利亚·福克（Phileas Fogg）足足花了80天；欣赏地球弯曲的边缘，天空在此处逐渐变成一片漆黑；瞥一眼地平线之外的景象——这是多么绝妙的体验啊！这还只是在太空的边缘，在这之外，还有数不胜数的迷人世界在召唤我们。

行星成堆

07

暗淡蓝点

宇航员所面临的难题表明，我们已经完美地适应了我们所处的环境。地球就像手套一样适合我们。引力，日夜长短，空气成分，气候……在没有任何技术的辅助下，我们在这颗行星上生存和繁衍了数万年。

那么，在我们离开地球家园的过程中，地球教会了我们什么呢？

地球让我们知道了，我们能适应不断变化的物理环境，并在其中生存下来。人类从非洲往外迁徙扩散，适应了多种恶劣的气候环境，比如中东地区干旱的荒漠地带、西伯利亚的冻土地带。即使现在，这些早期开拓者的后裔们还在严酷的环境中建设他们的家园。例如，生活在地球上最热、最高、最干旱以及最寒冷地区的人，他们的忍耐力往往非常强大。

廷比夏（Timbisha）是印第安人的一个部落，1 000多年来，他们一直生活在莫哈韦沙漠中的火炉溪（Furnace Creek）附近。19世纪40年代淘金热（Gold Rush）时期，前往加利福尼亚州的淘金者将这个地方称为死亡谷（Death Valley）。夏天，这个地方酷热无比，气温一度高达57℃。这里的土地虽然很荒芜，但在传统的生活方式于20世纪被破坏之前，这里能为廷比夏部落提供他们所需的一切。这个部落的人过着游牧生活，他们会在迁徙途中采集野果和种子。他们的主要食物是矮松子仁和牧豆，此外还有蜥蜴和兔子。[1]

在死亡谷以南数千米的秘鲁安第斯山脉中，土著居民仍然生活在海拔5 100米的地区，在这个高度，水土不服的人会出现头痛和其他高原反应症状。他们已经抛弃了游牧生活，取而代之的是在金矿中辛勤劳作。在拉林科纳达（La Rinconada），矿工们就生活在矿区附近，结果遭受了汞中毒。他们没有工资，但在每个月的最后一天，他们可以从矿区带走他们所能带走的矿石，但只能靠肩扛手提。这再次证明，人类遭受的最大侮辱来自人类自身，而非土地。

沿着安第斯山脉往下，在智利阿塔卡马沙漠（Atacama Desert）中，有些地方从未有雨水降临，有些河床已经干涸了10万多年，但仍有人生活于此。科学家来到这片荒凉的土地上，为未来的火星任务测试设备。这里出土的最古老的木乃伊化的遗迹比类似的埃及遗迹早了几千年。大约有2万名阿塔卡梅诺人（Atacameños）仍然生活在这里，但他们的昆萨（Kunza）语已经灭绝了。他们放牧美洲驼，种植玉米来食用，并将玉米酿成烈性酒。他们用相思豆制作果汁、果酱和医用药品等。在每年的6月21日，也就是南半球的冬至日这天，他们中的部分人仍会爬上高耸的利坎卡武尔火山（Licancabur Volcano）一侧，举行动物祭祀仪式。在这个仪式中，人们会一刀插进一只绵羊或者山羊的胸口，然后掏出仍在跳动的心脏，并在晨光之中高高举起。[2]

西伯利亚的奥伊米亚康（Oymyakon）是地球上最寒冷的人类永久居住地。在这里，钢笔墨水会结成冰，金属会粘住皮肤，吐出的口水还没落地就会被冻成冰，鸟儿在飞行途中会掉下来，棺材会随着永久冻土的解冻和冻结从地里冒出来。鄂温克人（Evenki）逃离了城镇，他们更喜欢放牧驯鹿的游牧生活。他们携带着帐篷，跟随着畜群，乘坐雪橇穿过崎岖地带和雪堆，每天前进32千米甚至更远。猪油是他们的主食。如果有驯鹿死了，他们会吃掉它的每一部分。守夜人会将桦树枝制成矛，来保护畜群免受狼群的袭击。当白令海峡还是大陆桥时，鄂温克人的远古祖先就穿过白令海峡到达美洲，成为最早的美洲人。[3]

数千年来，人类已经在身体上和遗传基因上适应了恶劣的自然环境。世代生活在北极气候和亚北极气候环境中的人，比生活在温带和热带气候环境中的人更高大。更高大的体型意味着会产生更多的热量，但表面积相对于质量来说却较小，这意味着体内的热量不易耗散。这个原理解释了东非马赛人和极北地区的因纽特人之间的差别，马赛人又高又瘦、四肢纤长，而因纽特人则又矮又胖。在体内脂肪的储存和基础代谢率方面，两者也有着类似的差异。在高海拔地区，人们会通过适应机制来适应当地的环境，比如生活在秘鲁和玻利维亚的高山峡谷中的人，体内会产生更多的血红蛋白，而生活在尼泊尔和中国西藏地区的人的动脉和毛细血管更大，能向肌肉输送更多氧气。

如果没有科技的辅助，地球上最高和最低的地方都是不适合人类居住的。在没有供氧设备的情况下，只有160位西方登山者登上了珠穆朗玛峰

（在有供氧设备的情况下，超过4 000人登上了珠穆朗玛峰），而人类徒手下潜的极限约为125米。在科技的帮助下，这些极限得到了极大延伸。艾伦·尤斯塔斯（Alan Eustace）身着增压服，从41 420米的高度以超声速自由下落。电影导演詹姆斯·卡梅隆乘坐"深海挑战者号"（DeepSea Challenger）潜水器，下潜到了10 908米深的马里亚纳海沟底部。这些都是很短暂的经历，虽然过程转瞬即逝，但探险者仍会置身于致命的危险中。

1669年，在专著《思想录》（Pensées）中，布莱兹·帕斯卡尔（Blaise Pascal）这样写道："人类所有的问题都源于他们无法安静地独自待在房间里。"我们都是流浪者，需要社会交际，渴望刺激。如果我们离开地球这个庇护所，我们的需求就将无法得到满足。进入太空后，人类会被限制在一个有限的感官环境中，与大多数"部落"的正常互动都会被切断。

1990年，"旅行者1号"飞船经过12年的飞行后，在距离地球64亿千米远的太阳系边缘停了下来，然后回头看了看地球，并拍下了一张地球的照片。照片中，地球犹如一粒暗淡的尘埃，悬浮在漆黑的太空海洋里，地球这一标志性的形象被称为"暗淡蓝点"（如图7-1）。

1994年，卡尔·萨根的著作《暗淡蓝点》（Pale Blue Dot）出版，他在书中引用了这张照片，并进行了反思：

> 让我们再看看那个光点吧。它就在这里。那是我们的家园。那就是我们。你所爱的每一个人，你认识的每一个人，你听说过的每一个人，曾经存在过的每一个人，都在这里度过了他们的一生。我们所有的快乐和痛苦，数不胜数的宗教信仰、意识形态和

经济学说，所有猎人与强盗，英雄与懦夫，文明的创造者与毁灭者，国王与农夫，相爱的年轻夫妇，母亲与父亲，满怀希望的孩子，发明家与探险家，德高望重的老师，腐败的政客，"超级巨星"，"最高领袖"，人类历史上的每一个圣人和罪人，都生活在这里——一粒悬浮在阳光中的微尘。[4]

图 7-1 "旅行者 1 号"飞船从太阳系边缘拍摄的地球

注：这是从 64 亿千米外的地方拍摄的地球。1990 年，"旅行者 1 号"飞船拍下了这张照片，照片中的地球被萨根命名为"暗淡蓝点"。如果我们在太空中旅行，在找到像地球一样适宜居住的行星之前，我们需要冒险前行极远的距离。（照片中的条纹是由照相设备的光学系统引起的伪影。）

宜居之地

地球上的生命遍布我们所能想到的生态龛中。人类需要一个温度、压力和大气成分都非常适合的"宜居带"（Goldilocks Zone）。微生物对生存环境的要求则没有这么严格。无论是温度高于水的沸点、低于水的凝固点，还是气压在标准大气压的1/10到数百倍之间，抑或是pH值范围从下水道清洁剂到蓄电池酸液，在这些环境中，微生物都能生长繁殖。在平流层上部、岩石内部和深海火山口，都有生命存在。

这些微生物被统称为极端微生物。生物体能很快适应恶劣的环境，以至于极端微生物变成了普遍物种，而像我们这样的脆弱的大型哺乳动物反而显得不同寻常。[5]

极端微生物并不都是微生物。缓步动物（Tardigrade）是一类比针头稍微大一点的动物，通常被称为"水熊虫"（Water Bears），有8条腿、1个细小的脑袋、1根肠道和1套生殖腺。它们既能忍受比水的沸点还高的温度，又能抵御比绝对零度仅高不到1度的极端低温；无论是在比最深的海沟的压力还高的环境中，还是在比太空真空的气压还低的环境中，它们都能生存，而且它们能承受的辐射强度比其他动物大1 000倍。[6]或许，隐生是它们的独门绝技。缓步动物能将自身的新陈代谢降低到几乎停止的程度，体内的水分也能减少到不到体重的3%，当再次接触到水时，它们会迅速复活。[7]从缓步动物身上，我们能学到在太空中生存的方法。

当人类向地球之外进发时，我们最关心的问题就是可居住性。我们能在宇宙飞船设备齐全的密封环境中旅行，但维持这种环境需要消耗大量的能源和物资。如果遥远的目的地能提供能源，如果生命能利用当地的资源进行繁衍，星际旅行将会容易得多。

　　地球上的生命既是丰富多彩的，又是统一的。大象、蝴蝶和真菌孢子都共享相同的遗传密码，都起源于大约40亿年前的一个共同的远古祖先。遗传密码的表达造就了绚丽多彩的生命奇观。目前我们所知的唯一有生命栖息的星球就是地球。由于只有这么一个生态系统可供研究，所以科学家无法确切地知道适合生命栖息的所有环境条件。经由自然选择进化而来的生命形式，几乎遍布地球上的物理环境，因此，人们很自然地就会认为，其他地方的生命形式也会遍布他们所在行星上的物理环境。但这只是一种假设，除非我们弄清楚地球上生命的起源或者在地球之外发现生命，否则，地球上存在生命很可能只是一种侥幸。天体生物学这门新兴的学科试图了解地球上的生命是如何开始的，其他适合生命栖息的地方的环境条件是怎样的，以及这些地方是否确有生命存在。由于缺乏一个有关生物的"普遍理论"来预测结果，因而天体生物学主要还是一门经验学科。在浩瀚的宇宙中，人类是孤独的吗？这个问题的答案，必须由我们亲自去寻找。

　　就我们目前所知，碳、水和能量是生命存在的必要条件。碳是构成复杂分子的基本元素，有机化学依赖于碳化学键的功能多样性。水是促进化学反应和构建复杂性的良好介质，也是地球上所有生物体的重要组成部分——从甲虫的40％到水母的99％。宇宙中的碳含量和水含量都相当丰富，因此，将碳和水作为生命存在的先决条件并不苛刻。然后就是能量。人类处于食物链的顶端，而食物链离不开太阳，但这并不表示生命必须依赖恒星提供能量。在地球上，一些微生物依靠火山口的热量或岩石中的天然放射性衰变来维持生命，这两种能量都来源于地质活动。

　　对于微生物和人类而言，可居住性意味着完全不同的情况。微生物需要的生态龛很简单，只需含有基本的有机物质、一点水和一个局部能量源即可。大型哺乳动物则非常挑剔，对它们来说，适宜且稳定的气候条件是必需的，而这意味着昼夜变化和季节变化不能太大，这就要求其所在的行星能进行自转并拥有特定的轨道。稳定的水供应最为重要，因为新陈代谢是由水溶液来调节的。天体物理学通常将宜居带定义为恒星外的一个距离范围，在这个距离范围内，类地行星上的水能保持液态。[8]

在接下来的几十年里，我们将造访太阳系中的大部分区域，但我们需要寻找的是环境适宜的目的地。在我们的宇宙后花园太阳系中，哪些地方适合人类居住，哪些地方又不适合人类居住呢？

月球和水星都太小，无法保持住大气，也没有地质活动。由于表面遭到陨石轰击和宇宙射线辐射的破坏，即使对微生物而言，月球和水星也是不适合生存的。金星在质量和大小上都与地球相近，但在遥远的过去，火山活动向金星大气中释放了大量二氧化碳，导致了失控的温室效应，使得金星的大气密度是我们呼吸的空气的100倍。金星的大气层不仅温度高到足以熔化铅，而且其中含有乙炔、硫酸等有毒物质。由此我们可以得出结论：月球、水星和金星上的条件极其恶劣，毫无生命存在的迹象。

接着，我们来到距离太阳更远的行星——火星。这颗红色行星处于传统的宜居带边界之外，因温度太低，其表面无法保持水分。火星上的大气非常稀薄，如果在火星表面放一杯水，几秒钟内就会蒸发掉。不过，有间接证据表明，火星存在地下蓄水层。蓄水层下方岩石的放射性加热和上方岩石施加的压力，使得其中的水能保持液态。在这些地下绿洲中，很可能有微生物存在。[9] 因此，这些可能存在的微生物将会是未来火星探测器和漫游车的坚定目标。

长期以来，人们一直认为气态巨行星上完全没有生命存在的迹象。木星、土星、天王星和海王星都远在宜居带之外，它们与太阳之间的距离是地球到太阳距离的5～40倍。20世纪80年代，"旅行者号"飞船发现，木星的卫星木卫二是一个完全被海洋和冰川覆盖的世界，这一发现震惊了全世界（如图7-2）。而关于土星的大卫星土卫六，最近，"卡西尼号"飞船提供了一些令人浮想联翩的细节。土卫六上存在大量的液体、河流三角洲、云层以及厚厚的氮气层。土卫六虽然与地球惊人地相似，但它的化学成分却与地球不同，其上的湖泊里充满了乙烷、甲烷和氨。更令人惊讶的是，"卡西尼号"飞船在土卫二表面看到了间歇性喷发的冰晶。这颗还没有罗得岛（Rhode Island）大的小卫星含有大量地下水，因而也具有生命所需的所有成分。乐观估计，在太阳系外层空间中，即使没有适合大型生命体的栖息之地，也有10多颗卫星上具有适合微生物生存的"地点"。[10]

图 7-2　木卫二上的冰层

注：作为木星的一颗大卫星，木卫二远在传统的宜居带之外，然而，它含有生命所需的所有成分。在照片中显示的冰层之下，是一片深达数千米的海洋，热量从木卫二的岩状内部流向海洋。

我们很了解太阳系，所以对地球之外的生命充满了遐想。作为一颗适合居住的行星，地球是独一无二的，但在宜居带之外，确实有可能存在某些形式的生命。

地外世界

如果我们致力于发展太空旅行方面的技术，那么总有一天我们会具备飞往其他恒星的能力。无论是因为人类发展到了太阳系已无法满足我们的需求，还是仅仅出于对地球之外的世界的好奇，我们都将离开我们所处的行星系这个安全港湾，去宇宙深空探险。恒星际之间近乎完全真空，密度一般相当于一块方糖大小的体积内只有一个原子，我们呼吸的空气的密度是这一密度的30 000万亿倍；温度为-234℃，只比绝对零度高一点点。几十年前，对于是否存在其他安全港湾，我们还只能靠猜测，现在我们知道它们确实存在。

这架望远镜很小，直径不到2米，甚至都未能进入全世界最大的50架望远镜之列。其所在的位置也很普通，离日内瓦也不够远，还没有达到真正全黑的暗区，所以得到的图像也不够清晰。这个项目也变化不定，通过对双星进行巡天观测，根据双星相互掩食时的光变曲线来推算双星的物理性质。

但当米歇尔·麦耶（Michel Mayor）和戴德尔·奎罗兹（Didier Queloz）盯着亮星飞马座51（51 Peg）的光变曲线时，他们大吃了一惊。飞马座51并不是双星系统的成员，相反，它有一颗质量大约为木星一半的行星伴星围绕它旋转，轨道周期只有4天多点。这颗气态巨行星围绕类太阳的飞马座51飞行的速度，是水星围绕太阳公转的速度的20倍。经过几个世纪的猜测和几十年的搜寻，太阳系外的第一颗行星终于被这个瑞士研究团队发现[11]，两位发现者甚至极有可能凭借这一成就获得诺贝尔奖。

麦耶和奎罗兹于1995年获得的这项发现开创了一个新的科学领域。从那以后，对太阳系外行星（或者说系外行星）的研究得到了飞速发展。[12]

对系外行星的探测突破了技术的极限。木星反射了太阳光的一亿分之一，因此，遥远的木星看起来就像一个微弱的光点，依偎在一颗极其明亮的恒星身边。对系外行星直接成像非常困难，直到最近10年才得以实现。麦耶和奎罗兹采用的是间接成像法，使用这种方法是无法直接看到行星的，但可以通过行星对中心恒星的周期性引力拖曳效应来观测。当一颗行星围绕一颗恒星转动时，这颗恒星并不是静止不动的，两者会围绕共同的质心转动。例如，从遥远的地方看，木星会使太阳围着自己的边缘转动，每12年旋转1圈，这也是木星的轨道周期。行星引起恒星的摆动运动，表现为恒星的光谱出现多普勒频移。高分辨率的光谱仪能分辨出这种非常微弱的信号，换算成波长变化为一千万分之一。[13]通过多普勒法，我们能得到系外行星的质量和轨道周期，再利用开普勒定律就能算出行星到恒星的距离，进而得到这颗行星的温度。

麦耶和奎罗兹的发现之所以令人震惊，是因为人们一直认为气态巨行星距离它们的恒星非常遥远，轨道周期长达几十年。其他行星搜寻者认为，他们需要收集很多年的数据才能发现一颗行星的特征。没有人知道，在离恒星如此近的地方，一颗巨大的行星是如何形成的。

自1995年以来，越来越多的人加入了行星搜寻者的行列。他们改进了技术，使得探测极限从木星质量提高到海王星质量，目前已经接近地球质量。大约有1/6的类太阳恒星有行星围绕其旋转，而且很多还不止一颗行星。[14]例如，距离地球130光年的类太阳恒星HD 10180，有7颗已经确定的行星，还有2颗未确定的行星，这使得这个恒星系统和太阳系一样拥挤（如图7-3）。

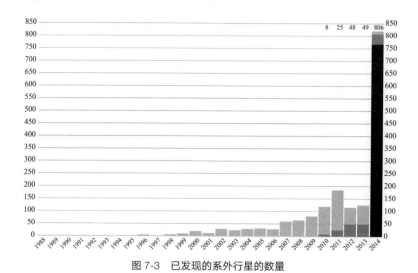

图 7-3　已发现的系外行星的数量

注：通过美国国家航空航天局的开普勒太空望远镜，人们发现了越来越
　　多的系外行星。浅灰色表示利用多普勒法发现的系外行星数量，
　　中灰色表示经开普勒太空望远镜确认的单次凌星观测，深灰色表
　　示经开普勒太空望远镜确认的多次凌星观测。

首次发现"热木星"（Hot Jupiters）时，科学家们很困惑，因为它的存在可能违反了哥白尼原理。在太阳系中，行星排列遵循的规则是，小的岩态行星离太阳近，大的气态行星离太阳远。然而，如果这个规则并不具备广泛适用性，那会如何呢？理论家找不到理论来解释气态巨行星为何会在离恒星非常近的地方形成，因为这里根本没有足够多的气体。其实答案很简单，行星会迁移。引力使行星围绕恒星转动，但引力也使行星受到微小的力的影响，这种微小作用力会使行星的轨道变得不稳定，造成行星之间的重新排列，并使行星慢慢向恒星靠近，或被踢出恒星系统。与麦耶和

奎罗兹发现的行星一样，热木星也在距离恒星很远的地方形成，然后向内
迁移，最终停留在由潮汐力紧锁的轨道上。人们也发现了一些距离母恒星
很远的气态行星，每一颗巨行星至少都有一颗类地行星与之相对应。在星
际空间中，也许还存在很多自由游离的行星，它们被称为"流浪者"。到
2014年年底，人们已经发现了近2 000颗系外行星。

　　在过去的10年里，人们发现了一种可用于搜寻系外行星的新方法。
如果一个系统的朝向是轨道平面接近视线方向，系外行星就会从它的恒星
前面经过，导致一次恒星偏食或者恒星短暂变暗。恒星变暗的比例和行星
与恒星的面积之比相等，如果类似木星的行星从类太阳恒星前经过，这个
比值为1%，而如果类地行星从类太阳恒星前经过，这个比值则为0.01%
（如图7-4）。

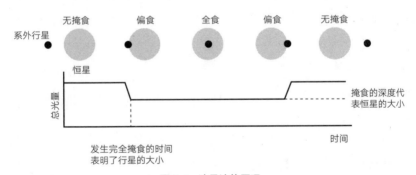

图 7-4　凌星法的原理

　　注：大部分已知的宜居系外行星都是通过凌星法发现的。凌星法的前提
　　　　是系外行星会造成恒星偏食，并使得恒星变暗。我们可以通过这
　　　　种方法发现太空中比地球小的行星。

　　随着系外行星数量的增加，我们的研究目标已经从寻找系外行星转移
到了确定它们的特征上。利用多普勒法可以得到行星的质量，通过凌星法

可以算出行星的大小，两相结合，我们就可以得到其平均密度，而根据平均密度则能判断出这颗行星是气态行星还是岩态行星。仅用密度值来说明是气态行星还是岩态行星可能会引起歧义，因为大自然极富创造力，在其创造的行星中，有些主要由金属构成，有些主要由岩石构成，有些则主要由碳构成，还有一些主要由水或冰构成。有证据表明，在各种各样的行星中，有些和地球很相似。

寻找地球 2.0

据美国国家航空航天局开普勒太空望远镜的设计师称，这是"史上最无聊的任务"。开普勒太空望远镜的目镜直径只有1米，和咖啡桌差不多大，比一些业余天文学家使用的望远镜的目镜还要小。开普勒太空望远镜一直在监测一片天区中的14.5万颗恒星，每6秒测量一次这些恒星的亮度。

这个"无聊"的任务，正接近于发现一颗类似"暗淡蓝点"的行星，我们可以称之为地球2.0。

开普勒太空望远镜的目标，是对银河系附近区域里的类地行星的数量进行统计。它采用的策略是高精确性和强力性的结合体。[15] 由于一颗类地行星从一颗类太阳恒星前面经过时，恒星的亮度只会短暂变暗0.01％，这就对望远镜的精确性提出了很高要求。要达到这种精确度非常困难，因为开普勒太空望远镜小视场中的恒星，比裸眼能看到的最暗的恒星还要暗100倍。开普勒太空望远镜必须反复观测行星凌恒星现象，才能确定恒星变暗不是因为探测器中的故障或者噪声。强力性要求是因为，行星系统的取向是随机的，只有很少一部分行星系统的朝向使我们能看到掩食现象。在类地行星围绕类太阳恒星转动的过程中，发生掩食现象的概率为

1/215。如果在所有行星系统中有10%存在类地行星，那么必须监测10万颗恒星才能探测到几十个地球。这无异于大海捞针。

    开普勒太空望远镜发射于2009年，虽然它对光的灵敏度略低于设计目标，但仍然很快就开始探测地球大小的行星。最容易被观测到的是那些个头大、公转快的系外行星，因为它们会导致更大、更快的掩食，因而被观测到的概率也就更大。利用多普勒效应进行探测时，情况也是一样的。在投入使用的前几个月里，开普勒太空望远镜发现了很多热木星。随着任务的推进，它观测到了一些距离更远的小行星。2013年，开普勒太空望远镜发生致命故障，它的4个反应轮中的第2个损坏，它无法再精确地指向观测目标。对于这样一个极其成功的任务来说，如此结局真是喜忧参半，但科学家们会继续深入研究这4年的观测数据，并从接近观测极限的数据中找出类地行星存在的证据，这一过程将持续很多年。[16] 截至2014年4月，开普勒太空望远镜发现了1 770颗已得到确认的系外行星，以及2 400颗待确认的系外行星，其中大部分很可能会得到确认。[17] 这些系外行星大多为超级地球，甚至更大，但也有一些比地球还小。

    在开普勒太空望远镜视场中的50万颗恒星中，与太阳相似的第三类恒星是科学家的研究对象。就可居住性而言，比太阳大的恒星是不太理想的观测目标，因为它们很不稳定，还会释放大量高能辐射，而且它们的寿命太短了，围绕它们公转的行星还无法进化出复杂的生命形式。质量谱的另一端是数量比类太阳恒星多得多的红矮星。红矮星的宜居带很窄，因此，在这条宜居带内发现行星的概率也就很低，但这种情况会因为宜居带数量繁多而被抵消。换句话说，红矮星的宜居带虽然很窄，但是数量众多。经过仔细计算，研究人员发现，相比类太阳恒星，暗淡的红矮星拥有更多适合居住的"不动产"。天文学家已经针对质量比太阳小3～10倍的红矮星开展凌星巡天观测了。

研究人员已经开始利用开普勒太空望远镜的观测数据，来推算银河系中系外行星的总数。在类太阳恒星和红矮星的宜居带内，约有400亿颗地球大小的行星，其中的25%围绕类太阳恒星转动。从统计学的角度来看，数量如此之多，意味着离地球最近的这类行星可能距离我们只有12光年。[18]

在寻找条件恰好适合生物生存的"宜居带"的过程中，天文学家发现了许多奇异的系外行星。玛士撒拉（Methuselah）是一颗距离地球1.24万光年的系外行星，它的年龄是地球的3倍。它形成于宇宙大爆炸后的10亿年内，令人感到不可思议的是，在这么短的时间内，恒星产生的重元素和"沙砾"竟多到形成了一颗行星。巨蟹座55（55 Cancri）拥有一个超级地球，这个超级地球的温度和密度都很高，其表面的1/3是由碎成钻石状的碳构成的，如果能将它带回地球，其价值能高达3×10^{30}美元。GJ 504b是一颗类似木星的行星，但它与其恒星的距离比海王星到太阳的距离还要远。它虽然处于深度冰冻状态，但在引力作用下，它会收缩，并呈现出粉红色。在另一个极端，有一颗行星在黑暗中围绕着一颗脉冲星旋转，每两小时绕着脉冲星残体旋转一周。TrES-2B是一颗神秘的黑暗行星，比煤炭和墨水还要黑，这是因为照射到它上面的99%的光都被它吸收了，至于到底是其大气中的哪些化学成分导致了这一结果，目前还不清楚。GJ 1214b则是一片水世界，且这片水世界比地球上的海洋深几十倍。Wasp 18b正随着其轨道的衰减坠向其母恒星，100万年后，它将旋进死亡旋涡——就宇宙时间来说，这只是一眨眼的工夫。[19]

可居住性主要取决于行星与恒星的距离，但也与大气中二氧化碳和甲烷等温室气体产生的额外热量有关。可居住性也可能与板块运动有关，因为对地球上的生物来说，地质活动产生的动力或许是一种驱动力。在地球上的早期海洋中，由板块运动引起的化学活动对维持生物化学反应极为重要。适当的轨道偏心率和轨道倾角，可以避免季节性变化过大。然而，这些限制并不严格，因此，可能适合生命生存的超级地球和小型行星或卫星都被包含在内。

有趣的是，最有可能发现地球2.0的地方可能就在离太阳最近的恒星周围。

2012年，欧洲南方天文台（European Southern Observatory）的研究人员声称，他们发现了一颗行星，其质量只比围绕半人马座αB（Alpha Centauri B）旋转的类地行星大20%，而半人马座αB星是离我们最近的类太阳恒星，其与地球的距离仅为4.37光年（如图7-5）。这一发现轰动了全世界。发现这颗行星的研究人员，来自1995年麦耶和奎罗兹发现第一颗系外行星飞马座51的研究团队。在获得这一发现的同时，他们也扩展多普勒法的探测极限，试图测量速度为0.5米/秒的运动，而不是速度为50米/秒的飞马座51的运动。但其他一些研究团队对这一发现提出了质疑，所以它还有待确定。[20]

不过，即使围绕半人马座αB星旋转的行星真的存在，这颗类地行星也不适合居住。它与暗淡的红矮星之间的距离只有日地距离的1/25，轨道周期也只有3天，而且其轨道很可能被潮汐锁定了。也许还存在距离更远、位置更合适的类地行星，但目前可用的最好的行星搜索设备还无法探测到它们。也许再过几年，它们就会被更先进的搜索设备探测到。如果真的存在另一个地球且离我们很近，我们必将尽最大的努力去确定它的特征，并研究它是否拥有生命。如果它真的适合居住，那么下一步就是向其发射无人探测器，再派人前去开展探索。这听起来是不是很诱人呢？

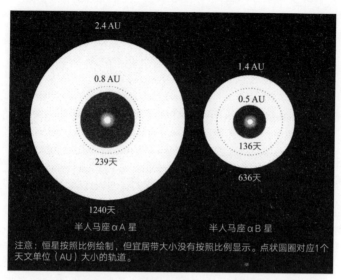

图7-5 半人马座 αA 星和半人马座 αB 星的宜居带示意图

注：半人马座 αA 星和半人马座 αB 星的宜居带用灰白色圆环表示。其中，围绕 B 星旋转的系外行星离恒星太近，不适合居住，但仍有可能发现一个宜居世界。作为参考，地球轨道大小用点状圆圈来表示。

BEYOND
OUR FUTURE
IN SPACE

第三部分

未 来

我的心怦怦直跳，皮肤又湿又冷。我唯一能做的就是不要逃跑，当然也无处可逃。约瑟芬娜将她的手轻轻地搭在我的肩膀上。我深吸一口气，努力让自己平静下来。

　　就在几分钟前，我们经由索道从基地到达"方舟1号"。我看着地球从脚下滑过，感觉就像在蓝白色的冰面上滑冰。随着离方舟越来越近，我完全没了大小的概念。它的表面是黑的，毫无缝隙，也不反射光。我们的下一个家园将没有中央控制舱，也没有休闲娱乐中心——方舟就是一个高科技的石棺。

　　经过气闸舱时，我终于感受到了这个庞然大物的巨大。气闸舱外覆盖着薄板，这些薄板由铍和碳炔制成，能阻挡宇宙射线和豌豆大小的陨石。气闸舱内部光线柔和，舒缓的机器声音引导着我们，并为我们介绍导航系统和生命维持系统，但我只记住了那条又窄又长的走廊在我面前缩小成一个消失点，以及走廊两侧堆积的半透明的盒子。冰冻人，这是地球人对我们的称呼。我们将会被带至死亡的边缘，并被冷冻一个世纪，然后恢复意识，去探索一个新世界。

这听起来很不切实际，甚至荒谬可笑，但我并没有因此而感到恐慌。这是一艘毫不妥协的舰船。方舟就像奉行实用主义的斯巴达人，没有任何无用的装饰物。它的目标只有一个：保护乘坐它的人免受宇宙空间的伤害。换一种更好听的说法就是，方舟将带领我们前往一个共同目的地，在到达目的地之前，我们能在其中进食和休息。

我本想和约瑟芬娜在一起，但分配的权力掌握在监督员手里，能进入哪艘方舟，完全靠运气。她被分配到"方舟1号"，我则进入"方舟2号"。在基地里，保持专注变得越来越困难。监督员设计用来让我们保持忙碌的所有任务，看起来都毫无意义。很多人因没能完成任务而被开除。骚动越来越大，大家纷纷猜测在一个邻近的湖泊旁边可能有一所"影子"学院。监督员确实应该准备一个更大的基因池，如此，经过基地里的自然选择，剩下的才是更合适的人选，这将大大提高任务成功的概率。

在更早的时候，像"尼娜号"（Nina）、"平塔号"（Pinta）、"圣马利亚号"（Santa Maria）这样的小型船只，就出发前往广阔的海洋，驶向未知的命运。

在出发前的最后一天，我们在中央控制舱里度过了最后的宝贵时光。"方舟1号"正在展开它的太阳帆。薄如蝉翼的薄膜向四面展开，面积达到1平方千米。宇宙飞船在它面前相形见绌，就像一块银色地毯上的一根木炭。太阳帆利用微太阳风来加速，将方舟送往太阳系边缘，然后利用从太空抓取的氢原子进行脉冲聚变，将方舟送往目的地。约瑟芬娜说，不说再见，只是暂时的告别，但我们都哭了。

第二天早上，"方舟1号"出发了。我一直忙于学习。为了适应艰辛的拓荒者生活，我们还有很多东西需要学习。我努力保持身体健康。大多数时候，我都是独自一人。我完全沉浸在了学习中。因此，当一天晚上吃饭时，公共广播里说"方舟1号"上发生了事故，我根本就没有注意到。一个设计缺陷绕过了神经网络的校正功能，直接危及生命维持系统。这真是一桩怪事，在模拟中从未发生过。在项目负责人看来，"方舟1号"上的人已经全部丧生了。

几个星期以来，我一直处于麻木状态。我不知道监督员为什么不帮助我走出困境，他们完全有理由这么做。也许，其他人的情况和我一样糟糕。渐渐地，我走出了低谷，开始参加训练和社交活动。我变得坚决果断。除了向前看，别无他法。毕竟，这就是我来这里的原因。

"方舟2号"蓄势待发。"方舟3号"也将在几个月后出发。方舟的太阳帆是透明的，所以阳光能直接穿过。只要发出一个指令，太阳帆就会产生微弱的电流，薄膜的极化就会改变，材料就会变得不透明，牛顿定律（正是它害死了我父亲）就会把方舟推离地球。在即将离开基地进入气闸舱时，所有人都很焦虑，进而变成兴奋中带着期待。我们笑着，聊着，虽然有些头晕，但大家都很兴奋。

随着盖子咔嗒一声关上，我心里生出了一丝恐慌。然后，我就饶有兴趣地看着夹子紧紧夹住我的手腕和脚踝。针落了下来，当注入静脉的甘油逐渐代替我的血液时，我感到了轻微的疼痛。当氮气阀打开时，盖子上很快就结了一层白霜，此时我脑子里只有一个想法：我要活下去。

太空探索的新机遇

一种观点认为，我们应该将太空当作一片荒野来使用，这样，我们就能将有关环境保护和保全的价值观应用于太空探索。太空企业家和风险投资家认为，若将太空变成国家公园式的保护区，那么在到达太空之前,他们的太空探索之梦就已破碎。除非将商业扩展到太空中，否则这些法律问题就只能停留在假设层面，无法得到解决。

建立太空天梯

地球轨道是进一步开展太空探索的极佳站点。人们可能并不喜欢国际空间站，但建造它是经过仔细考虑的。零重力有利于生产和组装诸如火箭、栖息所等大型硬件设备。对任何飞行器来说，从地面到近地轨道这将近400千米的高度，消耗了大部分能量。相比之下，从地球轨道飞往月球表面所需的能量只多出75%。而一直飞到火星表面所消耗的能量，也只是这个能量的两倍，但距离至少是地月距离的140倍。

埃隆·马斯克和其他太空企业家正在对火箭方程进行微调和优化。如果这个方程已经过时了呢？

太空电梯有可能解决这个问题。火箭既复杂又危险，效率还不高。无论使用的是固体燃料还是液态燃料，火箭发射过程都是一个几乎无法控制的爆炸过程。一个焊接点、一个阀门或一个开关出现故障，都会带来灾难。在俄罗斯的主要发射场，他们甚至不进行发射倒计时。他们站在他们认为安全的地方，然后等待结果。火箭技术以重新组合原子和分子中的电子为基础，火箭燃料属于化学能源，其效率只比古老的内燃发动机高3倍，比壁炉中的煤燃烧高5倍。若想将物体送入地球轨道，至少要花费1 000万美元。引力微微一笑，无声地嘲笑着我们费尽心思地将物体送入太空。

解决这个问题的一个绝妙方法，是从地球表面向太空伸出一条长达10万千米的轻质高强的缆绳，并将其与放置在太空中的一个平衡物相连接。届时，太阳能电梯就能将人和货物迅速送入太空，成本远远低于现代火箭。

第一个现代太空电梯的概念，出自极富创造力的康斯坦丁·齐奥尔科夫斯基。他从当时刚建成的埃菲尔铁塔得到启发，假想了一个高达35 790千米的结构，这个高度与地球同步轨道的高度相当。地球同步轨道的轨道周期与地球自转周期相同，因此从地面上看，物体在天空中的位置是固定不变的。从如此高的塔顶释放一个物体，瞧，它就在轨道上。但这个结构产生的极端压缩是任何材料都无法承受的，因此，齐奥尔科夫斯基的想法渐渐就被人遗忘了。1959年，另一位苏联科学家尤里·阿特苏塔诺夫（Yuri Artsutanov），提出了一个更加可行的想法。他建议从地球同步卫星上放下一根缆绳，同时向远离地球的方向伸出一个平衡物，以保持受力平衡，这样缆绳就可以悬停在地球表面的同一位置。太空电梯应保持拉紧状态，不能收缩或弯曲（如图8-1）。

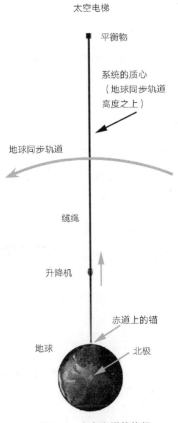

图8-1 太空电梯的构想

注：太空电梯的缆绳一端固定在地球赤道上，另一端延伸到太空中。开
　　口端的平衡物能确保系统质心的高度高于地球同步轨道。离心力
　　使得缆绳保持紧绷状态。

这就是物理学。太空电梯的缆绳随地球转动，因此，任何附着其上的
物体都会感受到一个向上的离心力，刚好与地球引力的方向相反。想象一

下，如果一根细绳围绕着你的头部旋转，细绳另一端绑着的物体就会受到一个向外的力。这个物体就是平衡物，它能使细绳保持在伸直和拉紧的状态。缆绳上的物体所在的位置越高，其受到的地球引力就越小，向上的离心力就越大，所以净引力就越小。在地球同步轨道这个高度，向上的离心力与向下的引力达到完美的平衡，因此，其上的物体处于完美的受力平衡状态。

20世纪60年代和70年代，太空电梯，或者说缆绳的构想经过了多次革新。1979年，因科幻作家阿瑟·克拉克（Arthur Clarke）的小说《天堂的喷泉》（The Fountains of Paradise），太空电梯引起了公众的兴趣。[1] 克拉克意识到，缆绳应该呈锥形，且与地球同步轨道在同一高度的部分最粗，而两端应该稍细，这是为了使缆绳在给定横截面上承受的总重量相等。之所以要保持总重量相等，是因为在拉紧的状态下，缆绳上的任何一点都必须能支撑自身的重量。缆绳上所受张力最大的位置，和地球同步轨道在同一高度。克拉克还意识到，随着缆绳下段的建造，平衡物将往上延伸到144 000千米的高度，几乎接近地月距离的一半。然而，研究这一问题的工程师们发现，已知的材料都无法胜任这一重任。

一种材料能否用于建造太空电梯，主要取决于它的抗拉强度和密度。衡量其品质的一个更有用的指标，是它在自身重量下断裂前所能达到的最大长度。我们先来看看自然有机材料。杰克的豆茎①是无法承受这种程度的压缩的，它只能向上延伸几千米。绳子中含有的天然纤维拥有良好的抗拉强度，其断裂长度为5千米～7千米。桥梁中使用的钢索，其断裂长度为25千米～30千米。在桥梁建造和其他土木工程项目中，这些数据是众

---

① 出自电影《杰克与豆茎》，电影中，神奇的豌豆长出了一根高耸入云的豆茎。——编者注

所周知的。蜘蛛丝虽然是由蛋白质组成的，但它的抗拉强度和钢相当，而密度只是钢的1/6，所以其断裂长度为100千米——令人惊叹，但还不足以达到近地轨道。至于凯夫拉尔（Kevlar）和柴隆（Zylon）这类合成纤维，能将我们带到300千米或400千米的高度，这个高度足以到达国际空间站，但仍无法将平衡物送入更高的高空。看来，电梯操作员的梦想无法通过传统材料来实现。[2]

20世纪90年代，纳米技术出现并迅速发展起来。纳米技术的原理是在原子或分子层面操控物质，由此涌现了一些新技术和一系列令人眼花缭乱的潜在新应用。最令人兴奋的是一些由纯碳组成的材料。其中，富勒烯是呈球型、管状或其他形状的碳分子。富勒烯这个名称，是为了向建筑师、设计师巴克敏斯特·富勒（Buckminster Fuller）致敬，因为第一类被创造出来的新分子，是由60个碳原子组成的微小球状笼子，与富勒设计的网格球顶很相似。在分离出巴基球（Buckball）后不久，科学家就掌握了制造碳纳米管的方法。将碳原子连接在一起，卷成直径只有百万分之一米的圆柱体，这个圆柱体就是碳纳米管。碳纳米管很稳定，而且具有良好的导热性和导电性。

但让太空工程师们感到兴奋的，却是碳纳米管的力学性质。碳纳米管虽然很细小，其强度却是钛合金的50倍，理论极限值比这还要高5倍。碳是元素周期表中第6轻的元素，几乎没有自重。由于质量轻，所以碳的强度和稳定性都是独一无二的。目前碳纳米管的长度虽然有限，但如果我们能将这项技术放大10亿倍，或许我们就能把碳纳米管编织成一条能到达太空的碳缆绳。[3]

现在，我们还没有发展到这一步。有一次，演讲结束后，有人问克拉克，太空电梯何时能成为现实，他回答道："在人们停止嘲笑之后，也许只需大约50年。"

对于碳纳米管的强度是否真正足够，材料科学家们持有不同的看法，而且将它们编织成缎带或绳索的技术从未实现过。如果六角形的化学键紧张过度，这种结构就会急剧断裂，就像穿着女人的长筒袜奔跑一样。如此长的结构，很容易受到不稳定性、颤抖运动和共振的影响。此外，升降机或电梯轿厢也会遇到问题，比如缆绳受到科里奥利力（或称科里奥利效应）产生的晃动。我们对科里奥利力应该很熟悉，因为它是造成天气系统在赤道南北沿着相反的方向旋转的原因。如果你从赤道往北或者往南飞行，即使飞机的速度没有改变，脚下的大地仍会以较慢的速度移动。从地球表面看，这会导致明显的偏移。对太空电梯缆绳上的升降机来说，它在缆绳每个连续部分上的运动会越来越慢，这会造成缆绳的偏移或缆绳会受到一个侧向拉力。当升降机下降时，科里奥利力带来的作用是相反的。实际上，科里奥利力限制了缆绳上升时所能达到的速度极限。

最后，太空电梯还面临着来自小行星的威胁，在潜在轨道上围绕地球转动的6 000吨太空垃圾也会带来危险，而且太空电梯太过庞大，极易成为恐怖袭击的目标。一部太空电梯的效率太低，所以至少需要两部，一部用于上升，一部用于下降。为了避免可恶的振荡，太空电梯的速度必须保持在160千米/小时左右，这就使得全程需要花费好几个星期。

对太空电梯持乐观态度的人并未因此感到灰心丧气。科学家最近发现了一种叫作碳炔的物质，它是碳的同素异形体，强度超过了目前作为碳纳米管基础的石墨烯。[4] 也许，太空电梯的缆绳可以通过"掺杂"碳来降低断裂的风险。2013年，国际宇航科学院（International Academy of Astronautics）发布了一份厚达350页的报告，报告内容为目前为止对太空电梯进行的最详细的设计研究。[5] 最适合用来制作太空电梯缆绳的材料仍然是个未知数，但这份报告设计了一种到2035年能携带多个20吨有效载荷的太空电梯。太空电梯具有重大的战略意义，因此就其达成国际共识就显得至关重要，只有这样才能保护它免遭恐怖袭击。

相较于国际空间站的成本来说，100亿～500亿美元的成本是非常低的——对于一个将发射成本降低到100美元/千克的工具而言，其发射成本只有地面上的火箭的1/20。与其带来的新经济活动相比，太空电梯的成本显得微不足道。

太空热潮

太空旅行史上充满了无法兑现的承诺。对于那些拥有雄厚财力和钢铁般意志的人来说，太空从来都不只是一个纯粹的利基市场。这种观点的依据是什么呢？精明的经济学家已经研究过这个问题，并且有数据支持他们的结论。

商业太空业务无处不在，早已成为日常生活中的寻常之物。每当你通过手机导航去一个陌生的地方，或者利用屋外的卫星接收天线观看电影时，你都在使用商业太空技术。这一切都始于一颗沙滩球大小、重量与一个普通青少年相当的卫星。1962年，由美国电话电报公司（AT&T）、贝尔实验室（Bell Labs）、英国邮政总局（British Post Office）和法国电信公司（French Telecom Company）出资，美国国家航空航天局发射了通信卫星（Telstar），目的是横跨大西洋转播电视信号、电话信号和传真图像。全球电信通信产业由此诞生。

若要举例说明你口袋里的太空产业，全球定位系统就是一个极好的例子。无论天气情况如何，无论身处何地，我们都能依靠手机来确定时间和位置。若想实现这一功能，就要求在视线方向上，至少有4颗全球定位系统中的卫星能畅通无阻地发射和接收信号。全球定位系统是美国国防部在20世纪60年代研制的，最初由24颗卫星组成。美国军方拒绝将这个系统用于民用，因为担心它会被走私者、恐怖分子或美国的敌对势力利用。但在1996年，美国总统克林顿将当时的系统升级到了31颗卫星，并承诺向全世界免费提供全球定位系统技术。2011年的一项研究显示，在美国，全球定位系统技术支撑着300万个工作岗位，每年能带来1 000亿美元的经济效益。[6]

卫星发射已经成为一项巨大的产业。2010年，美国联邦航空管理局发布了一份关于商业太空运输对经济的影响的报告，报告显示，在21世纪的第一个10年里，商业太空产业的产值就从640亿美元增长到1 900亿美元，提供的就业岗位从50万个增长到100万个。（旅游业的规模要大3倍，商业航空事业的规模要大6倍。）现在，卫星发射是一项国际活动，在已发射的商业卫星中，只有不到一半是美国制造的（如图8-2）。[7]

太空旅游在经济上的可行性很难判断——它的优势并不突出，它的长期远景和最终规模也不明朗。为了前往国际空间站，少数富有的人已经支付了2 000万美元。太空梦想家们相信，随着价格的下降，需求将会增加，但也存在不确定因素。例如，沉溺于玩乐的人，其风险承受能力不高，这可能会导致可怕的后果。关于这方面的市场调查，到目前为止做得最好的是富创公司（Futron Corporation）。富创公司只是一家航天咨询公司，并没有太空旅游业务。他们假设，20年后，轨道旅游的价格从2 000万美元降至500万美元，届时，轨道旅游的总收入将达到3亿美元；亚轨道旅游的价格从10万美元降低到5万美元，那时其年收入也会达到10亿美元。[8]

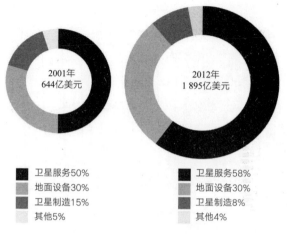

卫星服务50%
地面设备30%
卫星制造15%
其他5%

卫星服务58%
地面设备30%
卫星制造8%
其他4%

图 8-2　商业太空收入的构成

注：商业太空收入主要来自卫星发射。2001—2012 年，全球卫星发射
的收入增长了近两倍。相比较而言，太空旅游业仍然是"微不足道"
的，但如果安全、可重复使用的运载火箭能研发成功，情况就会
发生改变。

　　在工业化国家开展的公众调查得到的结果也是一致的：太空的诱惑超
越了国界。如果一次短暂的近地轨道旅游只需花费1万美元，那么大约有
100万人会参加，这会带来100亿美元的年收入。有趣的是，这与美国电
影的年度票房收入是相同的。这个收入虽然还不错，但与2013年人们花
在普通旅游上的1.4万亿美元相比，仍是微不足道的（如图8-3）。

　　如果将开采小行星考虑在内，这些数字会变得更大，但也变得更加不
确定。[9] 地球上的矿物资源储备是有限的，许多对现代工业来说至关重要
的元素，如锑、钴、镓、金、铟、锰、镍、钼、铂和钨等，正遭到大规模
开采。在这些重要的资源中，很多都将在短短的50年内被消耗殆尽。45
亿年前，在地壳冷却后，一场小行星雨将这些矿物带到了地球上。如果我
们想获得更多这类资源，就必须进入太空，捕获更多小行星。

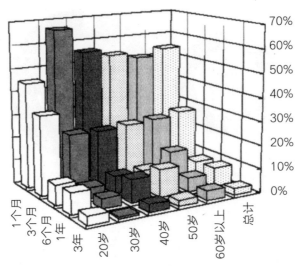

图 8-3　人们愿意花费在轨道旅游上的费用占收入的比例

注：自1995年以来，在美国和加拿大进行的市场调查显示了在按照年
　　龄分组的情况下，人们愿意花费在轨道旅游上的费用占收入的比
　　例。有1/3的受访者对轨道旅游不感兴趣。调查结果可以用来估算
　　太空旅游的收入。

　　太空采矿业目前还处于起步阶段，而且成本非常高。"起源、光谱解释、资源识别与风化层探测器"（OSIRIS-REx）任务，是一项小行星研究和采样返回任务，由美国国家航空航天局出资，亚利桑那大学的月球与行星实验室（Lunar and Planetary Laboratory）负责实施。探测器于2016年发射，并将于2023年从小行星101955贝努（Bennu，以埃及神话中的贝努鸟来命名）上带回重达2千克的样本。这项任务的成本高达8亿美元，对一个采矿计划来说，的确有点昂贵，但其目标是通过获取45亿年前太阳和所有行星形成时的原始物质，来了解太阳系的形成。[10] 此外，美国国家航空航天局还有一个计划，目标是将一颗大型客厅大小的小行星从深空带到围绕月球的轨道上。这项计划（耗资近30亿美元）一直受到美国国

会的阻挠，因此可能会搁浅。

这些计划只是迈出了太空采矿业的第一步，距离真正可行的采矿作业还有很长一段路要走。太空采矿业虽然成本很高，但根据看似可信的经济模型推断，其潜在的回报是十分惊人的。[11] 1997年，据科学家估算，一颗直径为1.6千米的金属小行星，其蕴藏的贵金属和工业金属的价值高达20万亿美元。戴曼迪斯是X大奖的创始人，他于2010年创立了一家名为行星资源（Planetary Resources）的地外矿产公司。据他估计，一颗直径仅30米的小行星，其蕴藏的铂就价值500亿美元。他计划于2020年在太空中建立一座燃料库，利用小行星上的水来生产液态氧和液态氢，用作火箭燃料。

对于太空采矿，专家们仍持怀疑态度。一种太空资源的市场价值，与经过艰苦的开采，并将其作为战利品带回地球后所获得的实际价值之间，存在着巨大的差异。一种商品的市场如果被垄断，最低限价必将走向崩溃，这种苦头，投机者早已尝到了。

人类的下一个家

跳　板

对人类来说，在月球、火星以及更遥远的星球中，月球是跳台，火星是跳板，而太阳系中的其他星球和太阳系之外的恒星王国是我们要跳往的远方。如果我们打算在地球之外建立永久的基地，最佳的起点无疑是月球。

美国国家航空航天局曾有一个雄心勃勃的月球探测计划，但自人类踏上月球以来的40多年里，人们几乎已经遗忘了这个计划。美国国家航空航天局还预测，到1980年，在月球基地中开展的月球探测将达到高潮。在6次阿波罗登月过程中，宇航员在月球表面停留的时间从1天增加到了3天，航天服也升级到能让宇航员在月面漫步7小时，电动漫游车也加入到月球探测中来。1968年，美国国家航空航天局在为首次阿波罗飞船载人飞行做准备时，就成立了一个工作组来研究月球基地这一构想。在针对月球上的不同着陆点开展了3次探测任务后，美国国家航空航天局将对同一地点开展6次或更多探测任务，从而为建立永久的月球基地做准备。[1]这个工作组在他们的报告开端就断言，美国国家航空航天局的首要目标，是建造一个能容纳12位宇航员的国际月球科学天文台（International Scientific Lunar Observatory）（如图9-1）。

图9-1　艺术家想象的月球基地概念图

注：这是艺术家想象的月球基地的概念图。建造居住区所需的大部分原
材料可以从月球上的土壤中开采或提炼，也不需要新技术。

这个工作组推荐的方法是，研制新的硬件设备来作为未来月球基地的核心设施。一种新型的月球载荷舱能携带3 175千克载荷到达月球表面，这种载荷舱有下降段而无上升段。其中最重要的项目是一个重1吨、能容纳两个人的保护舱，这两个人能在其中生活两个星期。这个保护舱里还能存放两个时髦的、供宇航员在月球上漫步时使用的喷气背囊，以及一辆由宇航员驾驶或休斯敦的飞行控制人员操控的漫游车或月球车。一台用来检测从月壤中提炼出的有用成分的太阳炉，一架口径30厘米的望远镜，一个生命科学包，以及众多实验设备，也包含在载荷中。根据美国国家航空航天局的顾问团的估算，月球基地的基础工作将会使"阿波罗计划"的预计成本再增加10亿美元。

月球基地是一个非常好的想法，但它仍败给了政治现实。

美国国家航空航天局的预算在登月行动进入白热化的1965年达到顶峰，为52.5亿美元，占联邦预算的5%。林登·约翰逊总统是美国国家航空航天局的坚定支持者，但1967年越南战争的消耗飙升至250亿美元，美国国会希望削减开支。在尼尔·阿姆斯特朗踏出历史性的一步所带来的狂热过后，公众对太空探索的兴趣就减弱了，美国国家航空航天局的预算也急剧下降。

2009年，美国战略与国际研究中心（CSIS）对月球基地的成本做出了估算。他们假设，建立月球基地需要重型运载火箭，因为至少有3个国家可能具备这种能力，所以这是一个相当合理的假设。他们预计开发成本为350亿美元，远低于国际空间站1 100亿美元的成本，如果再把成本分摊到10年内，将不会超过航天飞机的飞行成本。至于基地的运行成本，估计值为74亿美元/年。一半的运行成本来自假设月球上没有资源可用的情况，因此，每人每年4吨的补给都要从地球上运送至月球。假设在月球基地中水是可以有效回收并循环使用的，那么每位宇航员每天的基本需求包括0.8千克氧、1.8千克压缩食物，以及2.5升（2.5千克）用于饮用和添加到食物中的水。另一个核心需求，是以太阳能形式提供的能量。[2]

很显然，如果月球基地能尽可能地自给自足，那它将会更容易维持下去。人们一直认为月球是一块贫瘠、干旱、被陨石摧毁的大石头，因此，当轨道飞行器在20世纪90年代中期发回月球上存在水的证据时，人们非常兴奋。2010年，在月球北极附近的一片布满陨石坑的永久背阴区，一颗印度卫星发现了冰。这一发现催生了一项研究，该研究表明，月球上存储着6亿吨冰，冰层厚度达几米。[3] 月球基地的另一个关键的组成部分是可供呼吸的氧气。按照质量计算，在月球土壤或者表面风化层中，氧占40%～45%，只需要用太阳能将月壤加热到2 500 K，就可以将其中的氧从矿物中释放出来。这是一种非常简单的化学方法，每千克月壤可以产生100克可供呼吸的氧气。水也可以被分解成氧和氢，而氧和氢是火箭燃料的主要成分。

即使是供居住区使用的物资，也能就地取材。月壤是一种独特的混合物，由二氧化硅和含铁矿物组成，经微波加热就能变成玻璃状的固态物。只需非常简单的技术，就能将泥土变成坚硬的瓷砖（如图9-2）。欧洲空间局（European Space Agency）正在研发一种3D打印机，这种打印机能以3米/小时的速度创造墙体砌块，其速度之快，足以在一个星期内建好一整座居住舱。[4]

如果能就地取材生产空气、水和建筑材料，那么月球基地的成本将大幅减少。与太空电梯只是一个设想或人们的愿望不同，月球基地所需的技术都已经在实验室里论证过了。

位置，位置，位置。购房时，房子所在的位置很关键；规划月球基地时，位置同样非常重要。最佳地点是靠近月球两极的巨大陨石坑边缘的高山上。这些地方既靠近丰富的水冰资源，又高到足以成为永昼峰，能一直受太阳光照射，因而能随时获得太阳能。在低纬度地区，移民者必须与剧烈的温度变化以及长达354个小时的月夜做斗争。不过，他们可以利用很久以前月球上的玄武熔岩流动时形成的很多管道，这些管道的宽度能达到300米，温度维持在稳定的-20℃，并能为置身其中的移民者提供保护，使其免受宇宙射线和陨石的伤害。[5]

图9-2　月球基地剖面图

注：基于可膨胀圆顶和3D打印概念的月球基地剖面图。组装完成后，
　　可膨胀圆顶上覆盖着一层3D打印的月球风化层，能保护居住者免
　　遭辐射和陨石的伤害。

月球基地最重要的价值在于作为地球和火星，以及更遥远的星球之间的航路点。月球的弱引力和慢自转，意味着我们可以使用现有的材料来建造太空电梯。一种名为"M5"的蜂窝状纤维比凯夫拉尔纤维更轻，强度也更大。在月球表面上，一条用M5纤维编织的宽3厘米、厚0.02毫米的缎带，既能承受2 000千克的重量，也可以承受100个均匀分布的升降机，每个重600千克。我们现在就能建造一部月球电梯。[6] 前文提到的350亿美元的开发成本不包括建造太空电梯。若使用太空电梯，月球基地的开发成本将降低20%～30%。

计划在木卫二上寻找生命的比尔·斯通，成立了沙克尔顿能源公司（Shackleton Energy Company），旨在开发一种原型技术，将月球上的水分解为氢和氧，并用作火箭燃料。他明白，在月球上生产燃料将大大降低前往太阳系其他地方的成本。至于基地人员，他需要的是具有冒险精神的人，所以像美国国家航空航天局的员工那一类人不在他的考虑范围之内。为了能返回地球，第一批乘员需要为他们的返程制造燃料。

在这些努力下，我们可以很有把握地预测，长期中断的月球探索已经重启。2013年12月，中国的"玉兔号"月球车到达雨海（Mare Imbrium）北部的虹湾。私营企业也对月球探索表现出了兴趣。2007年，谷歌宣布设立月球X大奖（Lunar X Prize），奖金为3 000万美元，奖励将机器人送上月球，并使其在月面上行走500米，同时传回高分辨率的图像和视频的团队。印度和日本计划于2030年建成月球基地，欧洲和美国则犹豫不决，但他们可能也会在2030年内就建立月球基地展开合作。

与此同时，太空采矿者将目光投向了氦-3。氦-3是氦的同位素，是一种具可行性的核聚变动力反应堆的关键成分。氦-3在地球上的含量极少，但在月壤中相当丰富，是几十亿年来由太阳风产生的。[7] 太空采矿者的想法是，到21世纪中期，随着煤、天然气和石油等资源逐渐耗尽，核聚变将成为未来的能量来源。[8] 可以将核聚变看作一种清洁能源，它不会产生放射性废弃物，而且每千克燃料的产能效率也很高。然而，核聚变极具挑战性。欧洲和美国每年都投入了大约10亿美元，但还无法维持零点几秒的核聚变反应来产生能量。

大部分核聚变研究涉及氢的两种同位素：氘和氚。技术上的挑战在于控制聚变反应的过程。核聚变反应的温度高达几百万度，远远高于所有已知材料的熔点。氦-3聚变所需的温度甚至更高，但它也有优点，那就是其产生的大部分能量是以带电粒子的形式存在的，而利用带电粒子的能量就容易多了。我们必须清醒地认识到，人类浪费能源的恶习并不会因月球而改变。氦-3代表了3个未经检验的技术领域：从月球上获取氦-3，将氦-3运送回地球，以及将氦-3用于核聚变反应。

如果我们重返月球，那将会是出于这样一个普通的原因：在人类学习如何在地球之外生活的过程中，月球是最容易到达且离地球最近的地方。如果其他国家开始移民月球，美国对于重返月球的冷漠态度或许就会发生变化。我们已经看到，中国在太空计划上有着长远的规划，且投入巨大。2013年12月30日，《人民日报》援引了"嫦娥三号"登月任务副总指挥张玉花的话："人类未来将能够依托月球基地，建立在月球上进行能源勘测的能源基地，以及进行工农业生产的生产基地，并利用太空真空的环境，进行无菌制药等。"[9]

最后，张玉花说："如果还有100年，我觉得人类居住外星球不是一个梦想。"

火星的诱惑

我们关于火星的想象怎么了？

古人认为这颗红色的星球是不祥与危险的。古巴比伦的天文学家对火星的颜色，以及它在天空中的奇怪逆行进行了记录，虽然这种逆行只是偶尔发生。他们将火星称作"奈格尔"（Nergal）。奈格尔是冥界之神，掌管瘟疫、流行病和灾难。古希腊人将火星与战神阿瑞斯（Ares）联系在一起。阿瑞斯是奥林匹斯十二神之一，是宙斯和赫拉之子。他也是暴力之神，是最招人憎恨的神，而且很好战。他的妹妹雅典娜称他为"愤怒、邪恶、虚伪的骗子"。希腊人拒绝给阿瑞斯以荣誉，也没有以他名字命名的神殿。人们只记得他在战场上的样子。得摩斯（Deimos）和福波斯（Phobos）是他在战场上的同伴，得摩斯是恐惧之神，福波斯是恫吓之神。直到罗马人将阿瑞斯奉为战争之神和农业之神，他的名声才稍微好了一点。

1659年，荷兰天文学家克里斯蒂安·惠更斯（Christiaan Huygens）绘制了第一张火星地图，在他逝世后出版的《被发现的天上的世界》（Cosmotheoros）一书中，他猜测火星上的亮点是水和冰存在的证据。他还认为，火星上可能存在智慧生命。一个世纪后，威廉·赫歇尔（William Herschel）证明了火星与地球一样也有季节，并认为极区的冰可以支撑生命。19世纪中期，大型望远镜拍到了火星的清晰图像，一些天文学家认为，火星上的黑色区域可能是植被，而条纹或线条可能是人造建筑。

帕西瓦尔·罗威尔（Percival Lowell）对此深信不疑。这位波士顿商人兼敏锐的业余天文学家利用自己的财富，在亚利桑那州北部一个原始而黑暗的地方建造了一架望远镜。他赶在1894年火星特别接近地球之时，及时建好了望远镜。罗威尔认为自己看到的火星上的特征是运河，那是一个即将消失的文明正试图将水从极区引至赤道地区。他撰写了一些书来支持自己的主张，这些书一经出版便引起了轰动。几年后，赫伯特·乔治·威尔斯在科幻小说《世界大战》（The War of the Worlds）中，引用了罗威尔的作品。这部小说一经推出就成了经典。

火星上的智慧生命再一次被描绘为邪恶的生物："智慧生命庞大、冷漠、无情，他们跨过太空深渊，用嫉妒的目光注视着地球，缓慢而坚定地制订着进攻地球的计划。"[10]

20世纪初期，科学和流行文化对火星的看法发生了分歧。1912年，埃德加·赖斯·巴勒斯（Edgar Rice Burroughs）的小说《火星公主》（*A Princess of Mars*）开始连载，5年后成书。书中，美国内战退伍军人约翰·卡特（John Carter）发现自己神秘地来到了火星，一个到处是4条胳膊的外星人、野生怪物和衣着暴露的公主的世界。利用火星的弱引力，卡特施展超级英雄的能力，最终抱得美人归。巴勒斯还写了另外10部关于火星的小说，他那天马行空的想象力激发了阿瑟·克拉克和雷·布拉德伯里（Ray Bradbury），后者开启了火星科幻小说的伟大时代。1938年，奥森·威尔斯（Orson Welles）在广播节目中重温了《世界大战》，他逼真的现场广播吓坏了纽约地区成千上万的人，很多人从家中跑出来，希望看到火星人入侵的景象。

自然选择理论的发现者之一阿尔弗雷德·拉塞尔·华莱士（Alfred Russel Wallace），反驳了罗威尔的观点，他坚持认为冰冻的火星永远无法支持液态水。20世纪中期，随着遥感技术的发展，这一争论变得更加激烈。1965年，"水手4号"（Mariner 4）探测器下降到距离火星表面10 000千米以内，看到了一片干燥、坑坑洼洼、毫无生命迹象的土地，至此，人们对火星的狂热终于消退了。1976年，"海盗1号"和"海盗2号"探测器的探测结果，进一步巩固了火星的这一形象。

从那之后，钟摆又回到了中间位置。火星表面无法保持液态水，若将一杯水放在火星表面，几秒钟内就会蒸发，因为火星表面的温度通常低至-60℃。水会蒸发而不是结成冰，是因为火星的大气非常稀薄，几乎接近于真空。由于稀薄的火星大气层无法阻挡微陨石的冲击，以及来自紫外线的辐射和宇宙射线的伤害，所以火星表层的土壤无法支撑生命。然而，轨道飞行器传回了大量证据，证明火星经历过侵蚀作用且曾存在河流三角洲和浅海。如今，这些地貌都被陨石坑取代了，这说明在30亿年前，火星比现在更温暖、更湿润，大气层也更厚。众多无畏的漫游车，如1997年的唐卡玩具（Tonka Toy）大小的"旅居者号"（Sojourner），始于1993年的卡丁车大小的"勇气号"（Spirit）和"机遇号"（Opportunity），以及最近的运动型多用途汽车大小的"好奇号"（Curiosity），已经绘制了十分详尽的火星表面图。这些漫游车采集到的岩石样本，只在有水的情况下才能形成。[11]

在火星表面，宇航员是找不到水的，但只要选对了着陆点，他们就可以获得所需的一切。轨道飞行器上的光谱揭示出在火星高纬度地区存在大量的冰，就隐藏在尘埃和岩石下。如果这些冰融化，且火星有保护性的大气层，就会形成一片覆盖火星表面的水坑，其深度足以没过脚踝。有证据表明，火星上还存在沟壑，这些沟壑是由从地下蓄水层断断续续地喷出的水形成的，而在上方的压力和下方放射性热量的共同作用下，地下蓄水层中的水会保持液态（如图9-3）。至于需要钻多深才能钻出水来，科学家们争论不休，也许只需钻10米或20米。[12]

虽然它不是拟人化的外星人或漫画书中的超级英雄所居住的火星，但它是一个现在和过去都可能存在微生物的星球。这颗红色行星远比月球更适宜居住，因为它有大气层，温度也更高，还拥有大量地下水。火星正召唤着我们去造访，甚至希望我们留下来。

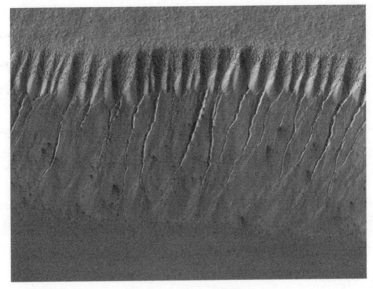

图9-3　火星上的Ⅴ形沟壑

注：火星悬崖上的这些尖锐的Ⅴ形沟壑是地表径流曾经存在的有力证据。这些水可能是从悬崖顶部往下 1/3 处渗出来的，在这个位置，蓄水层的水由于压力而保持液态。

移民火星计划

罗伯特·祖布林（Robert Zubrin）从未失去信心。他拥有核工程博士学位，发表了200多篇有价值的技术论文。30多年来，祖布林一直坚定地认为人类应该去探索火星。他拥有混合动力火箭飞机、合成燃料制造、磁场帆、盐水核反应堆，以及三人国际象棋等多项专利，但他真正热爱的是火星。他认为，我们能以"靠山吃山"的方式，或者尽可能地利用火星的空气和土壤资源，来降低火星任务的成本和复杂性。他这个大胆的想法被美国国家航空航天局采纳，作为其"设计参考任务"。然而，美国国家航空航天局的进展太缓慢，政府的支持力度又不大，祖布林感到灰心丧气。1998年，他成立了倡导组织"火星协会"（Mars Society）。此外，他还创作了一系列作品，来阐明人类应该前往火星的理由。[13]

当被问及如何通过单程旅行节约成本时，祖布林这样回答："生命是一趟单程旅行，度过一生的其中一种方式就是去火星，去那里开创人类文明的一个新分支。"[14]

在人类探索史上，火星是一个极具挑战性的目标。问题并不在于能量。飞往火星所需的能量只比飞往月球所需的能量多了不到10%。问题在于距离。一条高效节能的飞行轨道，单程需要9个月的飞行时间。如果以消耗更多的能量为代价，这趟旅程可以缩短到6至7个月，相比之下，飞往月球只需一个星期。即使是为一个小型乘员组运送两年的物资补给，成本也高得令人生畏。20世纪50年代，沃纳·冯·布劳恩首先对火星任务进行了技术研究，但他的研究只是毫无希望的设想。他的想法是利用1 000枚"土星5号"运载火箭，在地球轨道上组建一个由10艘宇宙飞船组成的舰队，再将70位宇航员送往火星。他向美国总统尼克松展示了一个按照比例缩小的创意，但尼克松更倾向于使用航天飞机，所以他的创意被淘汰。接着，美国国家航空航天局前局长托马斯·潘恩（Thomas Paine）又提出了一个构想。也许是看多了《星际迷航》，他的计划是利用核动力太空拖船去征服月球，并实现月球工业化，具体方法是：先向地球轨道发射一个由空间站组成的舰队，然后每年向火星发射几十艘宇宙飞船，以建造一个火星空间站，来支撑火星移民。毫无意外地，他的报告被里根政府否决了。

2014年，在美国国会的授意下，美国国家研究委员会（National Research Council）重新讨论了载人飞行。在长达286页的报告中，他们直截了当地指出，美国国家航空航天局的战略是不可持续的，也是不保险的，这将阻碍美国在可预见的未来的任何时候实现人类登陆火星的壮举。[15] 根据目前的预算，他们认为在21世纪中期之前，人类登陆火星是不可能实现的。这份报告还提出了一个哲学问题：我们究竟为什么要努力将人类送入太空？报告的结论是：如果单纯从实际价值和经济效益来说，的确无法证明其成本的合理性，但这个过程中体现出来的人类的雄心壮志是一笔宝贵的财富。

火星之旅困难重重，因此宇航员必须做好心理准备，还要拥有强大的意志。

第一个风险是辐射。地球上的人受到地球大气层和磁场的保护，能免受高能宇宙射线和太阳耀斑的伤害。在"好奇号"漫游车驶往火星的途中，科学家启用了一个辐射探测器，结果发现深空里的辐射比地球上强烈得多。在长达两年的火星之旅中，宇航员受到的辐射量是同时期地球居民受到的辐射量的200倍（如图9-4）。然而，从长远来看，这趟冒险之旅仅使终生患癌的风险从21%上升到24%。宇宙飞船发生故障的风险可能比这要大得多。

第二个风险是失重。我们已经讨论过，在微重力环境中，宇航员的生理机能会发生潜在变化。俄罗斯宇航员瓦列里·波利亚科夫在"和平号"空间站里待了438天，绕地球运行了令人眩晕的7 000多圈，目的之一就是为了看看人类是否能应对火星之旅。据俄罗斯报道，14个月的太空生活并没有给他带来长期的不良影响。祖布林认为，使用过的火星运载火箭末级可以用作平衡物。用1.6千米长的缆绳系住它，并以每分钟2圈的速度转动，就能模拟地球引力；若以每分钟1圈的速度转动，就能模拟火星引力，这样宇航员在登陆火星之前就能适应火星环境（如图9-5）。

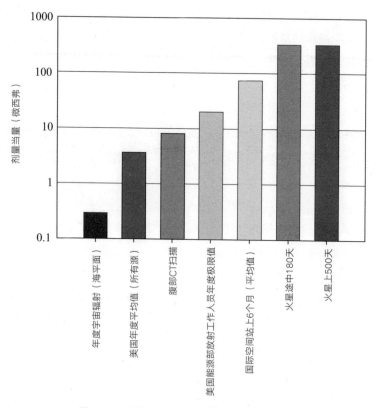

图 9-4　不同情况下高能宇宙射线辐射量的对比

注：此表为不同情况下高能宇宙射线辐射量的对比，注意纵坐标为对数
　　坐标。大部分辐射量来自飞往火星所需的 1 年时间，相当于地球
　　上 100 年内受到的平均辐射值。

图9-5　火星基地设计方案

注：1990年，根据一个名为"火星直击"（Mars Direct）的概念，美
　　国国家航空航天局的工程师祖布林和大卫·贝克（David Baker）仅
　　利用现有的技术，就设计出了一个火星基地方案。

　　第三个风险就是长时间待在密闭空间里。在飞往火星的旅途中，火星
旅行者必须在校车大小的舱内度过一年半时间；到了目的地，还要在一
个比房车还小的空间里再待上一年时间。"火星500"（Mars 500）任务
将6个国际志愿者锁在模拟试验舱内，理论上他们将飞往火星，实际上他
们只是在莫斯科待了一年半时间。2011年，所有志愿者"返回地球"。
在密闭的空间里，他们中的大部分人都经历了严重的睡眠模式紊乱，所
有人的活动水平都有所下降，研究人员将这种情况称为"行为麻木"
（Behavioral Torpor）。[16] 这个实验清楚地表明，在宇宙飞船或火星上模
拟地球生命的节律是多么重要，保持锻炼同样也很重要。

至于这类旅行带来的心理影响，目前还很难判断。飞往火星的旅行者将会是活着的人中最孤独的，这种孤独的感觉，在南极洲过冬的人能体验到一二。他们将只能与少数几个同伴进行实时互动交流，而与远在数千万千米之外的朋友和爱人则只能进行延时交流。他们只能待在密闭的空间里，连最简单的外出散步都无法实现。焦虑的地勤人员和科学家一直监控着他们。他们中如果有人出现了问题，无论是谁，都将无法获得诸如心理咨询或心理治疗之类的实时心理健康服务。

梦想家们并没有知难而退。阿波罗宇航员巴兹·奥尔德林如此说道："前往火星就意味着留在火星——通过这项任务，我们能建立起成为跨行星物种的信心。火星拥有一组奇妙的卫星，这些卫星可以充当离岸世界，宇航员可以在卫星上遥控前置硬件设备，在火星表面建造辐射屏障，从而让火星上的人口数量持续增长。"[17]

在不使用任何政府资源的情况下，两家新组织正努力尝试到达火星附近。灵感火星（Inspiration Mars）由丹尼斯·蒂托发起，他是一个工程师出身的富翁，于2001年成为世界上首位太空游客。蒂托计划通过不在火星上着陆的方式来降低成本。他的火星飞越计划耗资10亿美元，打算使用太空探索技术公司的龙飞船的升级版。通过精心设计轨道，他可以在只使用一个发动机的情况下飞抵火星。然而，返程又是一大问题。飞船舱将以51 500千米/小时的速度猛烈撞击地球大气层，这就要求必须用新型材料来制造防热罩。这个项目计划于2021年启动。[18]

"火星1号"（Mars One）由荷兰企业家巴斯·兰斯多普（Bass Lansdrop）创立，也计划采用太空探索技术公司的飞船。兰斯多普降低成本的方法，是将4位乘客留在火星。如果他们在这次旅行中活了下来，他们将利用宇宙飞船及其附近被火星风化层覆盖的充气舱体，来建造一个定居点。他们将就地生产水、氧气和一些食物，还将获得由常规补给任务提供的补给，而且每两年就会有来自地球的4位新成员加入他们。渐渐地，他们会在火星上建立起移民地。据兰斯多普估算，首次火星之旅的成本为60亿美元，之后每次的成本将是40亿美元。有些太空专家认为这个计划雄心勃勃，另一些则认为这个计划是不可能实现的，但所有人都觉得这个计划非常大胆。[19]

若想成为火星人，就必须与时间赛跑。这颗红色行星在2018年再次接近地球，下一次则要到2035年了。对灵感火星和"火星1号"来说，2018年是最佳的发射期，但它们都错过了。"火星1号"收到了20多万份在线申请，申请者都希望在火星上生活和终老。2014年，该组织从中挑选出了来自107个国家的1 058份申请，之后继续精减到705份。留下来的人将接受严格的身体测试和心理测试，最终，该组织会从中挑选出24位成员。兰斯多普计划将此项目制作成真人秀史诗，就像《幸存者》、《楚门的世界》（*The Truman Show*），以及《火星编年史》（*The Martian Chronicles*）那样，从而为这个计划筹集资金。[20]

绿化红色行星

让我们暂时忽略火星，来看看地球的邪恶"双胞胎"兄弟金星。金星在大小和质量上都与地球最接近，其二氧化碳含量也和地球相同。但在地球上，绝大部分二氧化碳都被锁在岩石中、溶解在海洋里，海洋因此呈弱酸性，大气层则保持中等厚度，从而避免了气温的日变化和季节性变化过大。

金星与太阳的距离只比地球到太阳的距离近30%，但金星上的二氧化碳都积聚在大气层中，这引发了失控的温室效应，使金星的表面温度升高到了足以熔化铅的程度。谁以爱神之名命名金星，谁就将有一段悲惨的恋爱史。

火星是私生子，是小矮子。它只有地球一半大，引力也只有地球的1/3。下一个离地球最近的类地行星则远在几十万亿千米之外，以目前的科技我们还无法到达那里。火星和地球走的是完全不同的路线。一个生了锈变成了红色，另一个点燃了生命的火花，变成了绿色。火星既干燥又令人窒息，它上面的水被蒸发，大气渗入太空，还受到沙尘暴和宇宙射线的侵袭。火星虽然处在宜居带的边缘，但与火山口或安第斯山脉上的高原一样不适合人类居住。火星上有太阳光，且储存有大量水、碳、氮和氧。地球生机勃勃，火星却死气沉沉。

　　或许，我们能让火星再次充满生机？

　　行星工程是科学领域最大胆的构想之一。行星不会一成不变。在地质演化和母恒星演化的共同作用下，不毛之地能变成绿洲，伊甸园也可以变成荒漠。在地质时标里，这个演化过程长达数亿年甚至数十亿年。

　　让我们来看看地球是如何变化的。地球形成于45亿年前，地球上的矿物表明，在形成后不到1亿年的时间里，地球上就有了液态水，所以可以想象生命就是从那时开始孕育的。若果真如此，生命必定是在39亿年前的"后期重轰炸期"（Late Heavy Bombardment）中幸存下来的，当时太阳系中的不稳定轨道导致陨星撞击频繁发生。那时的生命仅限于原核细胞，即没有细胞核的细胞，大气中也没有氧。大约30亿年前，细菌出现，氧作为细菌的排泄废弃物而产生，但对其他类型的细菌来说，氧气可能是有毒的。19亿年前，大气中的氧含量增加，这有利于真核细胞，即具有细胞核的细胞的进化。当多细胞和有性繁殖出现后，生命就变得丰富多彩了。在27亿年前和7亿年前，剧烈的冰川运动几乎造成生命的毁灭。在年代学最后10%的时间里，生命终于变得足够大，不需要借助显微镜就能看见，植物和动物向陆地进化，继而进化出了哺乳动物、灵长类动物，最终进化出了人类。对一个生物世界来说，发生巨大的变化是很正常的。[21]

近年来，随着工业的发展和化石燃料的消耗，我们在不经意间就改造了地球。地球化是一个过程，通过这个过程，我们可能会改变一颗行星，使其更像地球，或者更适宜地球上的生命居住。

第一步是提高火星的温度，把极区的二氧化碳释放出来，从而触发失控温室效应。这种效应的正反馈过程能推动地球化的进程。虽然火星的二氧化碳大气层的压力仅为标准大气压的1%，但火星土壤中冻结的二氧化碳，足以将火星大气层的压力提高到地球的30%。祖布林和克里斯·麦凯（Chris Mckay）概述了实现这一目标的几种方法。麦凯是美国国家航空航天局的一位天体生物学家，他认为，我们有义务在那些潜在的宜居行星上撒下生命的种子。其中一种方法是建造一块100千米的镜子，将大量的太阳光引向火星极区。即使用镀铝聚酯薄膜来制作，这么大一块镜子也会重达20万吨。从地球上发射这么重的镜子很困难，所以只能利用在火星上提炼的材料来制造这块镜子。

另一种方法是利用工业生产设备在火星上生产高效的吸热气体。这种方法虽然能让火星变得适合居住，却会将地球置于不适合居住的危险之中，这本身就是极其讽刺的。这两种方法中的任何一种所消耗的能量，都与诸如丹佛或西雅图这类城市所需的能量相当，而且还需要成百上千的工人来实施。其实还有一个成本更低的绝妙方法，那就是改变小行星的方向，让小行星撞击火星表面，撞击产生的热量会将二氧化碳释放出来，而且小行星还会带来氨（一种非常高效的温室气体）和尘埃，这将使火星吸收更多的太阳光。[22]

下一步是激活水圈：进一步将温度提高到足以使火星表面保持液态

水。尽管仍然不适合居住，但在这些条件下，诸如地衣、藻类和细菌之类的极端微生物却能够生长。它们的作用是为光合生物准备表层土。用于此目的的微生物将被改造成最适合它们的工作。如果采用小行星撞击的方式来加热，那么前两步可能需要200～300年的时间。

最后一步是往大气层中加入氧气。氧气是可燃气体，所以在加入氧气时要格外小心，即使在加入氮气等缓冲气体时也要非常小心。在引入或创造原始植物所需的初始氧气时，必须使用强力。当更多的高等植物能在火星上繁殖时，这些原始植物就会成为生产氧气的发动机。将火星的大气改造成适合动物或人类呼吸，需要花费500～1 000年时间。

地球化是有可能实现的，在技术层面上也是激动人心的，但若想知道生命在经过地球化的环境中能否存活，就要借助于科幻小说了。20世纪90年代中期，金·斯坦利·罗宾逊（Kim Stanley Robinson）撰写了科幻小说三部曲，描绘了一个人口过剩、濒死的地球，以及被称为"首批100人"的一群火星移民先锋。他的作品抓住了人类移民火星时将会面临的伦理问题，讲述了"红方"和"绿方"之间的紧张关系，前者宁愿让火星保持原始状态，后者则希望将火星变成第二个地球。[23]

三部曲讲述的故事非常有趣，其中的物理描述引起了读者的共鸣，甚至令人着迷。《红火星》（Red Mars）是三部曲中的第一部，其中写道："太阳碰触到了地平线，沙脊渐渐变成了阴影。太阳犹如一颗小纽扣，西沉在黑线之下。现在，天空变成了一块褐红色的穹顶，高云就好像粉红色的苔藓剪秋罗。星星从天空的各个角落冒出来，褐红色的天空又变成了鲜艳的暗紫色，这是一种源自沙脊的电子色彩。夜空仿似清澈暮色下的新月，躺在黑色平原之上。"在阅读了这段节选之后，谁不想去火星呢？

远程传感

扩展我们的感知

假如我们不需要进行真正的太空旅行就能获得太空旅行的体验，那将会怎么样呢？

将脆弱的人类送进广袤的太空进行长距离太空旅行，并保护人类免受伤害，这是非常困难的，成本也非常高，所以我们应该寻找其他的方法来探索太空。让我们以电子游戏的发展历史为例进行类比。

"吃豆人"（Pac-Man）是史上最著名的街机游戏。这款发行于1980年的游戏，让玩家操控一个黄色小图标在迷宫里前行并吞噬其中的小圆点。其受欢迎程度甚至一度超过了空间射击类游戏，比如"太空入侵者"（Space Invaders）和"行星游戏"（Asteroids）等。然而，据估计，到20世纪末，吃豆人游戏机减少了25亿台。2000年，一款新型计算机游戏"模拟人生"（Sims）问世，玩家在游戏中可以创建虚拟的人物、房屋和城镇，并操控这些卡通角色的虚拟生活。这款游戏的全球销量超过了

1.5亿份。从最初的图像游戏吃豆人到模拟现实的3D卡通游戏模拟人生，电子游戏在这20年里飞速发展，那随后的这个20年会带来什么呢？或许我们能从2014年出现的"虚拟现实眼镜"（Oculus Rift）一窥一二，这是一种能让玩家置身于3D虚拟现实中的游戏头盔。[1] 对于这种体验，最棒的要数3D电影《地心引力》（Gravity）的戏剧性开场。

太阳系探索的未来可能取决于"远程呈现"（Telepresence）技术。远程呈现技术是一系列技术的集成，它能让人感觉自己就处于远程现场。我们非常熟悉的一种简单的远程呈现技术，就是视频会议。声像投影技术能将来自全世界的与会者连接起来，这个市场正以每年20%的速度增长，价值将近50亿美元。Skype视频通话每年高达2 000亿分钟，占所有国际通话的1/3。其他的例子还包括利用声纳机器人探索海洋深处，利用红外感应机器人探索洞穴深处。对于待在舒适的办公室或家中的操控者来说，机器人是他们的"千里眼和顺风耳"。

当我们通过"好奇号"火星车上搭载的摄像仪器"观察"火星，或者通过它上面的光谱仪"嗅闻"火星大气时，我们就正在使用远程呈现技术。在最新研制的探测车上，美国国家航空航天局都使用了红-绿立体成像技术，但直到"好奇号"火星车发射时，也没能为它搭建一台高分辨率的3D视频摄像仪，美国国家航空航天局因此错失了抓住公众眼球的大好机会。随着漫游车绕着这颗红色行星缓缓移动，电影导演詹姆斯·卡梅隆通过操控摄像机，将"你正在现场"的感觉直接呈现在世人面前。[2]

自最后一位阿波罗宇航员漫步月球以来，科技发展日新月异。人类首次登陆月球时，实时而复杂的决策必须由人做出。现在，机器人和机械设备拥有强大的功能，科学家能在很远的地方通过远程控制来操控它们。

40多年前，行星科学家就开始使用远程传感技术了。"海盗1号"和"海盗2号"着陆器设计用于分析火星土壤样本，寻找火星微生物的生命迹象。最初的设计中并没有摄像设备，但卡尔·萨根认为，火星表面的图像能引起公众的兴趣。他还开玩笑说，如果火星上也有北极熊，却因为我们没有拍照而错过了它们，那岂不是一大损失？于是，美国国家航空航天局在这两辆着陆器上都加装了摄像设备，其拍摄的火星表面荒凉的沙漠景象立刻激起了公众的兴趣。外太阳系探测器"看"过木卫一上的火山，"听"过木星的磁暴，"闻"过土卫六的大气，"尝"过土卫二上冰凉的间歇泉。

远程呈现技术不仅仅意味着远程传感，它还是一种能让人感觉自己就置身于远程现场的技术。1980年，受科幻作家罗伯特·海因莱因（Robert Heinlein）的一部短篇小说的启发，美国语言学家、认知科学家马文·明斯基（Marvin Minsky）[①]创造了"Telepresence"（远程呈现）一词。在"狂暴战士"系列（*Berserker*）的《刺客兄弟》（*Brother Assassin*）中，福瑞德·萨伯哈根（Fred Saberhagen）扩展了这个概念：

> 他感觉自己的所有感官，似乎都从主人那边转移到了站在另一边的奴隶身上。当控制动作的指令传输到他身上时，奴隶开始慢慢地向一边倾斜，他移动奴隶的脚来保持平衡，就像移动自己的脚一样自然。头往后仰时，他能通过奴隶的眼睛看到主人阵营，他自己就身在其中，在复杂的悬停指令下保持着相同的姿势。[3]

---

① 马文·明斯基是人工智能领域的先驱之一，其经典著作《情感机器》通过对人类思维方式建模，为我们剖析了人类思维的本质，为大众提供了一幅创建能理解、会思考、具备人类意识、常识性思考能力，乃至自我观念的情感机器的路线图。此书中文简体字版已有湛庐文化策划，浙江人民出版社出版。——编者注

在太空探索中，这种水平的控制和逼真程度还远远不够，我们正通过电子游戏的虚拟现实来实现目标。电子游戏和科学应用之间的区别在于，电子游戏试图通过数字化来再现人类在现实世界中的体验，而科学则运用技术来数字化地表现和传输真实世界。

远程操控机器人通常被称为遥控机器人，它正以出人意料的方式渗透到人们的生活中。如今，机器人的用途十分广泛，例如拆除炸弹，在危险的矿井中采矿，以及探索深海等。它们还可以充当无人机和医生的助手。我们甚至可以在会议室和工作场所看见它们。很多商用机器人看起来就像顶部有屏幕的真空吸尘器，实则不过是口技表演者的道具。由于机器人给人的第一印象是滑稽，所以一旦意识到在机器的另一端还有一个真人，人们就会感到不安。爱德华·斯诺登（Edward Snowden）在"TED2014"大会上发表演讲的情景，就是一个典型的例子。[4] 当时，这个备受争议的美国国家安全局（NSA）的泄密者正藏身于俄罗斯，一个屏幕代替他出现在台上，屏幕由两条长腿支撑，而这两条长腿则嵌入一辆自行电动车。斯诺登通过屏幕与主持人进行交流，回答提问时则面向观众，他能看到和听到现场发生的一切。

2012年，在美国国家航空航天局戈达德航天飞行中心，召开了"利用远程呈现技术开展太空探索"专题研讨会，科学家、机器人专家和科技企业家在会上进行了交流。研讨会的其中一个主题是"时间延迟"，即机器人对指令产生响应并将执行结果反馈给操作者所需的时间。时间延迟由光速决定。在地球上，时间延迟基本上为0；在月球上，时间延迟只有几秒；在火星上，时间延迟为10～40分钟；但在太阳系外，时间延迟长达10小时。这就使得实时通信无法实现。

国际空间站上的宇航员已经测试了远程操控一个移动机器人，这个机器人名叫"贾斯汀"（Justin），由德国航天中心（German Aerospace Center）设计制造。[5] 贾斯汀的手臂上有4根手指，宇航员通过"触觉"传感器来控制它。这是通过触感技术来实现的，触感技术运用力和震动来再现触摸的感觉。[6] 为了避免时间延迟和进出引力势阱带来的成本，对于在月球表面或火星表面开展的操作，未来的探险者可能会在月球轨道或火星轨道上进行远程控制。美国国家航空航天局正在测试"蓝领"（Blue Collar）机器人矿工，这些机器人矿工会挖掘、装桶、倒桶，摔倒后会自行纠正。它们将成为火星探险的前期组成部分，在火星上开采材料来建造设施，为之后到达的宇航员做好准备。同时，欧洲空间局正在研发机器人外骨骼（Robotic Exoskeleton），以便让宇航员能将机器人当作自己身体的延伸部分来进行远程控制。欧洲空间局已经在国际空间站上测试了能执行简单任务的机器人。

远程呈现技术的前沿课题是远程呈现与人工智能的结合，计算机科学领域的先驱明斯基在1980年就前瞻性地预见到了这一趋势。[7] 我们没必要只将机器人当作人类的远程延伸，它可以自己处理信息，自己做出决定。这无疑是激动人心的，但也会带来复杂的道德和伦理问题，特别是当这些半自主机器人互相接触时。

大展拳脚的太空机器人

理查德·费曼（Richard Feynman）是一位伟大的物理学家，他因在量子理论方面的出色工作而获得诺贝尔奖。他喜欢钻研自然界的运行规律，而他的这种行为是会传染的。1959年，他撰写了一篇颇具影响力的文章，题为《底层还有大量空间》（*There's Plenty of Room at the Bottom*）。费曼在文章中断言，计算机小型化还有很长的路要走。他还在文中讨论了机械设备和计算机的制造极限，并意识到也许有一天，技术会发展到可以在单个分子和原子的尺度上操纵物质。[8]

这一天终于到来了。

纳米科技涉及的尺度为十亿分之一米甚至更小。一想到也许某一天世界会被小得看不见的机器人操控，人们就会觉得不安，但这也可能带来巨大的好处。我们通常会通过服用药片来治病。如果服用药片大小的机器人，这个机器人能从内部监控我们的身体机能，并在我们的身体即将出现问题时发出警告，那会如何呢？又或者，服下一颗能释放1 000个微小的分子机器的药丸来杀菌，或者进行骨骼和血管再生呢？费曼期待的是一个我们能"将医生吞下肚"的时代。[9]

有些人认为纳米技术是非自然的，但对纳米技术的研究常常受到生物学的启发。细菌的鞭毛就是一个很好的例子。鞭毛能推动细菌在液体介质中前行。鞭毛连同螺旋桨、万向节、旋翼、齿轮和套管一起，被统称为"分子马达"。[10]癌症治疗是医学应用中的重要课题，目前的治疗方法严重依赖于药物和放射治疗，而这两种手段都会让人变得迟钝，还常常带有毒副作用。纳米机器人能直接到达癌症发生的部位，识别恶性细胞和正常细胞，然后开展治疗，且不会带来副作用，也不会损害免疫系统。纳米机器人在输送药物和再生医学方面的应用前景，让医学研究者倍受激励。在纳米技术的医学应用方面，美国政府的拨款已经超过了20亿美元（如图10-1）。类似的功能将被应用到环境保护中，如纳米海绵不仅能用于清理漏油，中和有毒化学物质，还能用来提高原油开采效率，避免水力压裂的不利影响。

美国军方对纳米技术的投入非常大，很多研究项目都是机密，其中就包括将无人机小型化到昆虫大小去执行监视任务，使用沙粒大小的"智能尘埃"（Smart Motes）监控战场上的毒气，开发能在分子水平上改变结构的武器来保护士兵。[11]

图 10-1　纳米机器人在医学上的运用

注：在医学上，纳米机器人或者微型机器将得到广泛运用，如输送药物，修复受损的组织，对抗癌症等疾病。同样的技术也可以用于探索行星及其卫星。

那么，纳米技术又如何应用于太空探索呢？我们和我们的机器代理人之间的一个重大差别是，我们不能变小，但机器人可以。纳米机器人太小了，无法使用电池或者普通的太阳能电池，但微量的放射性物质可以为纳米机器人提供动力。反过来，纳米技术促使我们设计出了新型、高效的太阳能电池，因此，纳米机器人或许能被用来在遥远的地方装配太阳能电池板。

"好奇号"火星车是一台非常神奇的机器，但在纳米机器人面前，这辆运动型多功能车大小的火星车看起来就像一头恐龙。第一批纳米机器人将从环绕火星轨道飞行的宇宙飞船中跳下——在火星的弱引力场中，纳米机器人将随风飘荡，就像一场由智能尘埃掀起的沙尘暴。每个纳米机器人都有一个处理器、一根天线和多种传感器，其中，天线能用来与其他纳米机器人和轨道飞行器通信。所有纳米机器人的皮肤都是由可变形的高分子聚合物制成的，这种材料能优化纳米机器人在气流中的漂移运动，或让气流沿着皮肤表面流过。研究人员已经在毫米尺度上对纳米机器人拥有的这些能力进行了原型试验，所以进一步缩小它们就非常简单了。[12]

对于更复杂的任务，机器人能依靠自身的动力独立完成。美国国家航空航天局的研究人员提出了"自主纳米蜂群"（Autonomous Nanotechnological Swarm）的概念。自主纳米蜂群就是一群直径1毫米的机器人，每个机器人由碳纳米管支柱通过接合点连接而成的四面体构成。每个机器人可以通过缩短或伸长碳纳米管来改变重心的位置，从而朝着正确的方向翻滚移动。想象一下，成千上万的微小漫游车通过神经网络连接在一起，在火星表面呈扇形铺开，开展寻找生命迹象的地质试验。最近，美国国家航空航天局拍卖了这项机器人专利，希望能以此激励创新。[13]

纳米机器人还能将二氧化碳转化为氧气，如果它们能自我复制，就能大大加快火星的地球化进程。当然，火星只是我们的改造目标之一。美国国家航空航天局的研究团队认为，由碳纳米管构成的纳米机器人能承受金星表面900度的高温。继耗资10亿美元、重达数吨的"卡西尼号"后，一个鞋盒大小的航天器就可以向土卫六和土卫二投放遥感纳米机器人。在对小行星进行全面开采之前，纳米机器人可以为我们列出一份贵金属和稀土元素的清单。

在人类开展太空探索时，纳米机器人能为人类提供安全保护。康斯坦丁诺斯·马弗鲁第斯（Constantinos Mavroidis）是美国东北大学

（Northeastern University）的工程学教授，他组建了一个团队来筹划那些将在未来40年内实现的设想。其中一个设想就是一种强度大、重量轻的航天服，只要在布料层中添加蛋白质分配纳米单元，这种航天服就可以实现自我修复。这种航天服还可以监测宇航员的生命体征，并携带应急药品。当底层有空间时，极限就是天空。[14]

利用太阳能航行

太空旅行之所以很困难、成本很高，其根源就在于它严重依赖于火箭的工作方式。在地球上和太空中，太阳光能用来发电和产生动力。那么，太阳光能用来产生推进力吗？

当然能。约翰尼斯·开普勒（Johannes Kepler）发现，彗星的彗尾指向与太阳相反的方向。1610年，他在给伽利略的一封信中写道："假如船或帆能捕获天上的微风，就会有人勇敢地踏入那片虚空。"1865年，基于詹姆斯·克拉克·麦克斯韦（James Clerk Maxwell）关于光具有动量和能量，因此可以对物体施加压力的理论，凡尔纳提出了太阳帆的概念。在小说《从地球到月球》（From the Earth to the Moon）中，凡尔纳写道："光或电很可能成为（如果我们）前往月球、行星和恒星的动力介质……"[15]

物理学很简单。[16]光子打在任何反射面上后，它们的动量会发生改变，因为速度的方向发生了反向，从而给它们照射到的物体施加一个很小的力。当帆的受光面朝向太阳时，帆就会被推动，远离太阳飞行。太阳帆具备海洋帆的所有功能，包括改变航向。改变太阳帆相对于太阳的角度，就能改变太阳帆的推进方向。太阳帆可以利用光压使航天器减速并降低轨道，从而引导航天器朝向太阳。太阳帆甚至可以像反引力装置一样，利用太阳光压来抵抗太阳引力，从而悬停在太空中的任何地方。

　　在地球轨道上，光对太阳帆的推动很轻微，与火箭的推动相比，其加速度是非常微小的。火箭燃料终将耗尽，但太阳会一直发光。源源不断的太阳光子产生的加速度能大大提升航天器的速度。太阳帆应该又大又轻，以便尽可能多地捕捉太阳光，从而使航天器获得可能的最大速度。"宇宙1号"（Cosmos 1）的用途是作为利用太阳帆开展行星际航行的原型。"宇宙1号"由行星协会（Planetary Society）和宇宙工作室（Cosmos Studios）资助，宇宙工作室是由萨根的遗孀安·德鲁扬（Ann Druyan）创建的电影工作室。1996年萨根去世后，德鲁扬希望这张600平方米的聚脂薄膜帆能成为萨根的"泰姬陵"，以纪念这个曾呼吁我们起锚驶向太空的人。

　　在巨大的太阳帆上，太阳光会产生约0.5 mm/s^{2}的微小加速度，经过一天的加速后，速度仅约160千米/小时，但经过100天的加速后，速度将高达16 000千米/小时，而经过1 000天的加速后，速度将达到惊人的160 000千米/小时。不幸的是，2005年6月从一艘俄罗斯潜艇上发射的"波浪号"（Volna）火箭发射失败，导致"宇宙1号"坠入了巴伦支海海底。[17]

　　虽然太阳帆的研发仍在继续，但人类在太阳帆上的野心和太阳帆的尺寸都在相应地缩小。在立方体卫星（CubeSat）的技术基础上，美国国家航空航天局的一个研究团队建造了纳米帆-D（NanoSail-D）。立方体卫星是一种小型卫星，通过使用标准组件和现成的电子设备来推动太空研究。立方体卫星的边长为10厘米，重量将近1.3千克，比一个魔方稍大一点。大部分立方体卫星都是学术界委托发射的，但包括波音公司在内的一些公司也制造了立方体卫星，一些卫星制造爱好者则在Kickstarter等众筹网站上发起众筹，着手启动自己的立方体卫星项目。

美国国家航空航天局的纳米帆-D为三角形帆，总面积将近10平方米，需要借助3颗立方体卫星来展开。2008年，它的运载火箭猎鹰火箭出现故障，它则不幸被火箭击毁。但美国国家航空航天局坚持了下来，在2011年成功发射了一张一模一样的纳米帆-D（如图10-2）。纳米帆-D仅仅被设计用于测试太阳帆的释放，它在近地轨道上绕地球运行了240天后，烧毁在了地球大气层中。2010年，日本宇宙航空研究开发机构（JAXA）发射了"伊卡洛斯号"（IKAROS）太空帆船，它将飞往金星。"伊卡洛斯号"是第一艘完全由太阳帆驱动的宇宙飞船。美国国家航空航天局原计划发射面积达1 200平方米的"太阳帆船"（Sunjammer），但这个计划在2014年年末被取消了。[18]"太阳帆船"这个名字来自英国科幻作家阿瑟·克拉克的短篇小说。

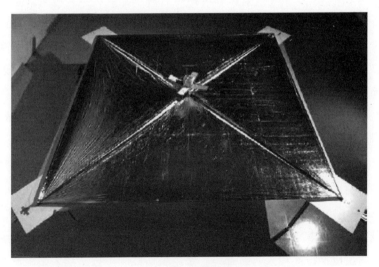

图 10-2　纳米帆-D

注：美国国家航空航天局研制的这张太阳帆的光线接收面积接近10平
　　方米，2011年释放时，帆和航天器的重量加起来还不到5千克。
　　纳米帆-D由铝和聚酯薄膜制成。

立方体卫星是很多商业太空公司的核心商业项目。在接下来的5年里，全世界将发射1 000多颗纳米卫星，有些比前文介绍的那颗立方体卫星大，有些则比它小。[19] 2014年年初，国际空间站上搭载的卫星发射器发射了28颗立方体卫星，用于拍摄地球。2013年，第一颗手机卫星（PhoneSat）被送入轨道，它使用传感插件程序为谷歌智能手机测量磁场、压力及其他参数。如果卫星的发射成本低于1 000美元/千克，任何人都可以参与进来。若在太阳系的行星及其卫星上应用远程传感技术，纳米卫星将成为首选。

和太空电梯一样，太阳帆技术还处于起步阶段。目前的挑战在于发射一张能反射太阳光的薄膜，它的大小相当于一个足球场，厚度是一张纸的1/100。太阳帆发射前要保持紧密折叠状态，升空后再展开，然后用支架或膨胀杆固定。太阳帆产生的加速度很小、很稳定，但当它们到达太阳系外时，它们就要面临输出减少的问题，因为来自太阳光子的总推动力将以到太阳距离的平方规律减少。太阳帆不会"偷懒"，但速度的增加会越来越慢。

因此，一些人正在寻找更激进的方法。电力太阳帆看起来不像帆，其导电刚体线直接从航天器向外呈放射状伸出，电流使导线的充电电压达到20 000伏特。电力太阳帆的电场让它们看起来比太阳风离子厚50米，它们与太阳风离子的相互作用驱动着航天器。磁太阳帆同样利用太阳风，但它们利用磁场让太阳风离子发生偏转，而磁场由环形导线中运行的电流产生。通过反推行星和太阳的磁场，磁场帆可以利用行星和太阳来产生推力。[20] 为了能在我们的太阳系"避难所"之外进行探险，我们必须在滑行穿越浩瀚的星际海洋之前尽可能地提高速度。

搜寻地外文明，寻找外星科技

人类自非洲出发开始史诗般的大迁徙至今，已经经历了数千代人。我们有能力在两代人的时间内离开地球，与数千代人相比，这只是一段很短的时间。我们与黑猩猩、海豚、虎鲸和大象等物种共享智力，也许还共享感觉。我们是唯一一种让物质世界按照我们的意志改变的物种，我们还设计制造了计算机、摩天大楼和火箭。我们会是唯一发展出能在自己居住的行星之外探险的技术的生物吗？

回答这个问题的最好方法是利用最快的物质：电磁波。

利用远程传感技术，我们可以对遥远的行星进行分析，并寻找微生物的生命痕迹，甚至越过生物进化中的不确定因素，寻找文明和科技存在的证据。几十年来，科幻作家虚构了很多有关外星人的故事，这些外星人要么具有奇特的生物学特征，要么发展出了远超人类的科学技术。科学家则希望通过"搜寻地外文明计划"（Search for Extraterrestrial Intelligence，简称SETI），发现外星文明。

1959年，《自然》杂志发表了一篇颇具影响力的论文《寻求星际交流》（*Searching for Interstellar Communications*），在这篇论文中，朱塞佩·科科尼（Giuseppe Cocconi）和菲利普·莫里森（Phillip Morrison）认为，即使地球之外的任何地方都没有生命存在的证据，我们仍要开展星际信号搜寻。他们在文章中写道："读者可能会将这些猜测都归入科幻小说领域，但我们认为，或者更确切地说，上述观点表明，就我们目前所知的情况来看，星际信号完全有可能存在，如果星际信号真的存在，那么我们很快就可以探测到它们了。"[21]

科科尼和莫里森认为，我们应该瞄准邻近的类太阳恒星，并搜寻窄带微波信号。射电波不是由恒星自然产生的，因此，如果有来自恒星的射电波信号，就只可能来自邻近该恒星的人工信号源。射电望远镜和大功率的射电发射器在10年前就已经建造好了。那么，去哪里寻找信号呢？可见光不是最佳选择，因为厚厚的行星大气层是不透明的，而且星系中数以十亿计的恒星发出的光是严重的干扰源。射电波段则平静得多，因为恒星不会发射射电波。此外，在1 GHz～10 GHz频率范围内，宇宙环境中有一个特别安静的区域。水蒸气不会吸收这个频率范围内的射电波，因而它们可以在星系间自由地传播很远的距离。这个频率范围也正好是氢原子基态跃迁光谱所在的范围，这一点，任何了解物理学的外星文明都会注意到。

科科尼和莫里森建议天文学家去搜寻这个频率范围，并回应质疑者："虽然成功的概率很难估算，但如果我们不去搜寻，成功的概率就是0。"

随后不久，在位于绿岸（Green Bank）的美国国家射电天文台（National Radio Astronomy Observatory），年轻的研究员弗兰克·德雷克（Frank Drake）将一台口径25米的射电望远镜，对准了两颗邻近的类太阳恒星：波江座 ε（Epsilon Eridani）和鲸鱼座 τ（Tau Ceti）。这就是"奥兹玛计划"（Project Ozma），以《绿野仙踪》中虚构的奥兹国统治者的名字命名。虽然现在已知鲸鱼座 τ 的宜居带中有一颗系外行星围绕其公转，但德雷克在他短暂的实验中并没有监测到人工信号。

1961年，德雷克在绿岸射电天文台主持召开了一个小型会议。他回忆道："在会议召开前几天，我意识到我们需要一个议事日程，因此我写下了你需要知道的所有信息，从这些信息中，你会知道要探测地外生命有多难。如果你将这些量相乘，毫无疑问，你会得到一个数，即N，也就是银河系中可探测的文明的数量。"[22] 在最初的公式里，N是以下几个量的乘积：银河系中恒星的平均形成率，拥有行星的恒星比例，这些恒星拥有的宜居行星的平均数量，宜居行星中真正进化出生命的比例，有生命的行星中进化出智慧生命（比如文明）的比例，在太空中可以探测到的文明的比例，处于可探测或者可通信状态的文明的持续时间。

德雷克方程虽然很冗长，却对"搜寻地外文明计划"产生了巨大的推动作用。目前，天文学家已经测量了方程的前3项。后4项不仅是未知的，估算值甚至相差几个数量级。因此，N与它最不确定的因素一样不确定。甚至连德雷克本人都认为，他这个完全靠脑力想出来的公式只是将未知量涵盖进去，并非一个有用的工具（如图10-3）。

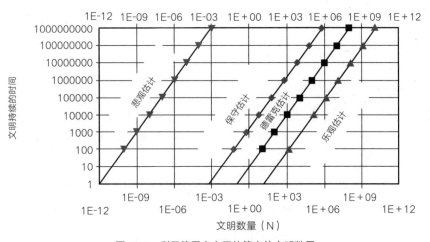

图 10-3　利用德雷克方程估算出的文明数量

注：德雷克方程是一系列因素的乘积，用来估算目前银河系中可能与我们通信的文明的数量。我们的孤立程度取决于长时间跨度范围内文明的持续时间或存在时间。图中坐标轴上的 E 代表指数，比如，1E–03 就是 0.001，1E+03 就是 1 000。

面对这些不确定因素，"搜寻地外文明计划"的研究者们并没有望而却步。美国国会以"这是在浪费纳税人的钱"为由，缩减了美国国家航空航天局在搜寻地外文明上的项目资金，但世界上仍有很多团体在继续开展研究。其中最著名的是1984年成立的搜寻地外文明学会（SETI Institute），该学会是一家位于加利福尼亚的非营利性组织。该学会正在建造艾伦望远镜阵列（Allen Telescope Array），该阵列有350个天线，位于旧金山东北部，部分资金由微软公司的联合创始人保罗·艾伦资助。"搜寻地外文明计划"面临着一个经典的"大海捞针"难题——大海里要有针才行。这片大海中存在数以百万计的潜在目标、数以十亿计的可能频率，以及很多种过滤信号和检测信号的潜在方法。在搜寻了半个多世纪仍一无所获后，继续搜寻外星文明似乎有点不切实际，但"搜寻地外文明计划"的研究人员指出，目前计算机处理能力成倍提升，探测器带宽呈指数增长，他们正乘着时代潮流不断前进。艾伦望远镜阵列完全建成后，其在投入使用的前几个月内的观测成果，就将超过之前所有的研究成果的总和。[23]

相比破译信号中包含的信息，确定射电信号是否为人工信号要容易得多。如果你对此表示怀疑，请回想一下，我们虽然无法与灵长类动物进行交流，但我们和它们共享了99%的DNA。现在请想象一下，我们正试图和外星人进行交流，这些外星人甚至可能没有DNA，我们对他们的形态和机能也一无所知。我们假设，如果外星人能发射射电信号，他们就一定拥有智慧。换句话说，交流方式是很好分辨的。交流介质就是信息。

"搜寻地外文明计划"的研究人员主要运用射电天文学来开展研究，但强大的现代激光技术提供了另一种可能的选择。如果一颗行星上的文明使用高速脉冲激光器发射信号，而不是使用射电发射器发射信号，那么，激光脉冲信号就可能从附近恒星发出的稳定的光中跳出来。如果是邻近的恒星，使用小型望远镜就可以进行光学波段的地外文明搜索。现在，脉冲激光的功率强大到可以和太阳相比——当然仅仅对在十亿分之一秒的时间内沿特定方向传播的脉冲激光而言。

搜寻地外文明的另一种方法，是寻找被外星文明以热量的形式"浪费"的能量。通过红外望远镜，我们能观测到超出了恒星及其周围的行星发出的辐射的正常值的低能辐射。即使是那些没有主动尝试与外界进行通信的文明，也可以通过这种方法进行探测。

"搜寻地外文明计划"更准确地说应该叫"搜寻地外科技计划"，因为即使没有技术，外星文明也可能拥有智力。我们以虎鲸为例来阐释这一问题。虎鲸又被称为杀人鲸，但实际上它们是海豚的近亲。它们能长到9米长，重达11吨，寿命和人类一样长。洛丽·马里诺（Lori Marino）来自埃默里大学（Emory University），她用磁共振成像（MRI）分析了一只虎鲸的大脑，结果发现它们的大脑很大，脑组织发育良好，这有利于它们分析自身所在的三维环境。[24] 虎鲸的语言非常复杂，而且不同的族群拥有不同的方言。它们十分注重社群关系，成年虎鲸会花很多时间和幼鲸待在一起。虎鲸的捕食方式似乎是一代一代传下来的。这种传播文化信息的能力使得虎鲸被归入精英物种之列，而以前只有人类才被视为精英物种。除了人类之外，虎鲸没有天敌，它们完美地适应了水生环境，也不需要进化出手指和对生拇指。虎鲸永远不会开展地外文明搜索，搜寻地外文明的研究人员在其他星球上发现类似虎鲸的生物的概率也极低。

虽然光的传播速度非常快，但宇宙空间更广阔。离地球最近的类地行星可能在几十光年之外。在生物进化的过程中，如果只有少部分物种能发展出科技文明，那么离我们最近的"笔友"可能远在数百光年之外。当我们接收到地外文明发来的信号时，该文明可能已经衰退或者消亡了。当我们试图离开我们所在的星球时，我们必须准备好面对这么一个事实：宇宙空间可能是一个非常孤独的地方。

　　在宇宙中，我们要么是"孤独"的，要么是"不孤独"的，每种可能性都会影响我们探索宇宙深空的理由。如果我们是孤独的，那么我们探索太阳系外空间就只是出于好奇，或者为了在地球之外传播人类文明。如果我们不孤独，那么星际旅行就不只是一种尝试，其对地球和人类而言都意义重大。

地外生活

11

生物圈 3.0

这看起来就像令人兴奋的科幻小说真人秀。1991年，在亚利桑那州的沙漠中，8个男女被关在一个叫作"生物圈2号"（Biosphere 2）的微型生态系统中，这个系统由玻璃和钢铁建造，占地1.2万平方米。他们的任务是在这个自给自足的环境中生活两年，作为未来人类在火星或太空中生活的原型。[1]

得克萨斯州的亿万富翁艾德·巴斯（Ed Bass）为这个项目投入了1.5亿美元，对此，媒体的报道五花八门，有的说这是一个乌托邦式的梦想，有的则认为这是一个富翁的愚蠢行为。这些实验者穿着《星际迷航》里的连体服装——这让他们看起来既像技艺高超的专业人士，又像州监狱中的囚犯，这就取决于你怎么看了。他们中只有少数几个人是科研工作者。这座高耸的建筑灵感来自巴克敏斯特·富勒设计的网格球顶，但也有一段与创始人约翰·艾伦（John Allen）有关的阴暗的背景故事。在新墨西哥州，艾伦领导着一个有些激进的团体。他曾经是一位冶金学家，拥有哈佛大学的工商管理硕士学位。他用佩奥特掌开展实验，并于20世纪60年代末期在旧金山的海特–阿希伯里利区授课。1974年，年轻的耶鲁辍学生巴斯来到艾伦的协同牧场（Synergia Ranch），因为都对环境方面感兴趣，所以两人一拍即合。艾伦有着大胆的想法，巴斯继承了石油财富，他们建造了一艘25米长的帆船，并乘坐这艘帆船环游世界，以进行生态系统和可持续发展方面的研究。后来，艾伦对太空移民产生了兴趣。[2]

随着整个项目的解散，前"生物圈2号"的居民声称艾伦对他们的控制极其严格，这引起了他们的恐惧，减弱了他们的士气。早些时候，简·波因特（Jane Poynter）削掉了自己的指尖，所以不得不离开"生物圈2号"去就医。她返回时带了两个神秘的背包，批评者宣称里面装满了补给。第一年，居住者们的体重减轻了10%，所以他们不得不食用外部提供的食物。为了防止二氧化碳浓度过高带来危险，"生物圈2号"里安装了一台二氧化碳吸收器。有关居住者之间的派别冲突和争吵的谣言也时有传出。[3]

与这8人一起进驻"生物圈2号"的，还有一艘载有3 000只动物的诺亚方舟，其中包括35只母鸡、3只公鸡、4只矮脚羊、1只公山羊、2头母猪和1头野猪，以及一些罗非鱼。然而，由于二氧化碳含量不稳定，大部分脊椎动物和所有授粉昆虫都死了。牵牛花爬满了雨林。蟑螂数量激增。一种名为狂蚁（Paratrechina longicornis）的物种杀死了其他蚂蚁、蚱蜢和蟋蟀，然后直接接管了食物网。它们曾在狂乱中侵扰了一位生态学家，这位生态学家是"生物圈2号"的居住者之一。

情况变得更糟糕了。16个月后，"生物圈2号"中的氧含量降低了25%，相当于海拔4 115米高度上的氧可用量。现场管理团队不得不从外部将氧气注入居住区，这消除了所有鼓吹"生物圈2号"是一个自给自足的密闭环境的主张。随着第一批居住者的离开和新一批居住者的进驻，酝酿已久的冲突终于爆发。1994年4月，现场管理团队在接到联邦警察的限制令后被驱逐。几天后，马克·范·蒂洛（Mark Van Thillo）和阿比盖尔·阿林（Abigail Alling），也就是第一批的两名成员被指破坏了这个项目，他们打碎了玻璃窗，并打开了一个气闸舱和三个紧急出口。[4] 第二批的两名成员不得不被替换。第二次任务仅进行了6个月就提前结束了。

也许20年后，我们才能对"生物圈2号"做出公正的评价。大众媒体对"生物圈2号"的报道充斥着不切实际的期望和炒作，随之而来的是严厉的批评。作为一个全密闭环境的原型，这个项目是失败的，但基于"生物圈2号"的研究论文已经发表了200多篇。[5]

"生物圈2号"是迄今为止人类建造的最大的"密闭系统"，包含5个不同的生物群落：带有珊瑚礁的海洋、红树林湿地、热带雨林、稀树草原和雾化荒漠。二氧化碳和氧气的问题被详细记录下来，密闭系统和"肺"建造得尤其好，而且"肺"能让整个系统对温度变化做出反应。生物圈每年泄漏10%的氧气，而航天飞机每天就会泄漏2%的氧气。尽管"生物圈2号"的居民可能私自带进去了一些食物，但他们那3亩土地是历史上最多产的农业试验田。种植在圆顶中的香蕉、甘薯、水稻、甜菜、花生和小麦，为他们提供了85%的食物。在第一年里，他们的体重下降了，但在第二年，随着他们的身体适应了低热量、高营养的饮食，体重又恢复了大部分。离开"生物圈2号"时，大部分人的胆固醇水平、血压和免疫系统指标都得到了改善。[6]

关于海洋酸化对珊瑚礁的影响，我们目前所知的大部分都来自生物圈。[7] 在人造湿地中，废水得到了很好的处理。尽管少数物种在短时间内失控，但食物网总体上保持着合理的平衡。在"生物圈2号"建成之前，很多生态学家认为这个实验太复杂，会发生灾难性故障。在实践中，科学家通过严格控制变量，来研究地球系统如何应对环境变化。

"生物圈2号"虽然存在缺陷，但对想在月球或火星上设计一个真正自给自足的密闭环境的人来说，它提供了宝贵的经验和教训。[8] 在将人类送出地球之前，需要进行一次高度逼真、首尾相连、持续全程的任务模拟。最后，"生物圈2号"的居民只需打开门，就可以回家——月球和火星上的移民者却很难回到地球。食物生产和氧气泄漏问题并不是生物再生系统所固有的，它们是设计生物圈时产出的特定问题，而且可以解决。大部分问题都是设计者没有预料到的，有些更是不可预见的。复杂的微型生态系统会受到非线性效应的影响，而且这种影响会随时间叠加。这就是"蝴蝶效应"。

移民者不可能只生活在圆顶之中，因此，航天服对他们来说就是一件至关重要的装备。自20世纪60年代以来，航天服几乎没有什么变化。美国、俄罗斯和中国使用的都是庞大而笨重的航天服，这类航天服虽然具有很高的安全性，但缺乏灵活性。[9] 航天服必须能应对真空环境和极端温度条件，还必须能防止微陨石的冲击和尘埃的渗透，提供可供呼吸的空气，甚至监测使用者的生命体征。私营太空企业聘请了顶尖设计师来设计新一代航天服。美国国家航空航天局则通过社交媒体发起了一次投票活动，让公众来决定下一代航天服的最终设计方案。获胜方案为Z-2，这款航天服有着塌陷般的褶皱和电致发光的蓝色斑块，看起来非常复古。[10]

Z-2航天服除了样式革新，还有很多实质性的改进。阿波罗时代的生命维持系统，将被航天服背面的两块由吸收材料制成的衬垫取代。其中一块衬垫用于吸收水蒸气和二氧化碳，另一块用于将废物排到太空中，然后互换角色。电子控制单元和电源更小，因而更容易更换。Z-2航天服的背面能附着在宇宙飞船上，同时航天服处于密封状态，这使得宇航员可以从所谓的装备港（Suitport）里爬出来。有了这种航天服，就不必使用复杂的气闸舱，宇航员也因此能在宇宙飞船或者气泡状圆顶外部待更长时间。

20世纪70年代初期，美国国家航空航天局聘请物理学家杰瑞德·欧尼尔（Gerard O'Neill），来设计能容纳数千人的在轨运行移民地（如图11-1）。这些巨大的飞轮里有城镇、湖泊、海滩和奇特景观，其视觉效果令人叹为观止。然而，这一构想远远超出了我们目前的能力，倒是有点科幻小说的味道。[11] 几年前，英国设计师菲尔·波利（Phil Pauley）发布了一个关于海底设施的设计方案，该方案名为"次生物圈2号"（Sub-Biosphere 2），这座海底设施拥有8个栖息区。在等待资助资金的同时，他在沙特阿拉伯建造了一个雨林生态群落，这成为亚利桑那州沙漠中那个有趣但存在缺陷的实验的后续研究。

图 11-1　环形太空移民地

注：在20世纪70年代初期，美国国家航空航天局满怀雄心壮志且极富想象力。当时，该机构委托他人创作了一幅描绘环形太空移民地的艺术作品，这些移民地具备人造引力，能容纳10 000人。此类设施的成本将会是天文数字。

"生物圈2号"是一个耻辱，它提醒我们必须开展更多的研究，不仅是为了找出在地球之外生存下去的方法，还为了弄清楚如何在伤痕累累的地球上和谐地生活。

太空社会

一个显而易见的事实是：解决地球上的问题比找到一种在地球之外生存下去的方法要容易得多，也经济得多。

哪些挑战可能会使我们萌生出在太空中找一个新家的念头？太阳的核燃料将在40亿年后消耗殆尽，地球也将随之走向最终死亡。到那时，太阳核心会发生塌缩，太阳的内部物质会进行剧烈重组，并向外喷射气体层，气体层会吞没地球并将地球生物圈烤焦。但在此之前的很长一段时间，随着氢燃料的消耗，太阳的温度会变得越来越高。从现在起大约5亿年后，地球的温度将升高到足以让海洋沸腾。[12]

因为这些时间尺度都非常长，所以我们现在可能并不怎么担心，这是可以理解的。对于将最快到来的危险，最佳的衡量标准来自《原子科学家公报》（*Bulletin of the Atomic Scientists*）。1947年，一群科学家和工程师设立了"世界末日钟"（Doomsday Clock），以警示我们离世界末日还有多远。气候变化、生物技术和（或）网络技术会影响我们的生活方式和地球，甚至造成不可挽回的伤害。随着核毁灭的威胁逐渐减弱，造成这些伤害的可能性成了世界末日钟距离子夜的时间的影响因素。1953年，世界末日钟被调整到距离子夜2分钟的位置，当时正值冷战的高潮。1991年，随着苏联解体，世界末日钟被回拨到距离子夜17分钟的位置。然而，在2012年，由于一些小的、不稳定国家掌握的核武器数量激增，以及气候变化可能已经过了一个临界点，世界末日钟又被调整到距离子夜

5分钟的位置。[13]

　　很多人就离开地球这一问题发表了自己的看法。卡尔·萨根这样说道："从长远来看，每一个行星文明都会因受到来自太空的撞击而濒临灭绝，每一个幸存的文明都有义务开展星际旅行——不是为了探索太空或出于浪漫的热情，而是出于你能想到的最实际的理由：活下去。"科幻作家拉里·尼文（Larry Niven）则言简意赅地道："恐龙之所以会灭绝，就是因为它们没有太空计划。"我们也许能避开来自太空的撞击，但物理学家霍金发出了有关其他威胁的警告："在下一个100年，灾难就将很难避免，更不用说下一个1 000年或100万年了。我们若想长久地生存下去，就不能只将目光紧盯在地球上，而要向外扩张到太空中去。"[14]

　　人类大规模地离开地球是不现实的，毕竟，仅将十几个人送往月球几天时间，费用就高达500亿美元。埃隆·马斯克宣称，未来，他会让火星之旅的价格降至50万美元，为现在价格的十万分之一，但目前看来这似乎不太可能。如果地球被污染或者变得不适宜居住，我们就只能住在气泡状圆顶中，然后，我们要么修复地球，要么忍受地球。尽管如此，在21世纪结束前，首批具有冒险精神的人可能会离开地球，在地球之外独立生活。他们将会遇到哪些问题呢？

　　除了生存之外，他们将面对的第一个问题就是他们的法律地位。众所周知，1967年的《外层空间条约》提出了地外天体的所有权问题，其中第二条规定："外空，包括月球与其他天体，不得由国家以主张主权或以使用或占领之方法，或以其他任何方法，据为己有。"这条规定看似很明确，但并没有提及个人权利。"火星1号"的首席执行官巴斯·兰斯多普表示，他的法律顾问研究了这个条约。他认为："适用于政府的条约，也适用于这些政府所管辖的个人。"如果"火星1号"的目标最终实现，那么到2023年，将有30人在火星上定居下来。随着移民火星的人不断增加，越来越多的火星土地将被占用。兰斯多普坚称，他们的目标不是获取火星土地的所有权。"允许你使用土地，并不意味着你拥有土地的所有权。"他说，"你也能使用你完成任务所需的资源。但别忘了，很多规则都是很久以前制定的，当时，人类前往火星还显得遥不可及。"[15]

有些太空玩家声称他们的动机是利他的，但他们中没有一个人能在没有收入的情况下实现自己的梦想。当利润成为唯一的目标时，会发生什么呢？

大型跨国公司虽然受到国际贸易法的约束，但它们可能会主张他们有权使用甚至耗尽地外天体上的资源。意图占有月球或火星上的土地的政府，可能会退出《外层空间条约》，而不用承担什么严重后果。即使是"火星1号"，也处在法律的边缘地带。兰斯多普需要为他耗资60亿美元的任务筹措资金："想象一下，有多少人会对来自新世界的一粒沙子感兴趣！"

在某些情况下，争论会成为现实。从地球的移民史可知，主权主张具有非常大的吸引力。每一个在地球之外出生和死亡的移民者后代，其与母行星之间的联系会越来越弱。或许，他们会对遥远地球强加的规章制度感到愤怒。国际航空与空间法研究中心（International Institute of Air and Space Law）副主任，以及"火星1号"的法律顾问塔尼娅·马森–斯旺（Tanja Masson-Zwaan）表示："我认为，在某些时候，这些移民者将独立于地球，并按照他们自己的规则生活。"

在太空移民的背景下，命定扩张论的历史经验具有误导性。在历史上，很多国家通过占领领土、取代或征服原住居民的方式来获取资源，从而变得越来越强大。即使在21世纪，这一野蛮历史的污点仍然存在。太空是一种新的资源。离开地球的那些人，不会夺走任何人的土地。[16] 最终，他们只能依靠自己的双手来获得生存和繁荣所需的一切。他们将创造属于自己的财富。如果他们想独立，他们将不再遵守任何以地球为中心的法律条文。

移民意味着更替和成长。随着新成员的加入，火星移民地会不断扩大，但一种健康、正常的文化是以家庭为中心的，因此会有性爱，也会有孩子。

太空性爱还停留在窃笑和挑逗阶段。太空性爱是都市中的传说，是轨道上的传奇。每隔几年，美国国家航空航天局及其俄罗斯同行，就会不胜其烦地否认宇航员有过性生活。宇航员也都守口如瓶。官方政策则禁止这种行为。有几个原因，让零重力情况下的太空性爱变得很棘手。一是在太空中，血液流动不如在地球上那么顺畅，因此男性勃起会遇到困难。二是汗液的层层堆积，让亲密变得不那么愉悦。此外，物理学也会成为障碍：最轻微的推动就能使物体产生运动。美国国家航空航天局宇航员凯伦·尼伯格（Karen Nyberg）曾进行了演示，她用自己的一缕头发推动自己穿过舱室。约束带和安全带也是必需品。不过，考虑到人类的聪明才智和欲望，太空性爱有可能在国际空间站上某个安静、昏暗的角落里发生过。然而，所有的任务日志中都没有记录。

在火星上，性爱障碍要少一些。火星表面的引力只有地球的40%，因此，宇航员的身体只需进行轻微的调整。除了禁止性交，宇航员全部为男性或者全部为女性也能巧妙地解决这一问题。更具争议的是，有人建议第一批移民者进行自愿绝育。"火星1号"准备为它的移民者提供避孕用品，但在火星上使用这些避孕用品的效果如何，还不得而知。"火星1

号"的医疗顾问诺伯特·克莱弗特（Norbert Kraft）① 表示，他们将"让移民者意识到与性爱有关的风险"，但他对此并没有十足的把握。第一批火星移民将在火星上死去，他们知道火星上的医疗设备很简陋，所以应该不会想要孩子。但随着移民地的扩张，移民者终将受到生物学和人类文明的支配。

即使"火星1号"的计划野心勃勃却不切实际，但移民太空最终是有可能实现的，因为众多获得了资金支持的先驱者会将这个梦想变成现实。

当一小群人像新枝那样从树根长出来时，他们将成为什么样的人？

进化性趋异

想象一下，第一个婴儿诞生在地球之外的情景。这一事件将成为非凡的里程碑，重设人类存在的时钟。在阿瑟·克拉克的短篇小说《摇篮之外，无休止的转圈》（*Out of the Cradle, Endlessly Orbiting*）中，月球基地的一位工程师在妻子分娩时正准备迁往火星。婴儿发出的第一声响亮的啼哭使他内心深受震动，比任何火箭或飞船的轰鸣还要震撼。[17]

在地球之外重新开始需要多少人？在保护生物学与生态学中，有一个概念叫"最小存活种群"（Minimum Viable Population）。这是一个物种在自然环境下，从自然灾害、人口结构变化以及遗传变异中存活下来的种群数量下限。在动物种群研究中，为了避免近亲繁殖，大约需要500只成

---

① 诺伯特·克莱弗特是美国国家航空航天局前研究员，曾获得"NASA 集体成就奖"。他的著作《火星移民指南》向我们详细讲述了移民火星背后的专业要求，以及种种触动人心的故事。此书中文简体字版已有湛庐文化策划，浙江人民出版社出版。——编者注

年动物，而要让一个种群从起源到灭绝的典型进化寿命达到100～1 000万年，则需要5 000只成年动物。[18] 这些只是粗略估计，在生物学中，这些数值被用于估算生物灭绝的概率。在美国，最小存活种群模型促使了1973年《濒危物种保护法案》（*Endangered Species Act*）的颁布。

对人类而言，在遇到严重的人口瓶颈时，最小数量的意义就凸显出来了。如果一个物种的种群数量因环境灾难而锐减，那么剩余个体的遗传多样性也会大幅减少，且只能通过随机变异的方式缓慢增长。同时，剩余种群的稳健性也会变弱，因而更容易受到其他不利事件的影响。[19] 即使幸存者是适应能力最强的个体，也不例外。此外，近亲繁殖的可能性也更大，后代具有隐性特质和有害特质的概率也会增加。[20]

当遗传学家对黑猩猩和人类的DNA进行测序时，他们得到了一个惊人的发现：一个由30～80只黑猩猩组成的单独种群的遗传多样性，超过了当今所有70多亿人。[21] 自600万年前人类与黑猩猩分化以来，人类的遗传多样性一直在进化，但仍然不高。对人类有限的基因变异的研究表明，人类大约在6万年前走出非洲，而在这之前的某个阶段，人口数量可能减少到了只有2 000人。有些遗传学家推测，这一人口瓶颈是由印度尼西亚的多巴（Toba）超级火山爆发造成的，并导致了重大的环境变化。[22] 不管原因是什么，我们的基因组成都暗示了这样一个事实：人类曾处于危险状态，甚至处于灭绝的边缘。[23]

对于如何确定一个太空移民地的存活种群的大小，更近的人类历史提供了更好的例子。当一个较大种群中的一小部分个体建立起一个新的种群时，新种群会受到"建立者效应"（Founder Effect）的影响。进化生物学家恩斯特·迈尔（Ernst Mayr）是对这种效应进行描述的第一人。来自原始种群的遗传变异和遗传分化会因建立者效应而丧失。

1790年，弗莱彻·克里斯琴（Fletcher Christian）和另外8个"邦蒂号"（HMS Bounty）的反叛者，以及12位波利尼西亚妇女在皮特凯恩岛（Pitcairn Island）上定居下来。皮特凯恩岛是南太平洋上的一个火山岛，常年海风肆虐。岛上现有的50位居民都是这些"建立者"的后代。1814年，15位英国航海者定居在遥远的特里斯坦–达库尼亚群岛（Tristan da Cunha）。特里斯坦–达库尼亚群岛位于南非和南美洲之间的大西洋上。到1961年，岛上的人口增加到了300人，后来因为火山爆发，所有人都撤到了英国。这些小种群使得当地居民的后代易受遗传异常的影响。在皮特凯恩岛上，克里斯琴遗传了一种基因，这种基因会导致帕金森氏病。而在现今的特里斯坦–达库尼亚群岛上，当地居民患退行性眼部疾病的概率是正常人的10倍，这种退行性眼部疾病能导致失明。

不过，你完全没必要就待在一个岛上或者火星上，而遭受遗传隔离。宾夕法尼亚州兰开斯特的1.8万个旧教条派的阿什米人（Old Order Amish），是18世纪早期从德国移民过来的几十个人的后裔。不幸的是，出生在这个社区的婴儿患上一种极其罕见且致命的遗传病——头小畸形的概率非常大。[24]

对一个太空移民地来说，最合适的大小可能与一个小村庄相当。佛罗里达大学的人类学家约翰·穆尔（John Moore）开发了一款模拟软件，用于分析小种群的生存能力。[25] 他认为，一个长期存活的种群的最佳数量为160人。这一数量可以通过审慎的遗传选择而减少，从而将近亲繁殖的可能性降到最低。

如果太空移民者无法从母行星获得"新鲜血液"，他们的基因池就将经历基因漂变（Genetic Drift）——由随机取样引起的基因变异或等位基因频率的变化。种群越小，这种影响就越大。基因漂变会导致遗传变异减少，进而降低一个种群面对新的选择时抗击压力的能力。这听起来可能很糟糕，但在地球上，基因漂变和建立者效应是进化的主要驱动力。它们导致了新物种的产生。

数代之后，移民者就会开始进化。我们可以猜猜将会发生哪些变化。火星的弱引力将改变心血管系统，并减少承重骨骼和肌腱的横截面积。在地球上，人类的进化将会加速——身高更高，体毛更少，肌肉更弱，牙齿更小。缺乏多样化的自然环境可能会导致免疫系统变弱。另一个挑战是保持感官刺激和智力刺激，从而保持大脑敏锐。[26]

如果地球之外的人类无法再与那些从未离开地球的人进行交配，并生下健康的后代，那么就将会进化出一个新物种。我们知道，这需要很长时间。大约1.4万年前，一小群人踏上了前往美洲的单程之旅，而当欧洲人在500年前遇到他们时，两者仍然是同一个物种。澳大利亚和巴布亚新几内亚的一些种群已经被隔离了3万年，但并没有形成新的物种。对于月球或火星上的移民者来说，不同的物理环境和由宇宙射线引起的更高的变异发生率将加速这一过程。

最终，经过几十万年和几千代人之后，当第一个在地球之外出生的婴儿的啼哭只是祖先的记忆时，移民者就将发展成熟。他们和我们将不再一样。想象一下，移民者生活在完全孤立的环境中，有一天，我们遇见了这些离开地球的人的祖先。他们拥有自己的语言和文化，和我们只有部分相似。对每一方而言，都像是在看一面诡异扭曲的镜子。

我们的半机械人未来

这是科幻电影中最经典的场景之一。在邪典电影《银翼杀手》（*Blade Runner*）中，当"银翼杀手"瑞克·戴克（Rick Deckard）即将从高楼边缘滑落时，复制人罗伊·巴蒂（Roy Battty）向他伸出了援手。巴蒂用他那超人般的力量将戴克拉了上来，扔到了楼顶。然后，巴蒂盘腿而坐，等待着他预先编程设定的4年寿命的终结。他对戴克道："我见过你们人类无法置信的事情……战舰在猎户座的肩上熊熊燃烧。我见过C射线在星门附近的黑暗中闪耀。所有这些时刻都将消失在时光中……就像雨中的泪水。死亡的时候……到了。"

罗伊·巴蒂是一个半机械人（Cyborg，又称为"赛博格"），原型出自菲利普·迪克（Philip Dick）的小说《仿生人会梦见电子羊吗？》（*Do Androids Dream of Electric Sheep*?）。[27] "Cyborg"一词是"Cybernetic Organism"（生控体系统）的简写，由曼弗雷德·克莱因斯（Manfred Clynes）和内森·克兰（Nathan Kline）于1960年创造。克莱因斯是一位天赋极高的钢琴家和发明家，也是位于纽约奥兰治堡的罗克兰州立医院的首席研究科学家。克兰是克莱因斯的老板，也是一位医疗研究人员，发表过500多篇论文。他们设想，人与机器之间的亲密关系或许有助于探索太空的新前沿："将人的身体机能改造成能适应地外环境的要求，比在太空中为人类提供一个地球环境更合乎逻辑……人造生物组织能扩展人的潜意识，并进行自我调控。"[28]

尽管半机械人只存在于反乌托邦式的科幻小说中，但在肉体和机器的融合方面，我们一直在缓慢前进。

替换身体的某些部位，比如心脏、手臂和腿等，早已经很常见了，但半机械人意味着增加并增强原来的人所不具备的能力。传统医学已经在研究这个领域——相比原生肢体，机械肢体的功能更强大，灵活性更好，而人工耳蜗可以感知正常人听不到的声音。（我们已经看到了现代版的半机械人托尼·斯塔克，也就是马斯克。）脑机接口能让大脑与外部设备直接进行交流，现被用于恢复盲人的视力和瘫痪者的行动能力。美国国家航空航天局已经研发出了机器人外骨骼X1来增强宇航员的能力——钢铁侠正在成为现实（如图11-2）。

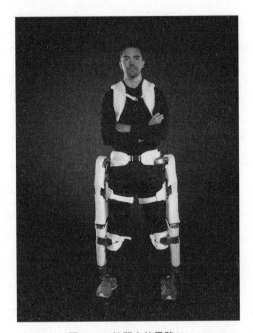

图 11-2　机器人外骨骼 X1

注：罗杰·罗韦坎普（Roger Rovekamp）是美国国家航空航天局的项目工程师，他演示了机器人外骨骼 X1。机器人外骨骼 X1 由约翰逊航天中心的先进机器人开发实验室（Advanced Robotic Development Lab）研发，用于增强宇航员的能力。

尼尔·哈比森（Neil Harbisson）是一位英国艺术家，他天生就没有感知颜色的能力。2004年，他戴上了头戴式的"电子眼"（Eyeborg），一种能将颜色转换成振动的设备，哈比森能通过头骨听到这种振动。他戴着电子眼出现在护照照片中，因此成为第一个合法的半机械人。摄像头扩展了他的感知，让他能听到次声和超声，看到超出正常人视觉范围的红外线和紫外线的颜色。他希望通过外科手术般的技术将这个设备永久地固定在自己的头骨上。他描述了这个软件和他的大脑是如何联合起来，带给他丰富的感觉的。[29]

在现代文化中，半机械人引起了人类的共鸣，体现了自由意志与机械决定论之间的矛盾关系。它们让人想起玛丽·雪莱（Mary Shelley）笔下弗兰肯斯坦创造的怪物，它被电激活后，轻松地击败了它的创造者。

在研究半机械人可接受性方面，代表人物是英国雷丁大学的控制论教授凯文·沃里克（Kevin Warwick），他是第一批进行植入实验的人之一。1998年，他将一块无线射频识别芯片（RFID）植入自己的手臂。4年后，他在自己的手臂神经中植入了一块有100个电极的芯片。这使得他可以将自己的神经系统延伸到互联网，并远距离遥控一只机械手臂。沃里克的妻子也植入了这种芯片，当有人与他妻子握手时，在大西洋彼岸的沃里克也能感受到同样的感觉——一种奇特的控制论范畴的心灵感应。"把一些设备塞进你的身体，使机器和你的神经、大脑融为一体，这是一种全新的体验。"沃里克说，"这就像摆在我们面前的最后一片未开发的大陆。"[30]

半机械人技术不仅存在于研究实验室中，还转入了地下。当沃里克进行植入时，他雇用了一组训练有素的外科医生。一个马铃薯削皮器和一瓶伏特加，就能让勒菲特·埃勒尼姆（Lepht Anonym）满足。她是数量日益增多的生物黑客中的一员。生物黑客又被称为"研磨者"，是一群自己动手为自己植入设备的人。埃勒尼姆曾说："在某种程度上，我已经习惯了疼痛。对像我这样的人来说，麻醉剂是一种非法药品，所以我们学会了在没有麻醉剂的情况下生活。"她在YouTube上的视频，为她树立了生物黑客运动的年轻面孔的形象。对地下生物黑客来说，计算机是硬件，应用程序是软件，人是湿件。在指尖植入强大的稀土磁铁，是成为生物黑客的一种很流行的方式。稀土磁铁可以让人感觉到各种各样的电磁场，但在地铁穿过地下和头顶上方有输电线的情况下，这种作用会失效。一旦学会了如何将设备微型化，生物黑客们就会为自己植入医学传感器，这种医学传感器不仅能与智能手机进行对话，还能与一种通过回声定位让手指"看见"事物的设备连接起来。[31] 这已经超越了感官延伸的范畴，进入了创造全新的感官的领域。

一场名为"超人类主义"（Transhumanism）的哲学运动，为控制论和半机械人提供了支持。超人类主义是一场全球性的文化和智力运动，旨在利用技术改善人类的生存状况，其中包括彻底延长寿命，提高身体和精神方面的能力。尼克·博斯特罗姆（Nick Bostrom）和雷·库兹韦尔都是杰出的超人类主义者。博斯特罗姆是牛津大学的哲学家，他评估了人类长期生存下去将面对的各种风险。库兹韦尔是工程师和发明家，他普及了奇点的概念，并认为在不远的将来，我们能够利用科技超越自身的身体极限。超人类运动引起了很多人的关注。作家弗朗西斯·福山（Francis Fukuyama）认为，超人类主义是"世界上最危险的思想之一"，但在作家罗纳德·贝利（Ronald Bailey）看来，这是一场"体现了人类最大胆、最勇敢、最富想象力和最理想化的抱负的运动"。沃里克致力于研究超人类主义的起源，他表示："我从未想过只以一个渺小的人类而存在。"[32]

超人类主义可能会带来太空探索革命。如果我们遵循纳米技术的发展路径，太空探测器将会越来越小，制造和推进太空探测器的成本会越来越低，因此，我们能够探索太阳系广阔的新领域。或者，我们可以将机器人作为我们的代理人，而我们只需待在地球上舒适的控制室里。我们甚至有可能拥抱在《银翼杀手》中看到的未来——半机械人被派去开展艰苦的太空探索工作。人类不仅赋予了半机械人人工智能和超人般的能力，还为其设置了一个"死亡开关"，以防出现问题。半机械人也许会成为我们隐喻意义上的孩子——人类的后代，在人类灭亡很久之后向宇宙中扩散。

BEYOND
OUR FUTURE
IN SPACE

第四部分

超　越

乳白色的光出现了，我却感到疲惫不堪。我浑身酸痛，动弹不得。我的手指不由自主地抽搐，就好像是别人的。渐渐地，无法阻挡地，我的胳膊、腿和皮肤恢复了知觉，就好像这种感觉是从深井的底部被找回来的。

　　我颤抖着睁开了双眼。我头顶上的面板记录着我的生命体征。在我身旁的密封铍棺中，100位旅伴正从接近死亡的休眠中慢慢醒过来。另一块面板上显示着方舟所在的位置。它正在一条稳定的轨道上围绕着半人马座B1星运行。我在离家40万亿千米的地方——尽管我努力将这个想法抛诸脑后，但它仍然深深地刻在我的脑海里。

　　我们还有很多事情要做。我们目标明确，但很少交流。大家都尽量不去想那18个基地的情况，当盖子滑开时，一个全身冰冷、没有意识的人出现在我们眼前。接着，我们又发现了更严重的问题。"方舟3号"上的遥测装置显示，它已经穿过了半人马座星系，正飞向广袤无边的星际空间。一颗流星撞坏了太阳帆，而"方舟3号"上的人无法使用刹车制动。一想到这儿，我就不寒而栗。

80个人能开创一个新世界吗？

渐渐地，大家又熟悉热络了起来，我们的精神也振奋起来。进餐时，我们会讲笑话，戏弄彼此。我们像飘浮的货物一样，飞过了遥远的距离，比以往所有人到过的最远距离还要远上1 000倍。我在方舟上唯一的窗户前停了下来，凝视着窗外。太阳被淹没在一片星海里，就像一朵毛茛落在天鹅绒上，无处可寻。无论接下来会发生什么，我们都应该为所取得的成就和这趟冒险之旅感到自豪。如果我们中有人说自己不害怕，那他肯定在撒谎。

乳白色的光再次出现。我们驾驶着穿梭舱一路颠簸着穿过大气层，寻找合适的着陆点。从地球上看，我们的新家只是一个暗淡的点。前期的遥感探测表明，这是一个生机勃勃的世界，空气中充满了光合作用产生的气体，但在到达之前，对于这个我们将生活于此并死于此的世界，我们仍知之甚少。我们的任务是飞越广袤的虚空，以期在另一侧找到一个安全的居住地，这是一场豪赌。

我们6人都有些紧张不安，互相斜睨了一眼。飞行员目不转睛地盯着屏幕。我们下方是一片扭曲、模糊而陌生的景象——没有令人安心的平原或草原，根本就不像热带草原，也没有一望无际的美景。

终于，我们在快速流动的云层下方瞥见了一片陆地。减速，颠簸。我们穿上服装，进入气闸舱，就像即将去探索秘密花园的孩子一样兴奋。

无法描述的景象总是难以用语言来形容。我们降落在一片青翠的山谷里，两侧是陡峭的悬崖，上面爬满了藤蔓。水从悬崖上滴落下来，部分崖顶隐没在厚厚的云层里。山谷里则是一片茂密的植被。我们看到了很多植物，但没有看到动物。一切都显得怪异而失衡：引力比地球上弱，所以我脚步轻快，但大气比地球上厚，因此我不得不努力抵抗那种令人窒息的感觉。我们都戴着清洁面罩，以保持大气的可呼吸性，并过滤掉可能有害的微生物。出于本能，所有人都站在离着陆器很近的地方。

这是一片沼泽还是香格里拉？不管怎样，我们都已经没有回头路了。

我们很快就搭建起了栖息所。只要按一下按钮，由碳纳米管制成的记忆薄膜就会展开，然后在我们头顶膨胀成高达6米的圆顶。接着，我们又安装了两个气闸舱，剩下的时间就用来装配生活空间。在接下来的一个星期里，剩下的人员会降落在地表，加入我们的行列，到那时，方舟就会成为一艘空的、在轨运行的废弃船体，再也无法进行航行。

我们既不知所措，又极度兴奋，同时还心神不宁。我的内心五味杂陈。我想独自待着，却又觉得这样做似乎很奇怪，因为作为一个团队，我们已经非常孤独了。中途休息时，我漫步离开了圆顶，沿着一条小溪前行，这是穿过这片错综复杂的山谷的唯一方法。环顾四周，我发现了一些奇怪的事情。这里没有树。我弯腰捡起一些石头，见它们的矿物形态是我所熟悉的，我的心才放了下来，至少地质学是通用的。

透过眼角的余光，我看到有什么东西在动。我原以为是一片苔藓，凑近一看才发现，竟是一张由卷须织成的精致的网，正在移动和生长。它们荡漾旋转，就像地毯自己在编织一般。一切看似混乱无序，但突然，那些卷须形成了螺旋状和复杂的几何图案。然后，这些图案又突然消失了。我凝视着那些卷须，呆若木鸡。

飞向恒星之旅

远方的家

"预测往往困难重重，尤其是预测未来。"丹麦物理学家尼尔斯·玻尔（Niels Bohr）如是说。[1] 预测是科学方法的核心部分。在微观层面，科学家会预测实验或者测量的结果；在宏观层面，科学家通过将自然定律外推或预测自然定律在新的条件下如何运行，来了解我们所处的世界。

在事后看来，很多预测都显得荒谬可笑。一个典型的例子是，1943年，IBM董事长托马斯·沃森（Thomas Watson）表示："我认为全世界只需要大概5台计算机。"还有一个例子是，数字设备公司（DEC）的创始人肯·奥森（Ken Olsen）在1977年说："任何个人都没有必要在家里放一台计算机。"在信息技术领域，还有很多类似的错误判断，例如，以太网的发明者认为互联网会在1996年崩溃和消亡，YouTube的创始人则认为他的公司会在2002年倒闭，因为没有那么多视频供用户观看。[2] 到2014年，仅记录在案的，就有20亿台个人计算机、20亿个网站和400亿小时的YouTube视频观看量。

对计算机和信息技术方面的预测往往低估了其发展进度，而对太空旅行的预测则往往高估了其发展速度。1952年，作家亨利·尼古拉斯（Henry Nicholas）搜集了人们对2000年的预测，这些预测均以"最伟大的科学家，包括许多著名的诺贝尔奖得主的严肃结论"为基础。[3] 预测者认为，到2000年，行星际旅行将会很普遍，还会有很多月球基地，城市大小的空间站将在轨围绕地球运行。不到10年前，伯特·鲁坦曾预测，到2018年，进入过太空的游客数量将多达10万，但目前仍然只有7人完成了太空旅行。预测与现实之间的差异如此巨大的原因在于，信息技术进步是因计算机、路由器和手机等的内部元件微型化而呈指数增长，太空旅行却必须处理像人类这样的大型物体与顽固的物理定律。

预测未来或许是一件徒劳无功的事，但也有一些关于我们在不久的将来飞越地球的有根据的猜测。

2035年，商业太空产业蓬勃发展。随着高效、可重复使用的轨道飞行器成为常规飞行工具，太空旅游的价格将大幅下降，届时，太空旅游将从高端旅游变为中产阶级也可体验的冒险活动。一些令人讨厌的事物也将随之而来，比如太空真人秀、花哨的轨道广告和零重力性爱旅馆。

2045年，月球和火星上将会出现一些具备可行性的小型移民地。移民者能获得来自地球的再补给，并与新成员进行轮换，还成功地开创了从土壤中提取水和氧气的技术。他们在地球之外生活，并留下少量的环境足迹。有着地缘政治野心的富裕国家将为此买单。

2065年，采矿技术已经非常先进，人类能从小行星和月球上矿产资源丰富的地区获取资源。太空贸易催生了一种新的商业模式。联合国和其他国际机构竭力阻止这个新领域变成"狂野的西部"，对于这些机构的主张，企业组织通常会置之不理。

2115年，一批在地球之外出生的人成年，他们从未到过地球。移民者获得了高度自治权。地球之外的国民生产总值（GNP）与地球上富裕国家的相当。若非出于经济或政治上的需要，我们不会飞越太阳系，但梦想家却不得不去尝试。

我们该去往何方？星际空间旅行的重重困难，将我们限制在了最近的适宜居住的地方。有证据表明，在距离地球最近的类太阳恒星半人马座αB星周围，有一颗地球大小的行星围绕其运动。这颗系外行星与半人马座αB星之间的距离，比水星到太阳的距离要近得多，它的表面温度为1 200 ℃——温度太高了，它的表面极有可能是岩浆。仅仅根据现有的多普勒数据，我们还无法探测到更远的类地行星。半人马座αB星有一颗双星伴星，其轨道很宽，因此不会扰乱宜居带内的行星的轨道。半人马座αB星距离宜居带0.7个天文单位，更亮的半人马座αA星距离宜居带1.3个天文单位。这个双星系统为发现宜居行星提供了双重机会。[4]

当我们等待着更丰富的数据时，数值模拟为我们带来了希望。2008年的一项研究，探究了半人马座αB星周围的岩石物质盘是如何形成行星的。对于数百颗月球大小的原行星岩的轨道运动，科学家进行了长达2亿年的追踪（在一台功能强大的计算机上，这只需要几个小时的时间）。尽管系外行星的类型和数量取决于盘的初始条件，但就平均而言，数值模拟的结果是半人马座αB星周围的岩石物质盘形成了20颗岩态行星，其中10颗位于该恒星的宜居带内。对半人马座αA星来说，统计结果应该是相似的（如图12-1）。

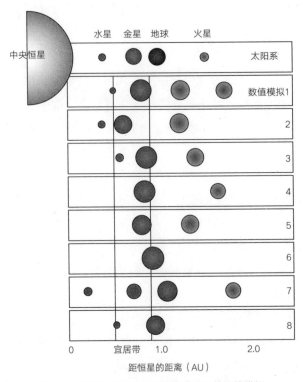

图 12-1　对半人马座 α 系统中的行星的数值摸拟

注：对半人马座 α 系统中的系外行星的数值模拟结果。在每颗恒星周
　　围，很容易形成类地行星，它们的质量和距离分布与内太阳系的
　　情况相似（内太阳系的情况见图中上方所示，以供参考）。

2013年，安东尼·冈萨雷斯（Antonin Gonzalez）将这项研究往前推
进了一步，他在数值模拟中估算了系外行星的"地球相似指数"（Earth
Similarity Index）。这个指数衡量了行星与地球的相似程度——根据表面
温度、逃逸速度、大小和密度来估算这个指数，0代表与地球完全不同的
行星，1代表与地球完全相同的行星。金星的地球相似指数为0.78（大小
相似，但温度更高），火星的地球相似指数为0.64（比地球小，温度更

低）。[5] 在计算这个指数时，我们假设了我们所知道的对生物友好的条件。如果系外行星上存在基于完全不同的化学或代谢基础的生物，可能我们就无法识别它们，甚至不知道如何定义它们。

在模拟的系外行星中，有5颗被认为能支撑光合生物。它们的地球相似指数分别为0.86、0.87、0.91、0.92和0.93，其中2颗甚至比地球更适合生命居住。

这听起来很振奋人心，但我们不能在还没有确定的情况下就飞行数万亿千米。如果一颗行星没有一个富含氧气的大气层，我们就必须在太空中创造一个人造环境，或者对火星进行地球化改造。在通过地球化火星来获得适合生命的大气层方面，美国国家航空航天局已经展开了可行性研究。其中的技术挑战不是问题，但需要对现有技术进行工业规模的应用。科学家对整个改造过程所需的时间和成本进行了估计，最佳估值分别是1 000年和10 000亿美元。一颗系外行星的大气组成与地球的大气组成越接近，对其进行地球化改造就越容易。

对天文学家来说，氧气是最佳的"生物标志物"，或者说是其他行星上的生命示踪物。如果地球上的生命形式也代表了其他行星上的生命形式，那么，低氧含量就意味着微生物的光合作用，而高氧含量则是植物生命存在的信号。换言之，如果地球上的生命在一夜之间全部死亡，那么，我们呼吸和依赖的氧气分子中的1/5将在几千年内消失，因为它们会与岩石和水发生反应。大气中大量的氧是很难仅靠地质作用来维持的。一种相关的生物标志物是臭氧，虽然臭氧的含量比氧低得多，但它的光谱特征很强。另一种生物标志物是甲烷，由化石燃料和腐烂的植被产生。虽然现在地球上的甲烷浓度很低，但在距今35亿～25亿年前，甲烷是由一种叫作产甲烷菌（Methanogens）的微生物产生的，其含量就和现在的氧含量一样高。水蒸气也是一种生物标志物，因为我们假设没有水就没有生命。[6]

在实践中，天文学家需要探测多种生物标志物，在真正看到生物之前，还要将光谱与行星的化学模型和地质模型进行比较。[7] 一种可能的探测方法，是将来自类地系外行星反射的微弱光线分解成光谱。如果光谱中出现臭氧、氧、甲烷和水蒸气的某些组合的吸收线，那么，探测结果将会立刻成为头条新闻，因为这是首次在地球之外发现生命。但这些生命有可能是微生物，而且没有它们的图像，因此，公众可能很快就会失去兴趣。但在科学层面，这将会是一项重大的发现。在我们于其他星球上发现生命之前，地球上的生命就有可能是一个独特的意外。

探测生物标志物所需的技术目前还不成熟，只在木星大小的系外行星上测试过，据研究人员预测，这类行星上是不存在生命的。在用哈勃空间望远镜对6颗系外行星进行基于概念验证的观测时，研究人员探测到了钠蒸气、甲烷、二氧化碳、一氧化碳和水。[8] 如果对与地球质量一样的系外行星进行此类观测，就需要新型空间望远镜或采用新的图像锐化方法的地基望远镜。大部分研究人员期望在未来10年内做出关键性的观测。根据开普勒太空望远镜发现的类地行星的频率来计算，离我们最近的类地行星可能在十几光年之外。如果我们足够幸运，它可能会离我们更近。

如果回顾一下本书开篇介绍的小范围迁徙，我们会发现，人类从非洲到智利的迁徙之旅，与人类的摘星之志一样宏伟。人类的摇篮在非洲东北部。为了寻找食物，一个精干的狩猎采集者可能会跋涉16千米，但在没有食物和庇护所保障的情况下，人类迁徙的距离是这个距离的1 000倍——这个倍数，与最近的恒星到地球的距离和太阳系大小之比是一样的。

历经1 000代人之后，人类迁徙到了东南亚茂密的森林和幽深的山谷里。又历经了2 000代人之后，人类流浪到了西伯利亚贫瘠的冻土地带，并穿过大陆桥到达阿拉斯加地区。此后又历经了几百代人，人类到达了中美洲地峡的繁茂雨林和湛蓝水域。之后，又历经不到100代人，人类到达了地球大陆的南端。海风吹拂的巴塔哥尼亚（Patagonia）蛮荒海岸，夜空中的繁星朝着相反的方向旋转，这些场景对于那些拥有非洲热带草原文化记忆的人来说，就像系外行星一样陌生。

制造更好的发动机

通过下面这个比例模型，我们就能理解为何星际旅行是太空探索中的长期目标。

若将地球缩小到乒乓球大小，月球就是一颗0.9米外的弹珠。如果将地球放在你的鼻子前面，地月距离就和手臂长度相当，这就是人类探险的全部范围。在这个太阳系的比例模型中，太阳系被缩小到了一亿分之一，太阳就是一个位于90米外、直径为2.4米的炽热气体球，海王星则在6.4千米外，且只有一个沙滩球那么大。在这个比例尺下，离太阳最近的恒星与乒乓球大小的地球之间的距离为4.8万千米，超过了地球的周长。为了能在合理的时间内飞到其他恒星，航天器需要达到极快的飞行速度。若以高速公路的最高限制速度飞行，飞到半人马座 α 系统需要5 000万年。若以"阿波罗号"宇宙飞船飞往月球的速度飞行，则需要90万年。即使以"旅行者号"宇宙飞船的速度飞行（"旅行者号"以59 545千米/小时的速度飞离太阳系），也需要8万年。

化学能的效率太低，无法将我们送到其他恒星。我们必须舍弃通过重组原子中的电子来获取能量的方式，而要释放原子核中蕴含的能量。

让我们回顾一下不同燃料中的可用能量。常用的能量单位是百万焦耳/千克（MJ/kg）。作为参考，100万焦耳是1千克TNT炸药爆炸释放的能量，或者奔跑1小时所消耗的能量，又或者是一根棒糖所含的能量。若用这个单位来表示，那么，木材和煤存储的能量约为20 MJ/kg，汽油和其他碳氢化合物燃料存储的能量约为40 MJ/kg，氢燃料存储的能量最多，高达142 MJ/kg。一架航天飞机在900年内将载荷（想象一下一辆校车满载的情况）送往半人马座α系统，需要耗费多少能量？在位于克利夫兰的格伦研究中心（Glenn Research Center），美国国家航空航天局的科学家已经计算出了这个值，[9] 结果令人十分沮丧：在宇宙中，所有以火箭燃料的形式存在的质量都无法做到这一点！

对于化学能之外的能量，最好的能量来源就是质量。爱因斯坦提出的伟大方程$E=mc^2$表明，质量是冻结的能量。由于光速是一个非常大的数值，因此，少量的质量就能转化成巨大的能量。在核反应中，质量能转化为能量，其中，核裂变反应的效率为0.1%，核聚变反应的效率则为1%，而物质与反物质之间的湮灭的效率为100%（如图12-2）。由此我们可知，核裂变存储的能量为10^8 MJ/kg，核聚变存储的能量为10^9 MJ/kg，而物质与反物质湮灭存储的能量为10^{11}MJ/kg。比化学燃料高效数百万倍的能源，就一定能将我们送到其他恒星吗？

当然，但必要的科技发展也是不可或缺的。火箭需要借助推力（或力）来产生巨大的推进力量，此外，还需要很高的比推力。比推力是每秒钟每千克燃料产生的力，与燃烧效率类似。化学燃料火箭的推力很大，但比推力很小。理想的星际火箭必须推力和比推力都大。还记得火箭方程吗？根据火箭方程，火箭的最终速度由燃料的排气速度和燃料质量与载荷质量之比决定。使用核燃料意味着所需的质量更小，但质量比在对数上，这就使得质量比对最终速度的影响受到抑制，因此，提高排气速度同样重要。

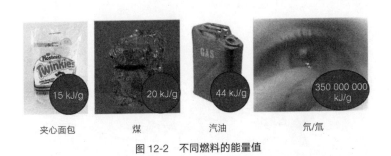

图 12-2　不同燃料的能量值

注：3 种不同的化学燃料（食物、煤和汽油）所存储的能量与核聚变过程中释放的质能之间的比较。相比核裂变和核聚变，物质与反物质湮灭要高效 1 000 倍。

下文中将要介绍的火箭发动机还没有制造出来。虽然在已知的物理领域内，这些发动机都是合理的，但它们严重依赖于尖端技术。让我们来看看这些不依赖于化学能量的火箭的潜在表现吧。

对于核裂变反应，最简单的应用方法就是在火箭发动机喷管的顶端安装一个反应器。虽然我们至今还未能利用核聚变来产生能量，但传统的核裂变和核聚变比化学火箭的表现好 10～20 倍。这是一个关键限制，因为火箭最终的实际增益值，远远低于基于能量密度的理论增益值。

若想在不到 1 000 年的时间内到达半人马座 α 系统，即使利用核聚变来产生能量，仍然需要 10^{11} 千克的燃料，这相当于 1 000 艘超级油轮所装载的燃料。20世纪60年代，斯塔尼斯拉夫·乌拉姆（Stanislaw Ulam）提出了"猎户座计划"（Project Orion）。乌拉姆是一位才华横溢的数学家，曾参与"曼哈顿计划"。在"猎户座计划"方案中，推动宇宙飞船前进的能量来自一系列可控的核爆炸。20世纪70年代，英国星际学会（British Interplanetary Society）调整了这个设计方案，转而通过大量微型核聚变爆炸来产生动力（如图12-3）。[10]

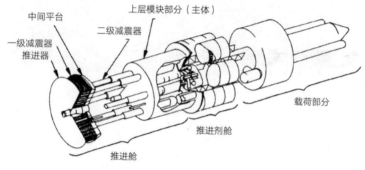

中间平台　　上层模块部分（主体）

二级减震器

一级减震器
推进器

载荷部分

推进剂舱

推进舱

图 12-3 "猎户座计划"方案

注：美国国家航空航天局的"猎户座计划"方案，采用脉冲式核聚变来产生能量。这个设计既有大推力，也有高排气速度。但以目前的技术，我们还无法以这种方式来驾驭核爆炸。

有了物质–反物质发动机，我们就可以进行推测了。反物质是正常物质的量子影子伙伴，目前我们只制造和维持了微量的反物质。反物质发动机的性能增益因子为100的量级，因此，在1 000年内到达半人马座 α 系统所需的燃料将减少到约10万千克，这相当于10罐铁路油罐车中装载的燃料量。随着离目的地越来越近，这些数字将翻一番，因为宇宙飞船需要燃料来减速。在可预见的未来，我们是无法收集到如此多的反物质的。目前，制造1毫克反物质的成本就高达1 000亿美元。[11] 1958年，兰德公司（RAND Corporation）开始出售一款既漂亮又复古的火箭性能计算器，刚好能满足那些想在家尝试计算火箭的性能，而非真正准备建造一枚星际火箭的人。[12] 这种圆形计算尺将火箭方程也包含在内，一经推出就引人瞩目，至今仍能偶尔在eBay上找到。

星际旅行需要消耗巨大的能量。在50年内（速度为光速的1/10），将一般2 000吨重、航天飞机大小的飞船送到半人马座 α 系统，消耗的能量为 7×10^{19} 焦耳，即便在能量完全转化为向前运动的情况下，这对任何现有的推进剂来说都是无法实现的。这些能量相当于整个美国在6个月内消耗的能量。如果这些能量来自核爆炸，那将需要1 000颗投放在广岛的原子弹。若想降低能量需求，就必须减少载荷或者降低飞行速度，如果降低飞行速度，那到达目的地的时间又将被延长。

一种聪明的选择是避免携带所需的所有燃料，这样就减少了载荷。

利用直径为1 000千米的磁"勺"，星际冲压式喷气发动机从接近真空的太空中抓取质子，作为核反应的燃料。这个想法由美国物理学家罗伯特·巴萨德（Robert Bussard）于1960年提出。[13] 在20世纪70年代，他是原子能委员会下属的核聚变能量开发项目的助理主任，他提出的冲压式喷气发动机方案迅速出现在各种科幻小说中。要想实现这个方案，还有很多巨大的工程问题需要解决。物理上的挑战在于必须从稀薄的星际介质中收集足够多的燃料，才能获得足够大的推力，并克服收集燃料带来的阻力。磁"勺"必须扫过相当于地球体积大小的空间，才能收集到1千克氢。在目的地减速是另一个尚未解决的问题。

太阳帆仍然是非常有前景的。罗伯特·福沃德（Robert Forward）对太阳帆进行了深入研究，并在20世纪80年代中期提出了一个相似的概念，利用一台直径1 000千米的菲涅耳透镜，将10 000万亿瓦特的激光束投射到一张1 000千米的帆上。然而，10 000万亿瓦特的能量是地球上所有国家消耗的能量的100倍。不过，福沃德并没有放弃，他重新调整方案，改用10 000万亿瓦特的微波来推动1千米宽的细线网格。这个"折中"方案可以通过10座大型发电厂的能量输出来实现。[14] 福沃德是一位很注意形象的工程师，其标志性形象是一头浓密的白发、猫头鹰式的眼镜和风格诡异的背心。他于2002年逝世，他提出的想法至今仍然非常有影响力。

20世纪80年代末期，达纳·安德鲁斯（Dana Andrews）和罗伯特·祖布林提出了磁场帆的概念。[15] 太阳帆由来自太阳的辐射驱动，磁场帆则由太阳风驱动。太阳风是太阳喷出的弥散带电等离子体，我们可以通过大型超导线圈回路产生的磁场来利用这些等离子体。磁场帆的缺点是太阳风携带的动量只是太阳光的几千分之一，但它有一大优点，那就是太阳风的动量是由没有质量的磁场而非巨大的物理帆来收集的。

利用太阳来推动帆的另一种方法是从地球向帆聚射能量，在加速度足够大的情况下，帆会滑行至目的地。在这方面，有两个人做出了重要贡献。微波科学公司（Microwave Sciences）的总裁詹姆斯·本福德（James Benford）认为，在加速太阳帆时，微波束要优于激光。他曾做过相关的实验室研究，研究表明，高强度的微波束是可以被研发出来的，但帆的材料必须极其轻盈和耐用，还要能承受由高反射产生的2 000度的高温。[16] 他的双胞胎兄弟格里高利·本福德（Gregory Benford）是加州大学欧文分校的物理学教授，也是一位著名的科幻作家。他们在这个项目上展开合作，把硬科学专家和科幻作家召集起来，为星际旅行的未来集思广益。[17]

"百年星舰"计划（100 Year Starship Project）的研究经费，主要来自美国国家航空航天局和美国国防部高级研究计划局。2012年，前宇航员梅·杰米森（Mae Jemison）和非营利性组织伊卡鲁斯星际航行协会

（Icarus Interstellar），获得了一笔100万美元的拨款，用于下一个100年的星际旅行研究工作。必须看到，大多数关于星际旅行的思辨式研究，都是由专业的物理学家和工程师承担的，他们的研究成果通常会发表在学术期刊上，或付梓成书。[18]

托马斯·杰斐逊（Thomas Jefferson）认为美国的国境扩张到太平洋需要1 000年，但在不到1/10的时间里，这个目标就实现了。科技进步非常迅速。1942年，位于芝加哥的第一台核反应堆只产生了0.5瓦特的功率，但之后不到一年，一台可为一座小型城镇供电的核反应堆就建成了。在激光技术发展的头50年里，功率最强的激光的强度增长了10^{20}倍。回到与信息技术的类比，若想将人类送到其他恒星，只推进技术的线性发展是不够的，还必须有科技大飞跃。安德烈亚斯·特泽欧拉斯（Andreas Tziolas）是一位物理学家，同时也是伊卡鲁斯星际航行协会的会长，他曾表示："我对我们的聪明才智充满了信心。"[19]

仰仗纳米机器人

最近的类地行星很可能就位于我们的宇宙后院，在一个直径10万光年的星系中。遥感测量表明，那颗行星上可能存在生命，但证据很有限且不确切。在可预见的未来，飞往那颗行星是极其困难的，而且成本极高。成本虽然是可变的，但不会低于100万亿美元，这相当于目前世界各国国内生产总值的总和。那有没有其他办法呢？

纳米机器人可以极大地降低成本和能量需求。美国军方在战场上使用的智能尘埃为此提供了可能性。受医学应用的驱动，太空研究者们在推进微型化方面做出了不懈努力。我们可以想象一群棒棒球大小的宇宙飞船，每艘宇宙飞船上都装满了传感器和小型摄像机，一起驶向最近的类地行星。

到达目的地后，这些宇宙飞船将穿过大气层巡航下降，并将视频信号传回地球。由于它们数量众多，所以即使一些视频在传输过程中丢失，或者部分飞船无法成功降落到行星表面，整个任务也不会失败。我们可以分批发射纳米机器人，这样它们就能沿着飞行路线把信号传回来，就像发生火灾时的救火队列那样。这种方法能降低每个纳米机器人上的信号发射器所需的能量。这个任务可能需要花费一代人的时间，但我们可以想象纳米机器人舰队到达目的地时的景象：在全球各个城市的中心，人们聚集在一起，观看着大屏幕上播放的视频，视频中的图像展示了一个充满异域风情的新世界的详细情形。

若将宇宙飞船的重量从吨量级降低到千克量级，一切就将变得非常简单，但做到这一点并不容易。通过将太阳帆作为推进器，托尼·邓恩（Tony Dunn）得到了一些数据。如果使用现有材料，比如聚酯薄膜，一个重量为1千克的纳米机器人能达到的最高速度仅为80千米/秒，只比"旅行者号"宇宙飞船快5倍，对此项任务而言，这个速度还远远不够。若太阳帆的面积超过100平方米，则意味着所有能量都将被用来加速太阳帆而非载荷。若想达到光速的10%，太阳帆材料的重量必须是聚酯薄膜的一百万分之一。此外，用激光将能量从地球上直接传送到太阳帆上，也能起到一定的作用。现在，太阳帆只需宽1米，但这又会引起一个问题，即当太阳帆距离地球十分遥远时，如何用激光瞄准它。在海王星的距离上，激光定向的精确度要比哈勃空间望远镜高10万倍。一台现成的30千瓦的激光器，能在40年内将1千克重的探测器推进至半人马座α系统。假设按照每千瓦时15美分的费率计算，电力成本为8亿美元。对一个探测器舰队而言，费用会攀升到1 000亿美元。这一成本虽然很高，却是可以接受的。[20]

宇宙飞船微型化虽然是一种合乎逻辑的策略，但缺乏想象力。纳米技术还带来了其他可能性，比如自我组装和自我复制。2012年，一家名为系绳无限（Tethers Unlimited）的公司与美国国家航空航天局签订合同，共同研发一种叫作"蜘蛛工厂"（SpiderFab）的系统，[21] 目标是利用3D打印技术和机器人装配技术在轨道上生产组件，如太阳能电池阵列、桁架和吊索等，这些在轨道上生产的组件能比通过发射送入轨道的组件大10倍（如图12-4）。在实验室里，自我组装机器显示出了巨大的潜力。麻省理工学院的研究人员已经研发出了一种比骰子还小的立方体，里面装有传感器、磁铁和一个小飞轮，相同的立方体能按照指令移动，并组合在一起，形成任意形状。

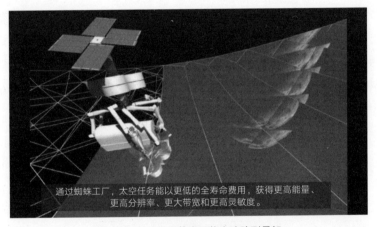

通过蜘蛛工厂，太空任务能以更低的全寿命费用，获得更高能量、更高分辨率、更大带宽和更高灵敏度。

图 12-4　3D 打印的太阳能电池阵列骨架

注：美国国家航空航天局正与系绳无限公司合作开发太空制造系统。在这个实体模型中，一个太空机器人利用 3D 打印技术，打印出一个 1.6 千米宽的太阳能电池阵列的骨架。在轨道上建造设备的结构远比通过火箭将它们送到轨道上要经济得多。

自我复制是一种更令人激动的功能。1986年，埃里克·德雷克斯勒（Eric Drexler）的著作《创造的引擎》（*Engines of Creation*）出版，在这部关于纳米技术的颇具预见性的书中，德雷克斯勒探讨了自我复制技术。

在这之前，物理学家弗里曼·戴森（Freeman Dyson）在普林斯顿大学演讲时，描述了有关大型复制机器的思想实验。在其中一个思想实验中，宇宙飞船飞往土星的小卫星土卫二，在土卫二上开采原料来进行自我复制，并发射由太阳帆提供动力的宇宙飞船，将冰带至火星，从而对这颗红色行星进行地球化改造。和自我组装技术一样，自我复制技术在实验室中取得的进展要大于在太空中取得的进展。

2005年，"快速复制原型"项目（RepRap Project）启动，目的是设计出一个能制造出自己的大部分组件的3D打印机。最初，这只是英国巴斯大学（University of Bath）的一个项目，由于计算机辅助设计和制造的代码都是开源的，所以这个项目孵化出了一个大型的开发人员社区。2008年，该项目的机器"达尔文"（Darwin），生产出了制造相同的"子"机器所需的所有部件。这个项目开发的技术对任何人都是免费的，目的是帮助人们制造出在日常生活中使用的工具。[22]

自我复制的极致是一种叫作冯·诺伊曼的探测器。冯·诺伊曼探测器能飞往邻近的恒星系统，并开采原材料来制造自身的复制品，再将这些复制品发射到其他恒星系统。通过非常传统的推进形式，这些探测器能在几百万年的时间里遍布银河系中的星系。这些探测器能对行星系统开展调查研究，并将信息传回地球。[23]

这个概念是以匈牙利数学家、物理学家约翰·冯·诺伊曼（John von Neumann）的名字命名的。冯·诺伊曼是20世纪最重要的科学人物之一，对数学、物理学、计算机科学和经济学都做出了重要贡献。据著名物理学家尤金·维格纳（Eugene Wigner）回忆，冯·诺伊曼的非凡大脑就像"齿轮与啮合在0.03毫米之内精确地咬合在一起的完美器械"。但在现实生活中，他并不是那么完美。他开车时常因注意力不集中或看书而事故频发，还被逮捕过几次。他暴饮暴食，喜欢讲低俗的笑话，却在嘈杂而混乱的环境中取得了巨大的成就。

20世纪40年代，冯·诺伊曼解决了自我复制的逻辑问题。他描述了一种能制造自己、允许误差并不断进化的计算"机器"，此时计算机还未出现。这项非凡的工作还预示了后来DNA和生命机制的发现。他的工作虽然只停留在理论上，但为制造真正能自我复制的机器绘制了蓝图。[24]

也许这将成为我们探索星系的最终方法。向星际空间扩散，并利用一群能自我复制的探测器探索遥远的世界，这听起来很不可思议，但若将我们目前掌握的技术进行合理外推，这个目标终将实现。这又引出了另一个问题：有其他文明这么做过吗？

曲速引擎和传送机

在制造能将载荷加速到接近光速的推进系统方面，并不存在根本性障碍。到目前为止，宇宙飞船的最高速度达到了265 541千米/小时，也就是40千米/秒，这是"朱诺号"（Juno）探测器利用地球引力弹射飞向木星的速度。这个速度比子弹快50倍，但仅为光速的0.01%。若想在不到50年的时间内到达最近的恒星，所需的速度比这个速度还要快1 000倍，也就是光速的10%。

现在，让我们冒险超越基于现有科学的预测能力的界限，进入猜想和科幻小说的领域。[25]

科幻小说和《星际迷航》中经常出现的两个场景就是曲速引擎和隐形传输。通过曲速引擎，我们能实现超光速飞行。爱因斯坦的狭义相对论认为，光速是传送物质、能量以及任何类型的信息的绝对速度极限。狭义相对论是物理学的一个基本原理，因此它似乎宣告了曲速引擎只是空想。一种名为快子的超光速基本粒子是1967年提出的猜想，但至今还没有证据能证明它们的存在。[26] 1994年，物理学家米格尔·阿库别瑞（Miguel Alcubierre）基于负质量，提出了超光速飞行的理论解。[27] 物理学家之间的共识是，在已知的物理定律下，曲速引擎是不可能实现的，但在约翰逊航天中心于2012年举办的"百年星舰专题研讨会"上，这一概念引起了一些人的关注。

那么，隐形传输又如何呢？想象一下这种情况：你即将进入一种设备，这种设备能将你身体中的原子解构为一种能量模式，然后将此信息传送到一个远程目标，最后，经过物质化，你将重现。

在系列电视剧《星际迷航：下一代》（*Star Trek: The Next Generation*）第128集"恐惧境界"（Realm of Fear）中，雷金纳德·巴克利（Reginald Barclay）上尉对传送机产生了恐惧，这种传送机能将飞船成员传送到行星表面。在他体内的10^{28}个原子进行解构和重新组合的过程中，所有可能出错的事情都令他感到恐惧。[28] 最终，他被恐惧折磨得虚弱不堪。

至今还没有一个正式的术语可用来描述这种情况。

至于传送机的工作原理，《星际迷航》电视系列剧和后续的电影虽然并未给予详细描述，但应该是在单个原子的水平上精确地传输物质，并利用"海森堡补偿器"（Heisenberg compensator）来消除亚原子测量中的不确定性。当被问及传送机的工作原理时，《星际迷航》的技术顾问迈克尔·奥田（Michael Okuda）回答道："它运转良好，谢谢。"在最初的《星际迷航》电视剧中，传送机的特效是在还没有电脑动画的情况下制作的，所以技术含量很低：通过缓慢移动一架倒置的摄像机来拍摄落在黑色背景前的铝粉粒，同时给铝粉粒打上背景光。

经典的隐形传输的过程是：首先测量人体内的每个原子，然后将这些信息编码成光子，再将光子发送到远程目的地，最后利用这些信息重建一个完美的人体复制品。这虽然只是一个工程问题，但要处理10^{28}个原子，就非常棘手了。

几十年来，人们一直认为隐形传输违背了物理学。海森堡不确定性原理指出，即使是单个原子，我们也无法同时精确地测量其所有性质，更不用说大量原子了。测量亚原子粒子的任何性质都会改变它的状态，所以无法将这种状态以高精确度传送到远程目的地。

1993年，物理学家查尔斯·班尼特（Charles Bennett）及其研究团队在这方面取得了突破。他们发现，处在两个不同地点的粒子，能被诱导进入一种叫作"量子纠缠"（Quantum Entanglement）的状态，在这种状态下，它们的物理状态信息是共享的。如果说存在什么能避开海森堡不确定性原理的方法，那就是不要试图弄清楚太多信息。在测量之前，我们就干扰了被测量的粒子，所以我们永远无法得知该粒子的状态。但我们可以在另一端提取这个干扰，再重建出被测量粒子的原始状态（如图12-5）。[29]可以将纠缠态看作一个黑盒子，它可以隐藏并连接两个地点之间的事件。这似乎违背了因果关系，因为两个不同地点间的变化是瞬间发生的，不过我们所知的或者所能测量的量是有限的。量子纠缠已经在光子、电子、巴基球甚至是小钻石上实现了。量子纠缠是只存在于量子系统的诡异现象。

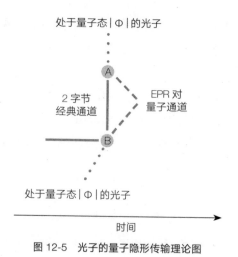

图 12-5　光子的量子隐形传输理论图

注：在这张费曼图中，2 字节的信息以经典方式从 A 传输到 B。在量子
　　 隐形传输中，信息通过单个纠缠量子比特进行传输。

我们可以将量子纠缠拟人化。爱丽丝想要传输一些信息给鲍勃。[30] 他们在实验中使用处于纠缠态的光子对作为中间媒介。爱丽丝测量了她的光子的一个性质，测量结果取决于处在纠缠态的光子，爱丽丝记录下测量结果并发送给了鲍勃。鲍勃无法分辨出爱丽丝的光子状态，因为测量中用到的纠缠隐藏了那个状态的真实性质。鲍勃所能做的，就是利用来自爱丽丝的信息调整自己的光子状态，这样他就能重建出爱丽丝最初测量的光子的精确状态。

尽管纠缠态跨越了两个不同地点，但鲍勃无法完成隐形传输，除非爱丽丝将她的测量结果发送给他。因此，这并没有违背狭义相对论和因果律。在这个过程中，信息能以高精度被复制，尽管隐形传输的字面意思并非制造复制品。隐形传输将量子信息从一个地方转移到另一个地方，在此过程中，原始信息遭到破坏。

这个蕴藏着巨大潜力的研究领域得到了飞速发展。1998年，物理学家首次在实验室中实现了量子隐形传输，传输距离为1米。2012年，在加那利群岛（Canart Islands）上两个相距143千米的地点间，一个研究团队实现了量子隐形信息传输。2013年，全世界范围的隐形传输得以实现。[31]隐形传输的可靠性也得到极大提升。2009年，相距几米的量子信息传输的成功率只有一亿分之一。2014年，在荷兰代尔夫特理工大学（Delft University），科学家在两个处于量子纠缠态的电子之间实现了量子状态的传输，其可靠性达到100%。[32]

量子纠缠态的机制已经被用于密码学，在研发更快的计算机方面，或许它也能发挥重要作用，但大部分物理学家认为，我们不可能创造并识别数千个原子的量子纠缠态信息。因此，传送机仍遥不可及。

《星际迷航》中的巴克利上尉担心的只是他的原子被搅乱，从而将他变成一堆无法识别的黏性物质，其实他还应该担心隐形传输的哲学意义。你不只是你身体中的粒子。你体内的原子不断脱落，并被替换。烤面包变成了睫毛。你、你的思想以及你的遗传信息是真正的信息模式，而非成堆的粒子。因此，当传送机拆解你时，它会杀你死，当它在其他地方重新组装你时，它又制造了你。从逻辑上讲，只要它愿意，它可以在任何地方多次重复这一过程。那么，你的自我意识被留在了哪里呢？

宇宙伙伴

笔友的数量

我们已经知道离开地球这个摇篮是多么困难，即使只是短时间离开。为了离开地球，我们充分发挥了聪明才智，努力发展科学技术，因此，人类向地球之外扩散只是时间问题。然而，这引发了一系列问题。只有我们人类在开展太空旅行吗？我们是第一个进行太空旅行的物种吗？如果不是，我们又是如何知道的呢？如果我们知道我们不是第一个或唯一一个飞越母行星的物种，这必将鼓舞我们全力开展太空探索。

宇宙伙伴这个问题将我们带回到德雷克方程，以及其中包含的不确定性。德雷克方程是一些变量的乘积，涉及了天文学、生物学和社会学，用于估算在给定时间内，通过太空进行通信或开展旅行的文明的数量。

针对系外行星开展的巡天观测表明，有100亿颗类地行星围绕类太阳恒星转动。这些类地行星是银河系中的"培养皿"：对生物而言，这些是具有合适的物理条件和化学成分的地方。基于一个样本的科学命题是不可靠的，但在地球上，一旦出现适宜的条件就形成了生命，这个事实被当作证据，证明可居住性基本上就意味着真正有生命存在。持不同观点的人反驳说，生命似乎只存在于地球上。这个观点缺乏说服力，因为其他起源事件可能已经被现存的生命形式遗忘、掩盖或消灭。如果在火星上发现了生命，无论是现代生命还是古代生命，都将成为有力的证据，表明存在生命的宜居行星的比例接近1。让我们暂时假定德雷克方程取如下形式：$N \sim f_i \times f_c \times L$。其中，$N$是目前银河系中能进行星际通信的文明的数量，$f_i$是拥有生命的行星中发展出智慧生命的行星所占的比例，f_c是这些智慧生命中能进行星际通信的生命所占的比例，L是这些文明持续的时间或拥有星际通信能力的时间长度。

到这里，数值的选择出现了分歧，不确定性占据了支配地位。有些生物学家认为，f_i的数值很小，因为在地球上数以亿计的物种中，只有很少一部分发展出了智力。另一些人则认为，随着时间的推移，生物已经向着更复杂的方向发展，而且大脑发育可能具有进化优势。对于比例f_c的值，争议更大。地球上的很多拥有智力的物种是无法向太空发送信号，以表明它们的存在的，这些物种包括大象、虎鲸、章鱼等。在其他世界里，可能存在这些物种的假想对应物。还有很多理由能说明，为什么一个科技文明不选择太空旅行、通信或其他方式来表明其存在。当我们进入外星人的社会学领域时，逻辑就失效了。[1]

最后一项L同样是无法估算的。解剖学意义上的现代人类可以追溯到20万年前，文化和语言在5万年前才逐渐形成，而最早的文明不到1万年前才出现。自我们开展太空旅行和搜寻地外文明至今，也只有大约50年时间，这可能意味着寿命因子的下限值为50。然而，在科技发展突飞猛进的时期，我们就发展出了能通过核武器毁灭文明的能力。因此，如果科技致使文明变得不稳定，文明的寿命就可能会缩短。[2] 卡尔·萨根推断，最后几个因子的数值接近1，这就意味着 N 约等于 L（这被刻在弗兰克·德雷克的加利福尼亚车牌上），因此，文明的寿命决定了潜在的笔友数量。基于对德雷克方程的理解，萨根大力提倡环境保护，并对核毁灭的威胁发出警告。

寿命因子提醒我们，宇宙不仅包含空间，也包含时间。宇宙有138亿年的历史，宇宙诞生后不久，银河系就开始慢慢形成。随着一代又一代恒星的诞生和毁灭，银河系中的重元素越来越多，这些重元素是形成行星和生命所必需的。银盘形成于90亿年前，随后形成的可能就是类地行星，比地球早了45亿年。德雷克方程忽略了一个事实：在一颗特殊的宜居行星上，文明可能会多次出现。一个文明可能因疾病、自然灾害或内乱而走向毁灭，但其他文明或许会在千万年后出现。对于主动通信和被动创造可被探测到的科技足迹这两种情况，德雷克方程不会加以区分。

如果银河系中的生物很丰富，但进化出智慧并发展出科技的物种很少，或者科技文明持续的时间很短，那么，我们在银河系中的笔友就很少。我们可能真的是孤独地存在于宇宙中。如果进化终会导致太空旅行和星际通信，或者如果科技文明持续的时间很长，那么银河系将呈现出一片繁忙的景象。

最后，德雷克方程只考虑了一个星系。在现代望远镜所能观测到的数千亿个星系中，银河系并不独特，因此，我们可以将银河系中的生命统计结果外推到无垠的可观测宇宙。即使银河系中的智慧文明只有几十个，但在整个时空中，智慧文明的数量将超过万亿个。宇宙中存在的科技文明或许真的多得惊人。

大寂静

猜测虽然很有趣，但科学必须以数据说话。半个多世纪以来，"搜寻地外文明计划"的研究人员，一直在"聆听"来自邻近恒星的人造射电信号。那么，他们听到了什么呢？

什么也没听到。这被称为"大寂静"（Great Silence），仿佛射电波可以被听到，或者声音能穿越宇宙空间。射电天文学家一直在监测射电脉冲信号，因为射电波不是由恒星产生的，其能量很低，能轻松地在星系中传播很远的距离。出于这些原因，我们假设科技文明会选择射电波作为试图与其他文明通信的工具。我们的目标是那些相对较近的、可能有行星围绕的类太阳恒星。之所以选择恒星，是因为它们的伴随行星不可见，而且这些伴随行星离恒星太近，在天空中无法将它们区分开来。数据由计算机进行分析，当射电信号被转换成声音信号时，他们所听到的都是静态的白噪声或嘶嘶声。

"搜寻地外文明计划"所取得的成就，出现在了1997年的电影《超时空接触》（Contact）中，该片改编自萨根1985年的同名科幻小说。[3]电影中，天文学家埃莉·阿罗维（Ellie Arroway）由朱迪·福斯特（Judie Foster）扮演，她坐在新墨西哥州索科罗的甚大阵（Very Large Array，简称VLA）的控制室中，盯着指向亮星织女星方向的27台射电望远镜。她坐在椅子上，头戴耳机，聆听着由射电信号转变而成的声音信号。突然，纯粹的静态声音被一声巨响打破，然后是短暂的停顿，接着又是两声巨响。这些声音成串地出现。渐渐地，这些信号之间的规律变得越来越明显——它们全是素数。恒星不发射射电波，在这个明确的前提条件下，这些射电信号只可能来自附近行星上的科技文明。在宇宙中，数学被视为一种通用的语言，这也意味着，一个物种只有发展出了智力，才会计算素数序列。

鲸鱼座τ是1959年德雷克在他的"奥兹玛计划"中观测的两颗恒星之一，科幻作家厄休拉·勒古恩（Ursula Le Guin）设想，在围绕鲸鱼座τ转动的一颗行星上存在生命。[4] 那颗行星上的文明建立了以数学为中心的宗教信仰，其居民"赞美素数"。阿罗维发现，后来的信号中包含了大量经过编码的信息，其中包括建造一台传送机的指导说明，这种机器能通过虫洞传输人类。

现实则要平淡得多。我们至今仍未探测到真正来自外星人的信号。

对地外文明的搜寻，始于无线电先驱。1899年，尼古拉·特斯拉（Nikola Tesla）在他的线圈变压器中发现了重复出现的信号，他以为这些信号来自火星。几年后，伽利尔摩·马可尼（Guglielmo Marconi）也坚信自己接收到了来自火星的信息。他们看到的可能是地球大气层中的自然现象。[5] "奥兹玛计划"之后，苏联在搜寻地外文明方面做出了开创性的工作，而在美国，研究人员通过一台名叫"大耳朵"（Big Ear）的射电望远镜开展实验，这台射电望远镜位于俄亥俄州立大学（Ohio State University），足有3个足球场那么大。1977年，"大耳朵"的技术人员在打印输出的结果中看到了一个激增的信号，便用一个惊叹号进行了标注。这个"哇！"信号再也没有出现过，至于它来自哪个天体，研究人员也没有进行确定，科学家认为它是一个无效信号。如果利用射电搜寻地外文明，就必须搜索带宽小于100 Hz的窄带信号。这是因为，一个被限制在很窄带宽的电台信号，意味着一台为特定目的而建造的发射机——想象一下你用汽车收音机搜索电台的情况吧。像脉冲星和类星体这种自然射电信号源，是在一个相对较宽的频率范围内发射射电信号的。

"搜寻地外文明计划"断断续续取得了一些进展。1959年，德雷克用他的单通道接收机扫描了400 kHz的波段，这是一种既枯燥又耗时的频谱搜索方法。20世纪80年代，保罗·霍罗威茨（Paul Horowitz）改进了搜索方法。霍罗威茨是个神童，8岁时就成了业余无线电爱好者。作为哈佛大学的电气工程学和物理学教授，他的著作《电子学》（The Art of Electronics）被视为这个领域的"圣经"。1981年，他研制出了一种拥有13.1万个通道且能装在手提箱里的频谱分析仪。到1985年，在电影大亨史蒂文·斯皮尔伯格（Steven Spielberg）的资助下，他将频谱分析仪的通道增加到了840万个。10年后，一种配备了定制的数字信号处理器的接收机，每8秒就能扫描2.5亿个通道。

　　技术上的突破推动了"搜寻地外文明计划"的进程，但政治上的阻力又延缓了其进展。1978年，参议员威廉·普罗克斯迈尔（William Proxmire）将臭名昭著的"金羊毛奖"（Golden Fleece），颁给了"搜寻地外文明计划"，并对这个计划大加嘲讽。他每个月都会将这个奖颁给那些他认为严重浪费了公共资金的项目。1981年，他在美国国家航空航天局的预算中增加了一项附加条款，以阻止美国国家航空航天局开展搜寻地外文明方面的研究。经过卡尔·萨根的劝说，普罗克斯迈尔的态度不再那么强硬了。但1993年，"搜寻地外文明计划"再一次被迫中止，这次是因为内华达州的参议员理查德·布赖恩（Richard Bryan）。他满意地指出，一场以浪费纳税人的钱为代价的"伟大的火星人追逐"终于结束了。[6] 实际上，他非常虚伪，因为后来他游说政府投入资金升级了一条内华达州的公路，这条公路靠近51区（不明飞行物阴谋论的一个标志性地点），因此被命名为"外星人公路"（Extraterrestrial Highway）。自1995年以来，在私人和联邦政府的共同资助下，"搜寻地外文明计划"继续向前推进。

　　学术界也有反对"搜寻地外文明计划"的声音。哈佛大学的生物学家恩斯特·迈尔（Ernst Mayr）认为该计划"毫无希望"，完全是"浪费时间"，并批评他的同事霍罗威茨将研究生引入这样的"徒劳"中来。萨根反驳了迈尔的观点，但"搜寻地外文明计划"仍然不断地招来反对的意见。

"搜寻地外文明计划"采用的策略包括监听和发送信号。因为该计划以人类为中心，所以它采用的策略也与我们目前所拥有的能力紧密相关。"搜寻地外文明计划"的历史反映了科技发展的历程。1820年，德国数学家卡尔·弗里德里希·高斯（Karl Friedrich Gauss）提出，在西伯利亚的森林中切出一个在太空中也能看到的直角三角形，以纪念勾股定理。

20年后，天文学家约瑟夫·冯·利特鲁（Joseph von Littrow）建议，在撒哈拉沙漠中挖出几何形状的沟渠，然后在沟渠中装满煤油，再点燃。这两项计划都没有付诸实施。19世纪末，凡尔纳的著作在美国引发了一场对不明飞行物的恐慌，人们阅读了他的幻想小说，并报告说在天空中看到了飞艇和飞船。[7]

到20世纪中期，美国空军研发出了细长的喷气式飞机，因此，目击者们就将不明飞行物描述为光滑的金属圆柱体和圆盘。几十年来，研究人员一直在利用射电来搜寻地外文明。当激光变得足够强大时，研究人员才意识到，他们可以利用激光发射信号——从遥远的地方看，功率强大的激光的瞬时亮度甚至超过了恒星。

100年前，我们还无法开展对地外文明的搜寻，但100年后，我们使用的策略和技术或许与现在完全不同（如图13-1）。当科技不再是文明的一个转瞬即逝的属性时，"搜寻地外文明计划"才能成功。正如菲利普·莫里森在其1959年发表的开创性论文中所指出的，"如果我们探测到一个信号，那么这个信号能告诉我们他们的过去和我们的未来"。

图 13-1　阿雷西博天文台的射电望远镜

注：波多黎各阿雷西博天文台（Arecibo Observatory）的 305 米射电望远镜，集中体现了"搜寻地外文明计划"的优势和劣势。利用射电技术，我们能在银河系深处探测到阿雷西博射电望远镜发射的信号，但前提是外星文明能使用射电波来通信。

他们在哪里

1950 年，恩里科·费米（Enrico Fermi）造访了位于新墨西哥州洛斯阿拉莫斯的实验室，这里也是研制原子弹的地方。当费米和三位同事共进午餐时，他们讨论起了在一本杂志中看到的两件看似不相关的事情：纽约出现了一连串不明飞行物目击事件，以及城市大街上消失的垃圾桶盖问题。一想到可能是十几岁的孩子从公寓的窗户将垃圾桶盖扔了出去，让市民们以为自己看到了不明飞行物，他们都笑了。

短暂的停顿之后，费米问道："他们在哪里？"

费米的同事早已习惯了他敏捷的思维。[8] 其他物理学家称他为"教皇"——并不是因为他是一个天主教徒，而是因为他们认为他在有关物理的问题上从未出错。科学家有一种估算方法，用于在数据有限甚至没有数据的情况下得到一个问题的粗略答案，这种方法就是以费米的名字命名的。刹那间，费米的同事就意识到他已经将一系列假设结合在了一起，这些假设包括：所有类地行星上出现生命的可能性，银河系中的行星的数量，进化出智慧和发展出科技所需的时间，以及一个高等文明努力开展太空探索的可能性。当费米问出"他们在哪里"时，他的意思是，我们应该关注的是星际旅行者为什么没有遍布银河系。这就是"费米悖论"，和1950年时一样，这个问题在今天仍是适定的。

照此逻辑，我们可以进一步推测，由于人类是最近才具备了开展太空旅行和星际通信的能力，所以我们遇到的任何文明可能都比我们更先进——除非我们是第一个发展到这种程度的文明。

费米悖论很尖锐，因为它意味着"搜寻地外文明计划"失败了，并将它变成了痛苦的沉默。费米悖论中隐含的事实是，所有宣称不明飞行物是造访我们的外星人的说法，都是没有根据的。一小部分人坚称，自己曾目击外星人，或者遭遇过外星人，甚至被外星人绑架，但科学界认为这些说法都是毫无根据的。我经常在公众场合发表演讲，只要演讲内容与天文学有关，观众一定会提出关于不明飞行物的问题。其中最有趣（也最令科学家恼火）的是关于政府的阴谋，以及被秘密"保留"在51区的外星人。看到此类新闻的人，都应该对美国政府能将如此重大的发现保持保密状态表示怀疑。还是萨根说得好：非同寻常的观点需要非同寻常的证据。

对能开展太空旅行的外星人的期望与找不到它们存在的证据之间的脱节，被称为"悖论"。这其实是对"悖论"一词的误用。悖论的定义是，任何自相矛盾的陈述。在我们不知道的情况下，那些有能力开展太空旅行的外星人能以多种方式存在。[9]缺乏证据并不等于没有证据。

让我们看看一些针对费米悖论的看似合理的答案——这也能解释大寂静。

第一种同时也是最基本的解释是，我们是孤独的。这种解释有几种变化形式。第一种形式是，地球上进化出生物是一种侥幸，大量可能存在生命的地方实际上是不适合生命居住的。第二种形式是，生命朝着大型大脑和智慧方向进化是一个很偶然的事件，所以大多数生命都保持在微生物状态。在天文学上，这类偶然事件也有可能发生。"地球殊异假说"（Rare Earth Hypothesis）认为，类地行星虽然数量众多，但条件恰好适合复杂生命的很稀少。一个长期稳定的环境的决定因素包括：星系中的重元素含量适中，恒星之间的交会不那么频繁，行星分布合理且能免受撞击的影响，行星大小合适且在稳定的轨道上运动，行星具有由大卫星来稳定的轨道倾角，行星上还需有板块构造运动。[10]在第三种变化形式中，科技发展和太空探索或许不是物种进化的结果。这些解释中的每一种都会使德雷克方程中对应项的值变得非常低。在所有这些可能性中，人类都是银河系中唯一具有智慧、能进行通信的文明，因此N=1。在银河系中，我们找不到交流的对象。

第二种解释是，我们是孤立的。也许其他行星上的智慧生命的确发展出了科技文明，他们中的一部分正在星系中来回穿梭，或者发送和接收电磁波信号。如果此类文明很稀少，我们可能不会意识到他们的存在。银河系的直径为10万光年，因此，假设在给定时间内，只有10个文明在积极探索宇宙，他们之间的平均距离就是1万光年。发送信息和接收信息之间就会有2万年的间隔，这会让交流变得很不顺畅，而且收到的信息都已经过时了。在信息或探测器被接收到时，发射这些信息或探测器的文明可能已经不复存在了。因此，太空中可能散落着众多已经死亡的文明。然而，地外文明会使用射电波这个假设可能是错误的（如图13-2）。因此，星系中的文明在时间上是孤立的，在空间上也是孤立的。正如我们已经知道的，星际旅行不仅成本高昂，而且困难重重，所以，大规模移民可能超出了银河系中除少数物种外的其他所有物种的能力。

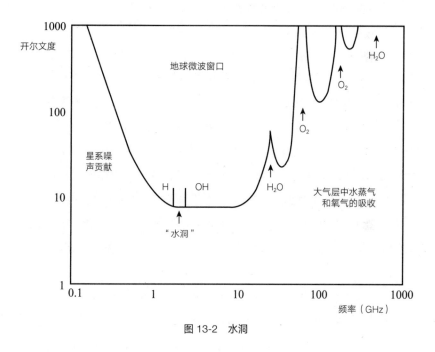

图 13-2　水洞

注：“搜寻地外文明计划”使用频率在 1 GHz～10 GHz 之间的“水洞”
作为监听和发射信号的窗口，在这个电磁频谱范围内，宇宙非常
宁静。之所以选择这个特殊的频率范围，是因为我们假设外星文
明与我们有着相似的逻辑。

第三种解释是，我们对地外文明的搜索还不够彻底。吉尔·塔特（Jill Tarter）是搜寻地外文明领域的先驱，也是电影《超时空接触》中阿罗维的原型，她谈到了这个犹如大海捞针般的问题。"搜寻地外文明计划"面临9个维度的难题：空间3个，偏振2个，以及强度、调制、频率和时间。塔特将"搜寻地外文明计划"比作从大海中舀一桶水，并希望其中有条鱼。随着艾伦望远镜阵列发挥出全部潜能，这种情况会有所改善。讽刺的是，在一个探测能力呈指数提高的领域里，新的研究成果远胜于之前所有研究成果的总和。[11] 艾伦望远镜阵列将在1 GHz～10 GHz的频率范围内搜索100万颗行星，以寻找人工信号。

塔特并没有因大寂静而灰心丧气，相反，她认为这项研究才刚变得有趣起来。位于波多黎各中部的直径305米的阿雷西博射电望远镜上的雷达发射器，代表着我们所拥有的最强大的"发射能力"。[12] 即使是从1 000光年外围绕恒星转动的行星上发出的类似的科技信号，也将能被艾伦望远镜阵列探测到。在利用光学开展地外文明搜寻这个领域内，我们探测脉冲激光的能力也在提高。20年后，如果银河系内围绕1亿颗恒星旋转的行星上的文明，用与我们最强大的射电和光学发射器相当的发射器向我们发射信号，我们将能探测到这些信号。如果到那时探测的结果仍然是大寂静，那就意味着我们在宇宙中是孤独的。

这种搜索也可能存在缺陷。我们在茫茫宇宙中努力搜寻，但或许一开始就搞错了搜索对象。其他行星上的居民采用的信号形式可能是在我们看来像噪声的数据调制和压缩形式。射电发射器和激光可能只是转瞬即逝的技术，因此，一个文明使用它们的时间就很短。塞斯·肖斯塔克（Seth Shostak）是搜寻地外文明学会的资深天文学家，有些人认为他应该等到有更先进的技术时再去搜寻地外文明，对此，他开玩笑说，哥伦布探索新大陆时，西班牙女王伊莎贝拉并没有让他等到有大型喷气式飞机时再去。

另一种可能是，其他生命都已经死亡。当提到想象中的外星人的生理和心理情况时，费米悖论的答案就像杂草一样不断冒出来。正如我们从人类历史中看到的那样，飞速发展的科技可能会使一个文明变得不稳定。如果德雷克方程中的L因子的平均值不到几百年或一千年，"搜寻地外文明计划"很可能就会失败。至于文明是自我毁灭还是退化到工业化之前的状态，这并不重要，因为搜索的结果是一样的：寂静。

还有一种可能是，我们无法识别地外生命。电影和电视中的外星人看起来都很有趣，因为他们通常是我们的赤裸的版本：有着附属肢体或粗糙皮肤的两足脊椎动物。有时候，他们没有固定的形状，显得很怪异。但在有机体这个层面上，其他行星上的生命可能有着完全不同的组织形式。他们可能以很慢或很快的速度进行通信，以至于我们无法识别出来。从文化角度来看，他们可能根本不打算与其他星球上的文明进行通信，或者对太空旅行不感兴趣，即使他们拥有开展太空旅行的能力。他们可能已经经历了生物状态，进入了后生物状态或者计算状态。我们可以试着跳出思维定式，但所有关于地外高等生命的讨论中都充斥着人类中心论。

大过滤

找不到外星科技存在的证据，对我们自身和我们的未来有什么启示吗？

当然有，特别是在有能力开展太空旅行的文明非常稀少的情况下，而不是在外星文明难以探测或外星生物无法识别的情况下。1998年，经济学教授罗宾·汉森（Robin Hanson）提出了一个名为"大过滤"（Great Filter）的概念。如果德雷克方程中的任何一个因子的值很低，这个因子就起着过滤器的作用，阻止生命向其起源行星之外的地方进化。过滤器可以在我们后面（我们的过去），也可以在我们前面（我们的未来）。[13] 在过去，过滤器可能是从单细胞生物向多细胞生物的过渡，也可能是大脑发育所需的过程，或者是科技物种的不稳定性。当人类在20世纪中期控制了原子核中的能量时，过滤器是以一种极不稳定且极具破坏性的炸弹的形式存在的。有10年时间，人类一直处在核毁灭的边缘。关于未来，这个观点引出了一个与直觉相悖且令人不安的结论：生命越容易达到我们现在这个发展阶段，未来我们生存下去的可能性就越小。

假设大过滤过滤掉了数以十亿计的孕育生命的场所，使可探测到的外星文明数量减少到0，那么，过滤器所在的位置就显得至关重要了。如果过滤器在我们的过去，就意味着在类地行星进化到拥有我们这种科技水平的文明的过程中，存在着几乎不可能发生的一步。这一步甚至可能是在简单的化学过程中形成生命。无论过滤器是什么，只要它在我们后面，就能解释为什么我们至今还没有观测到外星人。本质上，科技文明非常稀少，因此，对地外文明的搜索将以失败告终。

另一方面，如果过滤器在我们的未来，那么处于我们这个发展阶段的文明，是不太可能发展到开展大规模的太空移民的。一种看似合理的情况是，科技是罪魁祸首，因为它包含了自我毁灭的力量。尼克·博斯特罗姆是牛津大学人类未来研究院的院长，他对灾难进行了研究。他列出了人类面临的部分生存危胁，包括核毁灭、基因工程超级病菌、环境灾难、小行星撞击、恐怖主义，以及具有毁灭性的高级人工智能、无法控制的纳米技术、灾难性的高能物理实验等。

关于那些有可能在我们的未来扮演过滤器角色的生存威胁，博斯特罗姆指出了另外一点，即这些威胁不一定能摧毁人类，但必须能摧毁任何高等文明。小行星撞击和超级火山都不符合要求，因为它们都是随机事件，有些文明能幸存下来，而另一些文明不会经历此类事件，因为他们所在的行星和类太阳系与我们所在的不一样。几乎所有文明最终都会发现，那些推动这个观点并能更有效地发挥过滤器作用的科技创新，终将导致灾难的发生（如图13-3）。

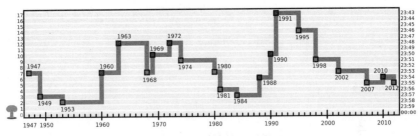

图 13-3　世界末日钟距离子夜的时间

注：在短暂的"核时代"期间，我们曾多次绯徊在毁灭的边缘。世界末日钟记录了我们与世界末日的距离。文明可能会变得不稳定，甚至自我毁灭。这一点影响着人类找到太空伙伴并与其进行实时通信的前景。

博斯特罗姆曾表示："我希望我们的火星探测器一无所获。如果我们发现火星是一片不毛之地，那将是一个好消息。坚硬的岩石和无生命的沙粒能使我精神振奋。"[14] 火星探测技术可以说是世界上最选进的技术之一，那为什么他会如此悲观呢？

如果在火星或者太阳系其他地方发现了生命（无论是古代生命还是现代生命），那就表明生命的出现并不是一个偶然事件。如果生物在我们的"后院"独立地出现了两次，那么银河系中肯定存在很多生物实验过程。如果有一天我们发现了数量众多的适合居住的系外行星，它们的大气已经被微生物改变，那么这个逻辑同样成立。这两项发现都表明，大过滤不太可能发生在我们后面，而更有可能发生在我们前面。换句话说，坚硬的岩石和无生命的行星将会是一个好消息，因为这意味着，我们挺过了进化中的艰难时期。

这种论证的框架是简化了的，因为大过滤可能不止一次。或许我们已经躲过了一次，但未来还得面对下一次大过滤。此外，我们应该避免假设其他地方的生命必须遵循地球上的生命的进化历程，或者其他文明像人类一样一心一意搞发展。让我们以博斯特罗姆的话来结束本章吧。虽然博斯特罗姆研究了人类将面临的大灾难，并希望我们在宇宙中搜寻生命的计划以失败告终，但他却乐观得不可思议：

> 如果大过滤发生在我们的过去……我们很有可能……有朝一日变成比现在的我们更强大的物种，强大到甚至无法想象。在这种情况下，与那些仍在我们前面的悠久历史相比，迄今为止的人类历史只不过是一瞬间。自古老的美索不达米亚文明以来，地球上数以百万计的人所经历的成功和苦难，就像一种还没有真正开始的生命在诞生过程中感受到的阵痛。

为人而创的宇宙

如果我们能成功度过作为一个物种麻烦不断的青春期，会有什么在等着我们呢？我们充满好奇心，富有创造力，但也容易陷入内斗和无谓的竞争。对于22世纪的场景，我做了个简单描绘：我们在月球和火星上建立家园，开展地外旅游和商业活动，并已经习惯了在整个太阳系里穿梭旅行。

如果克服了自我毁灭的倾向，我们或许就能达到一种哺乳动物物种的正常寿命，即100万年或者更长。若想知道人类延续这么长时间是多么困难，我们可以来玩一玩"未来学"。将时间按照数量级进行压缩，我们首先回顾过去。大约10年前，互联网还没有出现。大约100年前，世界上还不存在大规模的人口流动，大部分人就在他们出生的地方附近生活和死去。回到1 000年前，医学还未成形，人类的生命短暂而残酷。1万年前，农业在不久之后才会出现，大部分人还是过着游牧生活的狩猎采集者。大约10万年前，人类还没有学会如何使用工具和利用火种。100万年前，人类作为一个物种出现了。往前再快速回到1 000万年前，我们还处于一种陌生而原始的状态（如图14-1）。

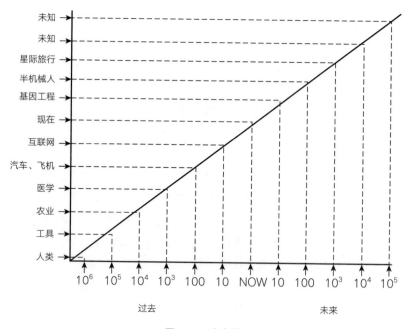

图 14-1 未来学

注：在时间数量级图中，人类的过去变成了原始的浏览史。过去的里程碑式事件和对下一个1 000年的预测被标记出来。如果人类能持续数百万年，其能力将远超现在，不过这很难预测。

现在，让我们展望未来。我们可以相当有把握地预测，10年后，基因工程技术将得到极大发展，商业太空产业则逐渐成熟。一个世纪内，在太阳系内旅行将成为常态，机器人会执行我们的指令，人工智能将与人类的能力不相上下。预测1 000年后的情况相当困难，但我打算冒险一试，假设技术继续飞速发展，我们中的一部分人将飞往邻近恒星。1万年后，科技将远远领先于我们现在，就像我们现在远远领先于早期文明一样，因此预测未来是非常困难的。至于10万年后以及更遥远的未来，就更是无法预测了，连发挥想象力大胆假设都不可能。在文集《百万年》（*Year Million*）中，经济学家、科幻作家、计算机科学家和物理学家畅想人类的未来，他们的猜想五花八门，部分充斥着悲观的基调。[1] 现在，科技正呈指数发展，这使得预测未来变得更加困难。[2] 在遥远的未来，我们或许能成就伟业，或许会遭遇惨败，甚至可能走向毁灭，这一切就像浩瀚的宇宙一样，始终萦绕在我们心间。

当第一批远航者最终离开太阳系时，他们将成为从粗壮的家园树上长出的细小嫩芽。没有必要打破物理定律，或者以接近光速的速度飞行，因为他们再也不会回到地球。一旦离开地球，他们就没有回头路可走。第一批前往美洲的欧洲移民者知道，他们不会再返回欧洲，第一批星际旅行者同样如此。但在旅途中，他们必须努力让自己活下去。

只有当我们作为一个物种持续存在时，我们才有可能对太阳系以外的空间进行探索。延长旅行者的生命，同样需要技术创新。

这只小猪的名字叫78-6，它全身呈粉红色，重54千克。它跳动的心脏就暴露在手术室里。外科医生切开了它的主动脉，然后观察心电图中的平线，接着连上外部管道，并用冷冻过的含盐混合物替代小猪的血液。78-6并没有彻底死去，因为它的重要器官仍在正常运转。它躺在波士顿的麻省总医院，处于低温休眠或者说生命暂停状态。这位外科医生让200只猪陷入休眠状态，休眠时间为一到两个小时，只要给予最佳治疗，它们就能活下来。几个小时后，在相邻畜栏里健康小猪的陪伴下，78-6将在飘荡着古典音乐的恢复室里醒来。对其他小猪进行的术后检查表明，这个手术不会造成认知损伤。[3]

对生命暂停的研究，尚处于起步阶段。猪是极为重要的实验对象，因为它们的生理机能和人类很相近。在另一个实验中，麻省总医院的研究人员将老鼠的新陈代谢速度降至正常的1/10或1/20。当其他研究实验室，狗在临床死亡几个小时后又得以复活。人类曾在极端低温和濒死状态下存活了数周，不过这种情况很罕见。[4]

但我们现在要从长远来看，所以我们假设我们最终掌握了生命暂停技术。这种技术能消除长时间旅行中的障碍——星际飞船中的瑞普·凡·温克尔（Rip Van Winkle）①们会苏醒过来，并开始他们的新生活，到达目的地之前的漫长旅程对他们来说就好似不存在一般。生命暂停将会在远航者和地球之间划下一道无法跨越的鸿沟。当他们静默无声地穿过这片虚空时，他们的朋友和爱人，以及他们的子孙后代，都将在地球上经历生和死。

我们再假设将来有一天克隆人会变得完美无缺。自1996年克隆羊多莉（Dolly）在一个开创性的实验中诞生以来，我们已经克隆了兔子、山羊、奶牛、猫，以及其他15个物种。[5]灵长类动物的生殖生物学似乎更为复杂，但实现对它们的克隆是迟早的事，也许就在实现人类克隆之前几年。克隆虽然存在伦理方面的问题，但为我们在广袤的太空中进行繁殖提供了一种方法。我们将派出由相同的克隆个体组成的移民队去征服太空，

---

① 出自美国作家华盛顿·欧文的短篇小说《瑞普·凡·温克尔》，温克尔喝下仙酒后再醒来时，时间已经过去了20年。——编者注

而不会选择由一群携带着优秀基因的移民者组成的最小存活种群。克隆移民队将向不同的目的地进发。每一支移民队都将努力适应不同的环境。虽然有着相同的DNA，但这些移民队的进化途径将会有所不同。最终，他们将在一个新的宇宙舞台上经历自然选择。

那么，我们将如何飞往恒星呢？

从概念上讲，有4种途径：旅行者在宇宙飞船上生活和死亡，他们在生命暂停的状态下进行旅行，以胚胎或单个细胞的方式被带到目的地，或者通过数字传输的形式以光速将他们送到目的地。这4种途径是按照技术复杂程度从低到高、旅行所需资源从多到少来排序的。

我们已经知道，杰瑞德·欧尼尔设计的能容纳数千人的巨大飞轮耗资巨大，而隐形传输是以目前和未来的技术都无法实现的。生命暂停技术拥有良好的前景，而且不需要应用于整个旅程。部分成员可以周期性地苏醒，以监测生命维持系统，并进行常规维护。将来某一天，胚胎运输也有可能成为现实。[6]

为了与阿瑟·克拉克遥相呼应，我们设想了第一个在地球之外出生的婴儿的哭声带来的情感冲击。但如果这个婴儿是在经历了几千光年甚至上万光年的旅程后，才有了生命，情况又会如何呢？在旅途中，他可能只是一个冷冻的受精卵，而受精卵是胚胎的最早发育阶段。到达目的地后，这个受精卵会被放入人造子宫中发育，然后由机器人保姆抚养长大，而这一切都将成为一个新的人类移民地的组成部分。星际飞船还会携带有用的家畜和农作物的冷冻细胞，就像一艘小型的诺亚方舟一样。

生活在多重宇宙中

在浩瀚的宇宙中，人类只留下了微小的足迹。我们所取得的所有成就和我们所付出的所有努力，只不过是一圈向太空扩散的球状涟漪。我们拥有强大的射电发射器和电视发射器，而且它们已经运行了50年，从原理上来说，不断扩大的辐射范围已经覆盖了数以千计的宜居世界。实际上，这些电磁波中携带的流行文化信息在离开太阳系之前就已经被稀释了，最终淹没在宇宙背景辐射的嘶嘶声中。"先驱者号"和"旅行者号"宇宙飞船携带了有关人类文明的信息，它们是第一批进入星系空间的人造飞行器，但它们要经过数十万年时间才能到达另一颗恒星。

那些已经离开了他们所居住的行星的生物可能比我们先进得多。这意味着什么呢？

由于我们无法预测外星物种的机能和形态，因此，对假想文明进行分类的最简单方法，就是根据他们的能量使用情况来划分。苏联天体物理学家尼古拉·卡达谢夫（Nikolai Kardashev）是第一个这么做的人。20世纪50年代，当卡达谢夫开始学习天文学时，他的父母都在奴隶劳工营中。得知了弗兰克·德雷克的"奥兹玛计划"后，他从中受到启发，写下了颇具影响力的论文《外星文明的信息传输》（*Transmission of Information by Extraterrestrial Civilization*）。[7] 在这篇论文中，他根据一个文明所能利用的能量总量，将假想文明分为三个层级。I 型文明能利用所有照射到他们所居住的行星表面的恒星能量，对于类地行星和类太阳恒星，这个能量约为 10^{17} 瓦特。第二层级的文明能利用的能量约为 I 型文明的100亿倍——一个 II 型文明能利用其所在星系的恒星的所有能量，大约为 10^{27} 瓦特。一个 III 型文明比一个 II 型文明还要"饥饿"100亿倍，其消耗的能量达到了惊人的10^{37}瓦特，相当于银河系的光度。在卡达谢夫标度之外的是Ⅳ型文明，即宇宙的主人（如图14-2）。

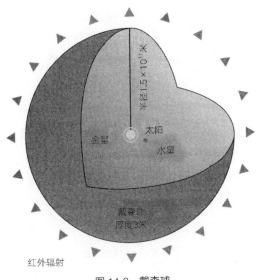

图 14-2　戴森球

注：戴森球（Dyson Sphere）是一个能量收集系统的理论概念，它可以
收集来自恒星的所有辐射。卡达谢夫按照能量利用情况来排序，提
出了成熟文明的标度——从利用照射到行星上的能量的Ⅰ型文明，
到利用恒星能量的Ⅱ型文明，再到利用星系能量的Ⅲ型文明，最后
是利用宇宙能量的Ⅳ型文明。戴森球是Ⅱ型文明所使用的技术，而
我们现在还没有达到Ⅰ型文明。

卡达谢夫提出这个文明标度，是为了对科技发展成熟的文明进行分
类。人类文明还不够发达，因而未能进入这个标度范围。我们还停留在
从死去的植物中获取能量的阶段，我们引以为豪的文明所消耗的来自太
阳的免费能量，仅占全部太阳能量的0.001％。理论物理学家加来道雄
（Michio Kaku）指出，随着我们消耗的能量以每年3％的速度增长，我们

将在几个世纪后达到 I 型文明，在几千年后达到 II 型文明，如果我们能长期存活下去，那么将在100万年后达到 III 型文明。[8]

I 型文明会避开探测，释放额外的废热，但在数光年之外是无法探测到这些废热的。那些能利用他们所在星系的恒星的大部分能量的文明，可能会被探测到，因为他们会建造类似戴森球的东西。[9] 1960年，根据奥拉夫·斯塔普雷顿（Olaf Stapledon）1937年出版的科幻小说，弗里曼·戴森提出了这个思想实验。围绕恒星的空心球是一个理想化的概念，在物理上是不稳定的（在拉里·尼文的《环形世界》[Ringworld] 系列科幻小说中，这种不稳定性造成了文明的崩溃），但这类文明有可能会建造一大群轨道卫星将恒星包围起来，从而获取恒星的大部分能量。戴森球能捕获恒星的可见光，然后将其转化为红外辐射，再辐射出去。因此，戴森球会被当作来自一颗正常的恒星的额外红外辐射，而被探测到。有几个地外文明搜寻项目正在寻找异常的红外辐射。在靠近芝加哥的费米实验室，研究人员从25万颗恒星中筛选出了17颗候选恒星，其中4颗被认为是"有趣但仍然不确定的"。[10]

戴森球的存在为被动搜寻地外文明提供了可能，被动搜寻地外文明不需要有通信意图，但前提条件是，任何高度发达的文明都会留下比我们大得多的足迹。II 型文明或者更发达的文明所使用的技术，可能是我们一直追求的甚至无法想象的。他们或许会精心策划恒星灾变，或使用反物质推进器。或许他们还会操纵时空来创造虫洞或婴儿宇宙，并通过引力波进行通信。我们可以像搜索信号一样搜索人造物体。外推法会让人上瘾，所以一些科学家提出增加一类文明，即 IV 型文明。IV 型文明能通过控制时空来影响整个宇宙。

但宇宙只有一个吗？

现代宇宙学涉及量子起源的概念——将宇宙膨胀往回追溯，就能得出宇宙起源于奇点的结论，现在这个包含了1 000亿个星系的宇宙，在奇点状态还没有一个原子大。如果将极早期宇宙的指数膨胀纳入标准大爆炸理论，我们就可以得到下面这幅暴胀图。暴胀理论可以用来解释为什么宇宙现在非常均匀，在几何上也非常平坦。宇宙背景辐射中的温度变化极其细微，这一性质为暴胀理论提供了初步支持。如果暴胀理论是正确的，那么宇宙就始于一次量子涨落，而宇宙的前身就有可能是一系列量子涨落的集合，因而宇宙在数量上可能是无限的，且每个宇宙的初始物理条件都是随机不同的。其中一些宇宙膨胀成像我们的宇宙一样的大型时空结构，其他的则"胎死腹中"。这个过程可以无限重复下去（如图14-3）。这些平行宇宙中的自然定律与我们熟悉的定律会有所不同。[11] 简言之，这就是多重宇宙。

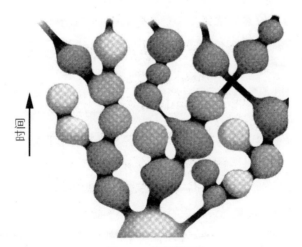

图14-3　宇宙暴胀图

注：在混乱的暴胀中，宇宙的前身是一系列无休止的时空量子涨落。其中一些涨落可能膨胀成宏观宇宙，另一些则不会。这就是多重宇宙的概念。

多重宇宙与另一个困扰了物理学家几十年的问题——微调有关。[12] 爱因斯坦坚信,当物理定律被完全理解,它们将是简洁、优美和自恰的。这个性质叫作"自然性"(Naturalness),自那时起,自然性就成了检验自然理论的试金石。然而,自然并不配合。"粒子物理标准模型"精确地解释了基本粒子之间的相互作用,但这个模型中的控制参数有20多个,因此它既不优美,也不简洁,而且这些参数并不是从基本理论中自然产生的。包括希格斯粒子的质量和控制宇宙加速的暗能量在内的一些量的值,远低于物理学家的预期。让他们感到沮丧的是,自然定律似乎是时空结构随机涨落造成的任意而混乱的结果。[13]

由微调引出的一个富有争议的观点是,自然界的力和宇宙的性质似乎取的是碳基生命存在所要求的数值。如果电磁力更强或者更弱,都不会形成稳定的原子。如果强力更强或者更弱,恒星上就不会形成碳。如果引力常数更大,恒星的寿命就会非常短;如果引力常数更小,恒星就不会发光,也不会产生重元素。宇宙的熵值或无序度也非常低,这可能是造成时间向前流逝之感或"时间箭头"的原因。此外,宇宙中的暗物质和暗能量值也很适中,既不会阻止宇宙结构的形成,也不会导致宇宙过早塌缩而使得生命无法形成。最关键的是,如果这些值中的任何一个发生变化,宇宙都将在物理上变得非常敏感,它将不再是一个包含我们所知道的生命的宇宙。

宇宙的性质和人类的存在之间是相容的,这并不奇怪。但当这种与人类有关的推理被强化,认为宇宙必须具备某些特殊性质,以使生命在某一刻得以进化出来时,争议就出现了。

对于数量众多但性质不同的平行宇宙, 暴胀理论和(尚未被证实的)弦论为其提供了物理基础。因此,只有在拥有生物这个意义上,我们的宇宙才是"特殊的"。

多重宇宙这个概念究竟是真科学还是唯我论，科学界一直争论不休。阿兰·古斯（Alan Guth）是麻省理工学院的物理学家，他在20世纪80年代提出了暴胀理论。对于多重宇宙的概念，他认为，这或许能为我们至今仍未找到外星人提供另一种解释。假设多重宇宙集合有可能存在，那么年轻的宇宙在数量上将远远超过年老的宇宙。[14] 平均而言，在所有宇宙中，拥有文明的宇宙几乎总是只有一个，这个宇宙也是最先进化出人类的。

奇点和模拟

早在20世纪就有人提出猜想，认为比我们先进的文明所消耗的能量会不断增加，现在看来，这个猜想并不正确。实际上，全世界的能量消耗的年增长速度在20世纪70年代达到了5％的峰值，现在已经降到了3％以下。随着化石燃料枯竭、人口增长放缓，以及能量成本推动工业提高效率，未来全世界的能量需求可能会以更低的速度增长。我们可能永远无法达到 I 型文明的能量利用程度，更不用说达到 II 型文明和 III 型文明挥霍能量的程度了。

一个高等文明可能会"瘦身"，而不是变得庞大和臃肿。在未来几十年内，地球上的人口数量和资源利用情况将保持在稳定状态，但有两个指数的趋势可能会保持不变：纳米技术带来的物理设备尺寸的缩小，以及计算能力和信息存储能力的提升。让我们依次来看看这两种情况。

基于不同的文明操纵物质的能力，物理学家约翰·巴罗（John Barrow）提出了一种新的文明分类法，替代了卡达谢夫标度。这种新的标度也包括三个层次，从低到高依次是：操纵人类大小的物体，操纵分子创造新物质，操纵原子创造新的人造生命形式。第三层级几乎在我们力所能及的范围内。更高级别的文明能控制基本粒子，并创造全新的物质形态，最终实现操纵时空的基本结构。与能进行自我复制的纳米机器相比，能进行自我复制的冯·诺伊曼探测器就显得极其烦琐笨重了。[15]

　　人工智能研究者雨果·德·加里斯（Hugo de Garis），曾经就在基本粒子层级上控制物质这个前沿问题展开研究。他指出："在宇宙中，比人类的历史长几十亿年的超级智慧文明可能已经进行自我'降级'，以达到更高的性能水平。这些文明的生存空间可能只有核子大小，甚至更小。"外星人造物体可能会被内置成物质的架构，一种新的搜寻地外文明的范式因此形成。加里斯认为："一旦我们开始在基本粒子的层级'看'智慧生命，我们看待他们的方式就会改变，我们解释自然定律和量子力学的方式也会改变。这是一种真正的范式转变，对非人类智慧生命的搜寻将从外层空间转向内层空间。"[16]

　　接下来，我们来看看计算方面的进展。处理能力的指数增益引出了技术奇点的概念。技术奇点是一个预计将在21世纪中期发生的时刻，届时，文明和人性都将发生根本性转变。奇点的一个变体是人工智能"战胜"人类智慧的时刻，到那时，基于软件的合成思想能自我编程，并发生失控的自我完善反应。在20世纪50年代，约翰·冯·诺伊曼和艾伦·图灵就预见到了这种情况。图灵指出："因此，在某个阶段，我们应该期望机器能控制……"冯·诺伊曼描述道："人类生活方式的不断发展和变化，会导致接近某些本质奇点的情况出现，这超越了人类事件的范畴，因而不会持续下去。"[17]

　　这类事件的一个反乌托邦式的版本在流行文化中随处可见，曾出现在科幻小说和《银翼杀手》《终结者》等电影中。例如，弗兰肯斯坦博士被他自己创造的强大怪物摧毁——这是一个值得我们深刻反思的道德故事。高等文明是可能具有攻击性的，正是基于这种可能性，史蒂芬·霍金认为我们不应该试图与外星文明通信，或让外星文明知道我们的存在。对于这种情况，最惊悚的例子出现在福瑞德·萨伯哈根的"狂暴战士"系列小说中。小说中，能进行自我复制的末日机器窥视着宇宙中的行星，随时准备摧毁行星上刚刚获得先进技术的生命。

我们努力抗击疾病，最终实现生命的彻底延长那一刻，是奇点的另一个变体，到那时，我们可以通过技术手段来克服心理和身体上的缺陷。在这个理论的支持者中，雷·库兹韦尔是最有权威的。他是奇点大学的创始人，科技界的风云人物不惜花费数万美元，只为在奇点大学听听人工智能和纳米技术最前沿的简短课程。在批评者看来，奇点这一概念不过是"书呆子的狂喜"，他们认为，只有那些富有的人才能从彻底的生命延长技术中获益。

像库兹韦尔这类研究者的目标很简单，就是长生不死。库兹韦尔认为，纳米技术进入医疗领域后，能征服疾病、衰老和死亡。为了进入后生物时代，我们需要找出对每个人的大脑进行逆向工程的方法，然后用硅复制它。描述这一过程的专业术语，叫作"意识上传"。

在20世纪90年代末期，汉斯·莫拉维克（Hans Moravec）首先概述了模拟的概念。他预计，在接下来的几十年里，计算能力将发展成为超人类能力。假设我们能通过计算来复制包括意识在内的大脑的湿电化学网络，我们就离一个相当于人类所有思想史的计算时代不远了。如果一台计算机能模拟一个人的思想，那么一台功能相当强大的计算机就能模拟整个人类的意识。而且，如果我们能够做到这一点，对于那些更先进的文明来说，这一定是轻而易举的事情。按照尼克·博斯特罗姆的说法，我们可以将这种能力称为"科技成熟"。这就是哲学中"缸中之脑"（Brain in a Vat）这一概念的现代版本（如图14-4）。在《黑客帝国》系列电影中，这种场景很常见。在电影中，人类是被一个更高级的文明模拟出来的，但也给出了一些暗示，即有些人学会了如何控制模拟。《黑客帝国》系列电影虽然令人振奋，但多少有些不合逻辑：如此复杂的模拟居然会出现"故障"，被模拟实体因此知晓了他们其实是处在模拟中。

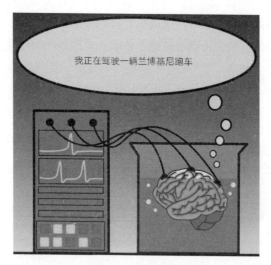

图 14-4　缸中之脑

注：　"现实就是幻觉"这个命题，有着悠久的哲学传统。这个观点的现代版本为假设人类是一个高等外星文明的模拟实体。

在计算机中复制人类的意识会造成什么样的后果？哲学家博斯特罗姆曾深刻探讨过这个问题。他将这种场景形式化为一个模拟假设。基于形式逻辑，你必须接受以下命题中的一个或者多个：(1) 在科技发展到能实现此类模拟之前，人类将走向灭绝或者自我毁灭；(2) 其他文明无法创造出此类模拟；(3) 我们生活在一个模拟世界。[18]

对于这种前景，大部分人会感到震惊和厌恶。毕竟，我们每个人都对自己的身份和所处的现实有着清醒的认识。不过，我们应该认真对待这个观点。或许我们想拒绝第一个命题，因为它暗示着人类的未来不容乐观——但没有理由认为，在走向科技成熟的过程中，我们会比其他文明幸运。第二个命题成立的可能性很小，因为它要求不相干的文明之间有共同的目标。如果某个文明正在进行这些模拟，那么他们能很容易地创造出大量像我们这样的被模拟实体，其数量将远远超过有血有肉的生物体。根据平庸原理（Principle of Mediocrity），我们是被模拟实体的概率要大于我们是真实的生物体的概率。博斯特罗姆自己也承认，很难确定这三个命题正确的概率，但他认为，第三个命题正确的概率不会太低。

如果你认为自己处在模拟中，你应该如何生活呢？哲学家们甚至撰写了相关论文来讨论这一问题。对模拟设计者来说，除非他们愿意，否则他们不会给你有关你所处状态的提示信息。即使他们愿意，他们也可能会将有情感的造物和无情感的造物混合在一起，让你自己去分辨。如果我们生活在模拟中，那么太空旅行就没有我们想象中那么危险，这就像在电子游戏中玩电子游戏。此外，模拟者本身也可能是被模拟出来的，这就会导致无限回归——一个哲学家和逻辑学家至今仍未弄清楚的问题。

如果这些奇特的想法还有一点可信度，那么，对于积极探索太空和迫切希望离开地球的我们来说，它们会带来什么启示呢？如果现实是一种幻觉，而且我们是被模拟出来的，那么太空旅行就是模拟的一部分，它并不会比骑自行车更困难或更有意义。即使我们拒绝这种可能性，但仍不得不承认，高等文明可能会将他们的力量用于提高计算能力或创造模拟实体。他们可以拥有丰富的内心世界，也可能只是在沉思。他们将完全受制于自己的能力，是一个封闭的、自我定义的存在。

和所有的有情众生一样，我们也有选择的机会。我们可以选择内部或者外部。到目前为止，人类选择了冒险去探索未知的世界。这并不是一个简单的选择，有时候还要冒巨大的风险，但以这种方式度过我们有限的生命，想想就令人振奋。

想象力和探索

　　我们站在浩瀚的宇宙之海的边缘，当脚尖浸入海水时，我们才发现它是凉爽而诱人的。是时候跳进去了。

　　想象力是人类所拥有的最奇特的天赋之一。在艺术、音乐、小说和诗歌等领域，我们运用想象力创造出了纯粹的意识世界。科学并不只是一个由事实和理论组成的枯燥的集合——科学是由想象力驱动的。当牛顿想象着在高山山顶放置一枚大炮，并发射一个抛射体，这个抛射体将以地球在其下方弯曲的速度下落时，他就在想象太空旅行，这比我们发展出脱离地球引力的科技早了200年。长期以来，科幻作家和太空艺术家一直梦想着其他世界，如今，陆续发现的众多充满异域风情的系外行星足以满足他们的想象。

　　我们不要忘记我们是如何走到今天的。动物四处游荡，只为寻找食物和扩大自己的领地。只有人类才会出于自身原因，产生去探索的冲动。人类从非洲不断向外扩散，到1万年前时，我们驯化了动植物，适应了群居生活，从而过上了更好的生活，但我们仍然保有好奇心。所以，我们先是在茫茫大海上乘风破浪，然后利用化学燃料挣脱了地球引力的束缚，乘坐飞机遨游天际，搭乘火箭呼啸升空。在探索太空的过程中，我们研制出了更好的发动机、更快的计算机和更智能的材料。未来，随着太空探索的进一步发展，我们将开发出更高效的燃料、更微型的控制系统，以及更先进的医疗诊断技术。

太空旅行既是紧迫的，也是现实的。我们现在拥有的技术和手段，足以支持我们在太空中生活和工作，在地球之外建立永久居住点，以及探索太阳系甚至太阳系之外的空间。没有什么物理定律能阻挡我们前行的步伐。如果我们致力于开展太空旅行，就必须相互合作，因为摆在我们面前的难题是任何一个国家都无法解决的。为此而付出的努力，会使我们更伟大。

然而，太空旅行永远不会成为我们的首要任务，我们还要解决穷人的温饱问题，还要治疗疾病，还要消除战争，还要修复伤痕累累的地球。开展太空探索虽然挑战着我们的聪明才智，却能为我们的日常生活带来诸多好处。通过了解其他世界，我们能更好地保护地球。这些探索活动让我们不再只是银河系历史上的一个脚注。探索的意识早已刻在我们的DNA中，我们应该坦然接受。每个人一生中都至少有一次机会从躯体的软骨组织中解放出来，去看一看镶嵌在黑天鹅绒般的夜空中的宇宙宝石。

01 探索之梦

1. 美国国家地理学会发起的"基因地理工程",利用近100万人的DNA绘制出了人类迁徙的地图。网址:https://genographic.nationalgeographic.com/about/。

2. 基于物种之间的形态相似性,达尔文对生命树和最后的共同祖先进行了猜测。然而,生物体的大小和形状可能具有误导性,而且细菌的形状都是相同的,因此,现代系统发育学会对DNA或RNA碱基对序列中的重叠序列进行测量。利用遗传距离很难重建线性时间,而且基因转移和趋同进化会造成混乱。当对很多物种进行比较时,研究人员发现与数据相符的生命树不止一种。

3. "Resolving the Paradox of Sex and Recombination"

by S. P. Otto and T. Lenormand 2002. *Nature Reviews Genetics*, vol.78, pp.737-56.

4. Geno 2.0测试工具的在线售价为200美元。一个人在递交了面颊拭子后，就会得到个人的测试结果，结果显示了祖先的广泛谱型，以及与不同的本地种群的基因重叠度。研究结果见"The Genographic Project Public Participation Mitochondrial DNA Database" by D. M. Behar et al. 2007. *PLoS Genetics*, vol. 3, no. 6, p. e104。

5. "The Arrival of Humans in Australia" by P. Hiscock 2012. *Agora*, vol. 47, no. 2, pp. 19-22.

6. "How Babies Think" by A. Gopnik 2010. *Scientific American*, July, pp. 76-81. See also *The Scientist in the Crib: Minds, Brains, and How Children Learn* by A. Gopnik, A. N. Meltzoff, and P. K. Kuhl 1999. New York: William Morrow and Company.

7. 一些DNA被我们描述为垃圾，这可能反映了我们在识别DNA触发基因在生物体内的表达方式方面的无知。2008年，耶鲁大学的詹姆斯·努南（James Noonan）领导的一项研究发现，踝关节、脚、大拇指和腕关节的发育与一小片非编码区域，或者说"垃圾"DNA有关，这些部位是非常关键的进化变异，使得我们能直立行走和使用工具。

8. "Population Migration and the Variation of Dopamine D$_4$ Receptor (DRD$_4$) Allele Frequencies Around the Globe" by C. Chen, M. Burton, E. Greenberger, and J. Dmitrieva 1999. *Evolution and Human Behavior*, vol. 20, no. 5, pp. 309-324.

9. "Cognitive and Emotional Processing in High Novelty Seeking Associated with the L-DRD$_4$ Genotype" by P. Roussos, S. G. Giakoumaki, and P. Bitsios 2009. *Neuropsychologia*, vol. 47, no. 7, pp. 1654-1659.

10. "Learning about the Mind from Evidence: Children's Development of Intuitive Theories of Perception and Personality" by A. N. Meltzoff

and A. Gopnik 2013, in *Understanding Other Minds: Perspectives from Developmental Social Neuroscience*, ed. by S. Baron-Cohen, H. Tager-Flusberg, and M. Lombardo 2013. Oxford: Oxford University Press, pp. 19-34.

11. "Causality and Imagination" by C. M. Walker and A. Gopnik, in *The Development of the Imagination*, ed. by M. Taylor 2011. Oxford: Oxford University Press. See also "Mental Models and Human Reasoning" by P. N. Johnson-Laird 2010. *Proceedings of the National Academy of Sciences*, doi/10.1073/pnas.1012933107.

12. *A Brief History of the Mind* by William Calvin 2004. Oxford: Oxford University Press.

13. "The Cognitive Niche: Coevolution of Intelligence, Sociality, and Language" by S. Pinker 2010. *Proceedings of the National Academy of Sciences*, doi/10.1073/pnas.0914630107.

14. "The Human Socio-cognitive Niche and Its Evolutionary Origins" by A. Whiten and D. Erdal 2012. *Philosophical Transactions of the Royal Society B* [Biological Sciences], vol. 367, pp. 2119-2129.

15. "Plurality of Worlds" by F. Bertola, in *First Steps in the Origin of Life in the Universe*, ed. by J. Chela-Flores et al. 2001. Dordrecht: Kluwer Academic Publishers, pp. 401-407.

16. "Anaxagoras and the Atomists" by C. C. W. Taylor, in *From the Beginning to Plato: Routledge History of Philosophy, Vol. 1*, ed. by C. C. W. Taylor 1997. New York: Routledge, pp. 208-243. See also "The Postulates of Anaxagoras" by D. Graham 1994. *Apeiron*, vol. 27, pp. 77-121.

17. *On the Nature of Things* by Lucretius Carus trans. by F. O. Copley 1977. New York: W. W. Norton.

18. 有关2 500年前少数大胆的思想家对大跃进的概念性综述，请参考*The*

Presocratic Philosophers by J. Barnes 1996. New York: Routledge。

19. 从世界宗教信仰的多元化来推断现代宇宙学的背景是不恰当的。例如，佛经中的"多元世界"以须弥山（Mount Mehru）为中心，是地心宇宙学的一部分，而且并没有为这些遥远的地方设定距离，但这些遥远的地方不断地出现和消失。

20. "The True, the False, and the Truly False: Lucian's Philosophical Science Fiction" by R. A. Swanson 1976. *Science Fiction Studies*, vol. 3, no. 3, pp. 227-239.

02 火箭和炸弹

1. 人类天生就更适合往前扔东西，而不是往上扔东西，所以我们最初是以狩猎者的形象出现的。棒球的最快抛掷速度约为169 千米/小时，如果向上抛掷，这个速度所能到达的高度约为70米。在投掷项且上，英国标枪运动员罗尔德·布拉兹托克（Roald Bradstock）保持了多项官方的和非官方的世界纪录，他投掷过的物品五花八门，其中包括一条死鱼和一个厨房水槽。在水平纪录中，他扔板球的最远距离为130米，扔高尔夫球的最远距离为160米，后者相当于垂直往上抛至80米的高度。如果你想尝试垂直往上抛掷物体，你可以在你的智能手机上安装一个名为"Send Me to Heaven"的应用程序。

2. "The History of Rocketry, Chapter 1" by C. Lethbridge, hosted by the History Office at NASA's Marshall Space Flight Center, online at http://history.msfc.nasa.gov/rocketry/.

3. *Throwing Fire: Projectile Technology Through History* by A. W. Crosby 2002.Cambridge: Cambridge University Press, pp. 100-103.

4. 关于火药的历史既丰富又复杂。火药的特点呈现为"低"爆炸力的爆燃，而不是像TNT那样表现为"高"爆炸力的爆作。火药的发明者是中国的炼丹家，当时那些炼丹家想要找到一种吃了能长生不老的灵丹妙药。自公元1世纪以来，中国人就将硝石或硝酸钾用作药物，在火药中它们是氧化剂。硫黄和炭是燃料。

5. *Science and Civilization in China: Vol. 3, Mathematics and the Sciences of the Heavens and the Earth* by J. Needham 1986. Taipei: Cave Books Ltd., p. 104.

6. 在从17世纪中期到19世纪中期这200多年时间里，火箭学的"圣经"是《火炮的伟大艺术》（*The Great Art of Artillery*），作者为卡奇米日·希敏诺维奇（Kazimierz Siemienowicz）。书中介绍了大量火箭的设计方法，包括多级火箭、带有稳定三角翼的火箭等。

7. 牛顿领悟到，由引力引起的物体下落运动与物体在地球轨道上的运动是同一种运动，这是非常了不起的。他用平方反比律来表示引力，由于月球与地心的距离是站在地球表面上的人与地心距离的60倍，因此，月球受到的地球重力加速度是炮弹的1/3 600。月球和炮弹的轨道完全按照平方反比律预期的方式变化。

8. 齐奥尔科夫斯基因在太空飞行理论方面的突出贡献而为世人所知。然而，早在1个多世纪以前，英国数学家威廉·穆尔（William Moore）就推导出了这个方程，并发表在一本小册子上，当时穆尔在位于伍利奇的皇家军事学院（Royal Military Academy）工作。See *A Treatise on the Motion of Rockets* by W. Moore 1813. London: G. and S. Robinson.

9. *The Red Rockets' Glare: Spaceflight and the Soviet Imagination, 1857-1957* by A. A. Siddiqi 2010. Cambridge: Cambridge University Press, pp. 62-69.

10. *Investigations of Outer Space by Rocket Devices* by K. Tsiolkovsky 1911, quoted in *Rockets, Missiles, and Men in Space* by W. Ley 1968. New York: Signet/Viking.

11. *The Russian Cosmists: The Esoteric Futurism of Nikolai Fedorov and His*

Followers by G. M. Young 2012. New York: Oxford University Press.

12. 年轻的奥伯特是电影《月里嫦娥》的顾问，该片是有史以来第一部设置了外太空场景的电影，由伟大的弗里茨·朗导演和监制。奥伯特为这部电影制造了火箭模型，并在电影首映时作为宣传噱头发射了这个火箭模型。几十年后，《星际迷航》系列电影和电视剧为了向他致敬，以他的名字命名了一类星舰。

13. "Hermann Oberth: Father of Space Travel," online at http://www.kiosek.com/oberth/.

14. *The Autobiography of Robert Hutchings Goddard, Father of the Space Age: Early Years to 1927* by R. H. Goddard 1966. Worcester, MA: A. J. St. Onge.

15. 林德伯格和戈达德因为都心怀星际旅行的梦想，而开始了长久的合作，并建立起了终生的友谊。最初，戈达德的工作既缺乏政府机构的支持，也没有得到其他人的重视，他是在林德伯格的帮助下才获得了资金。最终，戈达德得到了金融家兼慈善家丹尼尔·古根海姆的长期支持。戈达德逝世后，古根海姆基金会利用他的遗产，成功起诉美国政府专利侵权。当时，美国政府被判赔偿100万美元，这是历史上所有专利案中赔偿金额最大的。

16. *New York Times*, "Topics of the Times," January 13, 1920, p. 12.

17. *New York Times*, "A Correction," July 17, 1969, p. 43.

18. *Rocket Man: Robert H. Goddard and the Birth of the Space Age* by D. A. Clary 2004. New York: Hyperion, p. 110.

19. Quoted in "Rocket Man: The Life and Times of Dr. Wernher von Braun" by K. Baxter 2006. *Boss* magazine, Spring, pp. 18-21.

20. 1963年沃纳·冯·布劳恩讲述火箭技术早期发展史的"回忆"，由美国国家航空航天局戈达德航天飞行中心历史办公室拥有，在线地址：http://history.msfc.nasa.gov/vonbraun/recollect-childhood.html。

21. 1952年，冯·布劳恩坦承，他"在极权主义下工作得相当好"。对他与纳粹政权、大规模杀伤性武器之间的模糊关系的分析的综述见"Space Superiority: Wernher von Braun's Campaign for a Nuclear-Armed Space Station, 1946-1956" by M. J. Neufeld 2006. *Space Policy*, vol. 22, pp. 52-62。

22. *This New Ocean: The Story of the First Space Age* by W. E. Burrows 1998. New York: Random House, p. 147.

23. *Challenge to Apollo: The Soviet Union and the Space Race, 1945-1974* by A. A. Siddiqi 2000. Washington, DC: NASA.

24. 约翰逊不仅是参议院中颇具权势的议员，还是新近成立的美国国家航空航天局的坚定支持者。此外，他还力争让美国国家航空航天局最大的研发中心建在他家乡所在的州。位于休斯敦的约翰逊航天中心是宇航员训练的地方，它的绰号叫飞行控制中心，暗示了它在太空任务中的核心作用。

25. *NASA's Origins and the Dawn of the Space Age* by D. S. F. Portree 1998. Monographs in Aerospace History #10, NASA History Division, Washington, DC.

26.《太空法案》及其自1958年以来的立法修订历史，可以在美国国家航空航天局历史办公室的网站上找到，电子版：http://history.nasa.gov/spaceact-legishistory.pdf。

03　送机器人进太空

1. *The Race: The Uncensored Story of How America Beat Russia to the Moon* by J. Schefter 1999. New York: Doubleday. 刚开始时，事情也不是一帆

风顺。在发射"斯普特尼克1号"那年，苏联成功发射了搭载着莱卡的"斯普特尼克2号"，但"斯普特尼克3号"在成功发射之前失败了2次。与此同时，美国发射了他们的第一颗卫星"探险者1号"，后来又发射了"先锋1号"（Vanguard 1），但另外5次"先锋号"发射任务均以失败告终。

2. *The Rocket Men: Vostok and Voskhod, the First Soviet Manned Spaceflights* by R. Hall and D. J. Shayler 2001. New York: Springer-Praxis Books, pp. 149-155.

3. 加加林在完成这一壮举后成了世界名人，但此后他再也没有进入过太空。他性格温和、笑容灿烂，所到之处都会吸引大批观众。但这种盛名也给他带来了困扰，他变成了一个酗酒者。1968年，他在一次例行飞行训练中丧生，关于他的死因，一时间众说纷纭。但真正的原因好像是，他当时的飞行高度过低，而且他驾驶的战斗机遭到紧随而来的另一架战斗机的撞击。在每年的4月12日，全世界数百个城市都会庆祝"尤里之夜"（Yuri's Night），以纪念他的飞行以及首次太空飞行任务。

4. 1961年5月25日，美国总统肯尼迪在国会参众两院联席会议上发表的演讲"Special Message to the Congress on Urgent National Needs"，网址：http://history.nasa.gov/moondec.html。

5. 关于"阿波罗计划"的书籍非常多，其中最好的两本是：*Apollo: The Race to the Moon* by C. Murray and C. B. Cox 1999. New York: Simon & Schuster; and *Moonshot: The Inside Story of Mankind's Greatest Adventure* by D. Parry 2009. Chatham, UK: Ebury Press。两部从内部人的视角描写的书分别是：*Failure Is Not an Option: Mission Control from Mercury to Apollo 13 and Beyond* by G. Kranz 2000. New York: Simon & Schuster; and *In the Shadow of the Moon: A Challenging Journey to Tranquility, 1965-1969* by F. French and C. Burgess 2007. Lincoln: University of Nebraska Press。

6. *John F. Kennedy and the Race to the Moon* by J. M. Logsdon 2010. New York: Palgrave Macmillan.

7. *In the Cosmos: Space Exploration and Soviet Culture* by J. T. Andrews and A. A. Siddiqi 2011. Pittsburgh: University of Pittsburgh Press.

8. *A Challenge to Apollo: The Soviet Union and the Space Race, 1945-1974* by A. A. Siddiqi 2000. Special Publication NASA-SP-2000-4408, Government Printing Office, Washington, DC.

9. *Apollo Expeditions to the Moon*, ed. by E. M. Cortright 1975. Special Publication NASA-SP-350, online at http://history.nasa.gov/SP-350/ch-11-4.html.

10. 地球在月球上冉冉升起的"地出"（Earthrise）景象俘获了公众的想象力。1968年，在"阿波罗8号"任务期间，威廉·安德斯（William Anders）拍摄了"地出"的照片。

11. "Animals as Cold Warriors: Missiles, Medicine, and Man's Best Friend，" article at the US National Library of Medicine website, online at http://www.nlm.nih.gov/exhibition/animals/laika.html.

12. 奥列格·加真科1998年退休后在莫斯科举行的新闻发布会的报告，14年后发布在两个网站上，链接：http://web.archive.org/web/20060108184335/, http://www.dogsinthenews.com/issues/0211/articles/021103a.htm。

13. 对于像太空计划这样看起来十分神秘的项目到底花了多少钱，我们有理由提出质疑，但美国国家航空航天局只是联邦桶里的一滴水。美国国家航空航天局的预算接近180亿美元，相当于每个美国人每天15美分。这只是美国每年军费开支的1/40。与美国人在其他方面的花费相比，美国国家航空航天局的预算是赌资的1/30，是花费在宠物身上的钱的1/3，是花在比萨上的钱的1/2。如果每个人都能少吃点意大利香肠，我们就能开展更多的太空任务。

14. 1610年，伽利略撰写了一本名为《星际信使》（*The Sidereal Messenger*）

的小册子，里面收录了他对月球、木星的卫星和银河系的观测记录。原版十分稀少，价值几十万美元。2010年，一篇关于这本小册子的评论性文章发表，见*Isis* 2010, vol. 101, no. 3, pp. 644-645。

15. 从针对内太阳系（月球、火星和金星）的探测任务的成功率来看，我们的学习曲线十分明显。从维基百科上的图表可知（美国国家航空航天局官网上的信息太混乱，无法用这些信息绘制出图表），太空探测器的成功率在20世纪60年代为65％，到20世纪70年代提高到73％，再到20世纪80年代的87％，但在20世纪90年代下降到了72％，到21世纪初又提高到了91％。

16. *Pale Blue Dot: A Vision of the Human Future in Space*, by C. Sagan 1994. New York: Random House, pp. xv-xvi.

17. 到2011年最后一次飞行时，航天飞机的服役时间已经比设计服役年限长了15年。在收到来自博物馆和公共机构的建议后，美国国家航空航天局对剩余的4架航天飞机进行了安置：原始的"亚特兰蒂斯号"落户肯尼迪航天中心，"发现号"进驻史密森美国国家航空航天博物馆，"挑战者号"的替代者"奋进号"搬到加利福尼亚科学中心，而大气测试轨道飞行器"企业号"则长驻纽约的"无畏号"海空博物馆。

18. "挑战者号"失事后，里根总统成立了罗杰斯委员会（Rogers Commission）来调查事故原因。在电视直播的听证会上，物理学家理查德·费曼将一个O型环浸入一杯冰水，以展示在发射时的低温条件下O型环的弹性是如何减弱的。那是令美国人终生难忘的一刻。对于美国国家航空航天局的工程师对安全性的不切实际的估计，以及管理部门的严重失职，费曼提出了严厉的批评："对一项成功的技术来说，真实情况必须比公共关系更为重要，因为大自然是不会被愚弄的。"出自罗杰斯委员会报告（1986年）附录F。

04　变革一触即发

1. 对于才华出众的科学家和工程师来说，美国国家航空航天局依然充满了吸引力。我在美国国家航空航天局的6个中心给800多位工程师上过课，他们中的大部分人都对自己的工作充满了热情和激情。在阿波罗时代，美国国家航空航天局对最优秀、最聪明的人的吸引力达到了顶峰。20世纪70年代和80年代，硅谷对优秀人才的诱惑更大；20世纪90年代和21世纪初，新兴的互联网和"网络繁荣"带来了更开放的新前沿。和其他的政府机构一样，美国国家航空航天局也存在官僚主义，而且其文化与企业文化相去甚远。

2. *NASA's Efforts to Reduce Unneeded Infrastructure and Facilities* 2013, Report Number IG-13-008, Office of the Inspector General, Washington, DC.

3. *Final Countdown: NASA and the End of the Space Shuttle Program* by P. Duggins 2007. Tampa: University of Florida Press.

4. 正如我们所看到的，俄罗斯的太空先驱和梦想家超过了公平分配的额度。虽然当时的俄罗斯基础设施陈旧，工业缺乏竞争力，整个国家发展缓慢，但大多数大学提供的技术教育是无与伦比的。在俄罗斯，科学家和工程师的待遇很好，还能获得一定的津贴，因此他们的生活过得还不错。但随着苏联解体带来的混乱，一切都发生了改变。从那以后，大学资源匮乏，俄罗斯人才流失严重，大部分技术人才流向了美国和西欧。

5. 2012年，美国国家公共广播电台的一则报道，介绍了苏联的太空计划中日益增加的问题，链接：http://www.npr.org/2012/03/12/148247197/for-

russias-troubled-space-program-mishaps-mount。

6. 美国国家航空航天局的预算在180亿美元上下浮动，10多年来没有实质性变化。目前，美国国家航空航天局的预算分配为：地球、空间科学以及天体物理学研究占28%，火箭和推进系统研发占22%，国际空间站占22%，剩下的用于航空学和其他技术研发。

7. "The Interplanetary Internet" by J. Jackson 2005, published by the online magazine of the IEEE, at http://spectrum.ieee.org/telecom/internet/the-interplanetary-internet.

8. 一段精彩的视频从鲍姆加特纳的视角记录了他从3.9万米的高空跳下的情况，这段视频在YouTube上的点击量达到了500多万次，视频地址：https://www.youtube.com/watch?v=raiFrxbHxV0。2014年，谷歌副总裁艾伦·尤斯塔斯打破了鲍姆加特纳的高度纪录（但没有打破速度纪录），尤斯塔斯在15分钟内从4.1万米的高空跳伞落地。

9. 1979年，汤姆·沃尔夫（Tom Wolfe）的小说《太空先锋》由斯特劳斯和吉洛克斯出版社出版，小说讲述了宇航员和试飞员之间为进入太空而展开的竞争。"水星7号"的宇航员原本并不打算驾驶他们的太空舱，沃尔夫还将笔下的角色与查克·耶格尔等技艺高超的试飞员进行对比。这些试飞员曾驾驶他们的飞机到达了太空的边界。1983年，沃尔夫的这部小说被拍成电影，大受欢迎。

10. *Chuck Yeager and the Bell X-1: Breaking the Sound Barrier* by D. A. Pisano, F. R. van der Linden, and F. H. Winter 2006. Washington, DC: Smithsonian National Air and Space Museum.

11. *Press On! Further Adventures in the Good Life* by C. Yeager and C. Leerhsen 1997. New York: Bantam Books.

12. *At the Edge of Space: The X-15 Flight Program* by M. O. Thompson 1992. Washington and London: Smithsonian Institution Press.

13. 美国空军将80千米的高度看作太空的边界。作为世界航空记录的管理机构，国际航空联合会（Fédération Aéronautique Internationale）将太空的边界定为100千米，按照这个标准，美国空军飞行员中只有一个人才算得上是宇航员。

14. *American X-Vehicles: An Inventory from X-1 to X-50* by D. R. Jenkins, T. Landis, and J. Miller 2003, Monographs in Space History (Centennial of Flight), NASA Special Publication Number 31, NASA History Office, Washington, DC.

15. 太空诗歌是一个小众领域。一些关于科学的诗歌集收录了受太空计划——尤其是受"阿波罗计划"和奔月之旅的启发而创作的诗歌，其中最著名的是：*Songs from Unsung Worlds: Science in Poetry* 1988 ed. by Bonnie Gordon. London: Birkhäuser；and *Contemporary Poetry and Contemporary Science* 2006 ed. by Robert Crawford. Oxford: Oxford University Press。不可思议的是，直到2009年，才有宇航员在轨道上写诗，即美国宇航员唐·佩蒂特所作的"Halfway to Pluto"。同年，日本宇航员若田光一（Koichi Wakata）根据古老的连歌和连句写了一节诗，作为自由联想的链式诗歌的一部分。

16. *Astronaut Fact Book* 2013, NASA Publication NP-2013-04-003-JSC, National Aeronautics and Space Administration, Washington, DC.

17. *The Colbert Report*, Episode 1012, broadcast on November 3, 2005, on Comedy Central. See episodes online at http://www.thecolbertreport.cc.com.

18. "Prospects of Space Tourism" by S. Abitzsch 1996, presented at the Ninth European Aerospace Congress, hosted by Space Future.

19. *Space Tourism: Do You Want to Go?* by J. Spencer 2004. Burlington, Ontario: Apogee Books.

20. 美国众议院很快就否决了这个计划，详情可参见美国国家航空航天局观察网，链接：http://nasawatch.com/archives/2005/06/nasas-frst-and-

last-artist-in-residence.html。

21. *Inventing the Internet*, by J. Abbate 1999. Cambridge: MIT Press. Also see: "The Internet: On its International Origins and Collaborative Vision" by R. Hauben 2004. *Amateur Computerist*, vol. 2, no. 2, and "A Brief History of the Internet" by B. M. Leiner et al. 2009, online at http://www.internetsociety.org/internet/what-internet/history-internet/brief-history-internet.

22. "Eisenhower's Warning: The Military-Industrial Complex Forty Years Later" by W. D. Hartung 2001. *World Policy Journal*, vol. 18, no. 1.

23. *Unwarranted Influence: Dwight D. Eisenhower and the Military-Industrial Complex*, by J. Ledbetter 2011. New Haven, CT: Yale University Press.

05 与企业家合作，借助太空旅游的力量

1. "Private Space Exploration a Long and Thriving Tradition" by M. Burgan 2012. In *Bloomberg View*, online at http://www.bloombergview.com/articles/2012-07-18/private-space-exploration-a-long-and-thriving-tradition.

2. "The Wit and Wisdom of Burt Rutan" by E. R. Hedman 2011. In *The Space Review*, online at http://www.thespacereview.com/article/1910/1.

3. *Rutan—The Canard Guru* by M. S. Rajamurthy 2009. India: National Aerospace Laboratories.

4. *Voyager* by J. Yeager and D. Rutan 1988. New York: Alfred A. Knopf. Also: *Voyager: The World Flight: The Official Log, Flight Analysis and Narrative Explanation* by J. Norris 1988. Northridge, CA: Jack Norris.

5. "Burt Rutan—Aerospace Engineer," interview on March 3, 2012, on

BigThink website, http://bigthink.com/users/burtrutan.

6. 鲁坦赢得X大奖后的兴奋心情，在纪录片《莫哈韦奇迹：一只乌龟眼中的"太空船1号"》（*Mojave Magic: A Turtle's Eye View of SpaceShipOne*）中有描述，这部短片拍摄于2005年，导演和编剧为吉姆·塞耶斯（Jim Sayers），制片人为达格·加诺（Dag Gano）和斯塞耶，由Desert Turtle Productions公司发行。

7. *Losing My Virginity: How I've Survived, Had Fun, and Made a Fortune Doing Business My Way* by R. Branson 2002. London: Virgin Books Limited. See also *Screw Business As Usual* by R. Branson 2011. London: Penguin Group.

8. "Richard Branson: Virgin Entrepreneur" by M. Vinnedge 2009. *Success* magazine, online at http://www.success.com/article/richard-branson-virgin-entrepreneur.

9. *Dirty Tricks: The Inside Story of British Airways' Secret War Against Richard Branson's Virgin Atlantic* by M. Gregory 1994. London: Little, Brown.

10. "Up: The Story Behind Richard Branson's Goal to Make Virgin a Galactic Success" by A. Higginbotham 2013. *Wired* magazine, online at http://www.wired.co.uk/magazine/archive/2013/03/features/up.

11. From a Reddit discussion on October 17, 2013, online at http://www.reddit.com/r/IAmA/comments/1onkop/i_am_peter_diamandis_founder_of_xprize/.

12. *We* by C. Lindbergh 1927. New York: Putnam and Sons.文章标题表明，林德伯格从不认为是自己完成了这次历史性的飞行——他总是将自己与他的飞机"圣路易斯精神号"绑在一起。

13. "The Dream of the Medical Tricorder" 2012. *The Economist*, online at http://www.economist.com/news/technology-quarterly/21567208-medical-technology-hand-held-diagnostic-devices-seen-star-trek-are-inspiring.

14. "Peter Diamandis: Rocket Man" by B. Caulfeld 2012. *Forbes* magazine, February 13, online at http://www.forbes.com/sites/briancaulfeld/2012/01/26/peter-diamandis-rocket-man/2/.

15. 2013年2月15日，在赫芬顿邮报网站的博客里，戴曼迪斯详细记录了霍金的零重力飞行过程，链接：http://www.huffingtonpost.com/peter-diamandis/prof-hawking-goes-weightl_b_2696167.html。

16. "Robert Goddard: A Man and His Rocket," online at http://www.nasa.gov/missions/research/f_goddard.html.

17. *Abundance: The Future Is Better Than You Think* by P. Diamandis and S. Kotler 2012. New York: Free Press.

18. Quoted in "The New Space Race: Complicating the Rush to the Stars" by D. Bennett for the *Tufts Observer*, online at http://tuftsobserver.org/2013/11/the-new-space-race-complicating-the-rush-to-the-stars/.

19. "At Home with Elon Musk: The (Soon-to-Be) Bachelor Billionaire" by H. Elliott in *Forbes Life*, online at http://www.forbes.com/sites/hannahelliott/2012/03/26/at-home-with-elon-musk-the-soon-to-be-bachelor-billionaire/.

20. *The Startup Playbook: Secrets of the Fastest-Growing Startups from Their Founding Entrepreneurs* by D. Kidder 2013. San Francisco: Chronicle Books.

21. See *The Economist*, online at http://www.economist.com/news/technology-quarterly/21603238-bill-stone-cave-explorer-who-has-discovered-new-things-about-earth-now-he.

22. *Born Entrepreneurs, Born Leaders: How Your Genes Affect Your Work Life* by S. Shane 2010. Oxford: Oxford University Press. See also the technical article "Is the Tendency to Engage in Entrepreneurship Genetic?" by N. Nicolaou, S. Shane, L. Cherkas, J. Hunkin, and T. D. Spector 2008. *Management Science*, vol. 54, no. 1, pp. 167-179.

23. "The Innovative Brain" by A. Lawrence, L. Clark, J. N. Labuzetta, B. Sahakian,and S. Vyakarnum 2008. *Nature*, vol. 456, pp. 168-169.

06　飞越地平线

1. *The Heavens and the Earth: A Political History of the Space Age* by W. MacDougall 1985. Baltimore: Johns Hopkins University Press.
2. Quoted in "Private Dragon Capsule Arrives at Space Station in Historic First" by C. Moskowitz Space.com, online at http://www.space.com/15874-private-dragon-capsule-space-station-arrival.html.
3. 2014年10月28日，轨道科学公司制造的一枚"安塔瑞斯"（Antares）火箭在发射几秒后爆炸，这让我们清醒地意识到太空飞行的重重困难。这枚火箭当时正在执行国际空间站再补给任务。
4. Quoted in "SpaceX Successfully Launches Its Next Generation Rocket" by A. Knapp. *Forbes* magazine, online at http://www.forbes.com/sites/alexknapp/2013/09/30/spacex-successfully-launches-its-next-generation-rocket/.
5. Paris Hilton, quoted in Britain's *Daily Express*, online at http://www.express.co.uk/news/science-technology/431046/Hollywood-stars-in-space-as-Richard-Branson-s-Earth-orbiting-flight-is-months-away.
6. 太空探险公司由埃里克·安德森（Eric Anderson）于1998年创建，是最早开展商业太空业务的公司之一。从2001年开始，通过8次成功的飞行，他已经将7位客户送到了国际空间站。在那些预付了500万美元、计划在未来进行轨道飞行的人中，就包括谷歌的联合创始人谢尔盖·布林（Sergey Brin）。

7. Quoted in "Amazon.com's Bezos Invests in Space Travel, Time" by Amy Martinez in *Seattle Times*, online at http://seattletimes.com/html/businesstechnology/2017883721_amazonbezos25.html.

8. 商业轨道运输服务（Commercial Orbital Transportation Services，简称COTS）计划，由美国国家航空航天局提出，旨在提升美国向国际空间站提供再补给的能力。该计划从2006年1月持续到2013年9月，美国国家航空航天局共向太空探索技术公司和轨道科学公司支付了5亿美元，这比航天飞机飞行一次的成本还要低，因此美国国家航空航天局认为这个计划取得了极大成功。See *Commercial Orbital Transportation Services: A New Era in Spaceflight* by R. Hackler and R. Wright 2014, NASA Special Publication 2014-017, NASA, Washington, DC.

9. NASA hosts information online at http://www.nasa.gov/exploration/systems/sls/#.U5Ot13JdWSo.

10. For a transcript of the president's speech: http://www.nasa.gov/news/media/trans/obama_ksc_trans.html.

11. 美国国家航空航天局原计划通过小行星方案，来帮助地球在未来免受小行星的撞击，但能捕获的小行星太小了，根本无法满足研究要求。此外，这个方案里还有很多未知因素，这通常意味着大量计划外的时间和金钱。在美国国家航空航天局的网站上可以查到相关信息：http://www.nasa.gov/mission_pages/asteroids/initiative/。

12. "So You Want to Launch a Rocket? An Analysis of FAA Licensing Requirements with a Focus on the Legal and Regulatory Issues Created by the New Generation of Launch Vehicles," unpublished paper by Nathanael Horsley.

13. "Stuck to the Ground by Red Tape" 2013. *The Economist*, online at http://www.economist.com/news/technology-quarterly/21578517-space-technology-dozens-frms-want-commercialise-space-various-ways.

14. 2005年4月20日，伯特·鲁坦向美国众议院科学、空间与技术委员会做出的证词 "Future Markets for Commercial Space"。

15. The entire 2003 report is online at http://www.nasa.gov/columbia/home/CAIB_Vol1.html.

16. "Weighing the Risks of Space Travel" by J. Foust 2013. *The Space Review*, online at http://www.thespacereview.com/article/36/1.

17. As reported in an article on the 2001 book *Almost History* by R. Bruns, online at http://www.space.com/7011-president-nixon-prepared-apollo-disaster.html.

18. *The Evolution of Rocket Technology* (e-book) by M. D. Black 2012. Payloadz.com.

19. 由于经济持续增长且投资巨大，中国在科学和技术方面发展十分迅速。

20. 马里兰州贝塞斯达的富创公司2002年的报告，参见 "Space Transportation Costs: Trends in Price Per Pound to Orbit 1990-2000"。

21. "The Effects of Long-Duration Space Flight on Eye, Head, and Trunk Coordination During Locomotion" by I. B. Kozlovskaya et al. 2004. Unpublished report by Life Sciences Group, Johnson Space Center. Also, the National Academy of Sciences commissioned a report on adaptation to space, "Human Factors in LongDuration Spaceflight" by the Space Sciences Board of the National Research Council 1972. Washington, DC: National Academies Press.

22. 1999年卡罗·巴特勒（Carol Butler）对罗伯特·史蒂文森的采访，这个采访是约翰逊航天中心口述历史计划的一部分，链接：http://www.jsc.nasa.gov/history/oral_histories/StevensonRE/RES_5-13-99.pdf。

23. "Why Do Astronauts Suffer from Space Sickness?" An article on research by S. Nooij of Delft University of Technology, online at http://www.sciencedaily.com/releases/2008/05/080521112119.htm.

24. *Space Physiology and Medicine* by A. E. Nicogossian, C. L. Huntoon, and S. L. Pool 1993. Philadelphia: Lea and Febiger. See also "Beings Not Made for Space" by K. Chang, *New York Times*, January 27, 2014, online at http://www.nytimes.com/2014/01/28/science/bodies-not-made-for-space.html.

25. "Living and Working in Space," NASA Report FS-2006-11-030-JSC, produced by Johnson Space Center.

26. 可在美国喜剧频道观看《科尔伯特报告》(*The Colbert Report*) 的视频片段，链接：http://www.colbertnation.com/the-colbert-report-collections/307748/colbert-s-best-space-moments/168719。

07 行星成堆

1. 有关廷比夏肖松尼（Shoshone）部落的资料，可以在美国国家公园管理局（National Park Services）网站上的死亡谷国家公园（Death Valley National Park）的页面上找到，链接：http://www.nps.gov/deva/parkmgmt/tribal_homeland.htm。

2. See the travelogue "Life in the Past Tense: Chile's Atacama Desert" by S. Beale at Perceptive Travel, website: http://www.perceptivetravel.com/issues/1211/chile.html.

3. "Life Is a Chilling Challenge in Subzero Siberia" by B. Trivedi, from a National Geographic Channel TV show, online at http://news.nationalgeographic.com/news/2004/05/0512_040512_tvoymyakon.html.

4. *Pale Blue Dot: A Vision of the Human Future in Space* by C. Sagan 1994. New York: Random House, pp. xv-xvi.

5. "Extremophiles 2002" by M. Rossi et al. 2003. *Journal of Bacteriology*, vol. 185, no. 13, pp. 3683-3689. See also *Polyextremophiles: Life Under Multiple Forms of Stress*, ed. by J. Seckbach et al. 2013. Dordrecht: Springer; and *Weird Life: The Search for Life That Is Very, Very Different from Our Own* by D. Toomey 2014.New York: W. W. Norton.

6. "Quick Guide: Tardigrades" by B. Goldstein and M. Baxter 2002. *Current Biology*, vol. 12, no. 14, R475; and "Radiation Tolerance in the Tardigrade" by D. D. Horikawa et al. 2006. *International Journal of Radiation Biology*, vol. 82, no. 12, pp. 843-848.

7. "The Role of Vitrification in Anhydrobiosis" by J. H. Crowe, J. F. Carpenter, and L. M. Crowe 1998. *Annual Review of Physiology*, vol. 60, pp. 73-103.

8. 若对类地行星等效表面的温度进行简单计算，则这个温度只取决于恒星的光度以及行星与恒星之间的距离。如果一颗行星的轨道偏心率比较大，或者是椭圆轨道，那么它每年就会进、出宜居带。大气层中的气体，尤其是像二氧化碳和甲烷之类的温室气体，会使行星的表面温度升高，这会将宜居带往外推很远。

9. "A Possible Biogeochemical Model for Mars" by A. De Morais 2012. *43rd Lunar and Planetary Science Conference*, vol. 43, p. 2943.

10. 利用行星可居住性定量测量方法，波多黎各大学的亚伯·门德斯（Abel Mendez）对太阳系内的场所进行了评估。对包括植物和微生物在内的初级生产者的生存来说，这种测量至关重要。随着大气条件和地质条件的变化，可居住性也会发生改变。就太阳系内而言，门德斯发现表面可宜居条件最好的是土卫二，其次是火星、木卫二和土卫六。在《天体生物学》（*Astrobiology*）杂志上有一篇总结文章，链接：http://www.astrobio.net/pressrelease/3270/islands-of-life-across-space-and-time。

11. "A Jupiter-Mass Companion to a Solar-Type Star" by M. Mayor and D. Queloz 1995. *Nature*, vol. 378, pp. 355-359.

12. *The Exoplanet Handbook* by M. A. C. Perryman 2011. Cambridge: Cambridge University Press.

13. "The HARPS Search for Earth-like Planets in the Habitable Zone" by F. Pepe et al. 2011. *Astronomy and Astrophysics*, vol. 534, p. A58.

14. "One or More Bound Planets per Milky Way Star from Microlensing Observations" by A. Cassan et al. 2012. *Nature*, vol. 481, pp. 167–69; and "Prevalence of Earth-Size Planets Orbiting Sun-like Stars" by E. A. Petigura, A. W. Howard, and G. W. Marcy 2013. *Proceedings of the National Academy of Sciences*, vol. 110, no. 48, p. 19273.

15. 关于开普勒任务的大量技术和科学信息，以及它的目标，可以在美国国家航空航天局官网上找到，链接：http://www.kepler.arc.nasa.gov/。

16. 2014年，当工程师弄清楚了如何利用太阳光压和微型推进器燃烧，来维持开普勒太空望远镜的定向功能时，它又获得了新生。然而，它的定向精确度却下降了，因此无法再探测类地行星，但可以在更广阔的天区发现围绕更多类型恒星旋转的行星。这就是所谓的K2任务，为期2年。

17. "Planetary Candidates Observed by Kepler, III. Analysis of the First 16 Months of Data" by N. Batalha et al. 2013. *The Astrophysical Journal Supplement*, vol. 204, pp. 24-45.

18. "The Occurrence Rate of Small Planets Around Small Stars" by C. D. Dressing and D. Charbonneau 2013. *The Astrophysical Journal*, vol. 767, pp. 95-105.

19. "Space Oddities: 8 of the Strangest Exoplanets" by D. Orf 2013. *Popular Mechanics* magazine, online at http://www.popularmechanics.com/science/space/deep/space-oddities-8-of-the-strangest-exoplanets#slide-1.

20. "An Earth Mass Planet Orbiting Alpha Centauri B" by X. Dumusque et al. 2012. *Nature*, vol. 491, pp. 207-211.

08 太空探索的新机遇

1. "The Space Elevator: A Thought Experiment or the Key to the Universe?" by A. C. Clarke, in *Advances in Earth Oriented Applied Space Technologies*, Vol. 1, 1981, London: Pergamon Press, pp. 39-48. See also "The Physics of the Space Elevator" by P. K. Aravind 2007. *American Journal of Physics*, vol. 45, no. 2, p. 125.

2. The state of art just after nanotubes were developed was given in "Space Elevators: An Advanced Earth-Space Infrastructure for the New Millennium" compiled by D. B. Smitherman, NASA Publication CP-2000-210429, based on findings from the Advanced Space Infrastructure Workshop on Geostationary Orbiting "Space Elevator" Tether Concepts, held at NASA's Marshall Space Flight Center in June 1999。从那时起，在美国国家航空航天局先进理念研究所（Institute for Advanced Concepts）的支持下，布拉德利·卡尔·爱德华兹（Bradley Carl Edwards）一直致力于研究用碳纳米管建造太空电梯。

3. 和亚轨道飞行一样，在一系列与安萨里X大奖相似的竞赛的刺激下，太空电梯也取得了一些进展。2005—2009年，每年都会举办"电梯：2010"（Elevator: 2010）竞赛，奖金来自美国国家航空航天局发起的"百年挑战计划"（Centennial Challenges program）。欧洲则在2011年开始了对太空电梯的研究。

4. "Carbyne from First Principles: Chain of C Atoms, a Nanorod, or

a Nanorope?" by M. Liu et al. 2013. *American Chemical Society Nanotechnology*, vol. 7, no. 11, pp.10075-82.

5. *Space Elevators: An Assessment of the Technological Feasibility and the Way Forward* by P. Swan et al. 2013. Houston： Science Deck Books, Virginia Edition Publishing Company.

6. "The Economic Benefits of Commercial GPS Use in the United States and the Costs of Potential Disruption," by N. D. Pham, June 2011, NDP Consulting, online at http://www.saveourgps.org/pdf/GPS-Report-June-22-2011.pdf.

7. "The Economic Impact of Commercial Space Transportation on the U.S. Economy in 2009," a 2010 report by the Federal Aviation Administration's Office of Commercial Space Transportation.

8. "Space Tourism Market Study: Orbital Space Travel and Destinations with Suborbital Space Travel," an October 2002 report by the Futron Corporation Bethesda, Maryland. A more recent report by the FAA, "Suborbital Reusable Vehicles: A Ten-Year Forecast of Market Demand," reaches similar conclusions.

9. *Mining the Sky: Untold Riches from the Asteroids, Comets, and Planets* by J. S. Lewis 1998. New York： Basic Books.

10. "Orbit and Bulk Density of the OSIRIS-REx Target Asteroid （101955）) Bennu" by S. R. Chesley et al. 2014. *Icarus*, vol. 235, pp. 5-22.

11. "Profitable Asteroid Mining" by M. Busch 2004. *Journal of the British Interplanetary Society*, vol. 57, pp. 301-5.

09 人类的下一个家

1. The working group's deliberations are described in the epilogue to "Chariots for Apollo: A History of Manned Lunar Spacecraft" by C. G. Brooks, J. M. Grimwood, and L. S. Swenson 1979, published as NASA Special Publication 4205 in the NASA History Series.

2. "Costs of an International Lunar Base" by J. Weppler, V. Sabathier, and A. Bander 2009, Center for Strategic and International Studies, Washington, DC, online at https://csis.org/publication/costs-international-lunar-base.

3. "How Wet the Moon? Just Damp Enough to Be Interesting" by R. A. Kerr 2010. *Science*, vol. 330, p. 434. 后续一系列的研究论文收录在《科学》杂志特刊中。

4. "Mining and Manufacturing on the Moon," from the Aerospace Scholars program, online at http://web.archive.org/web/20061206083416/http://aerospacescholars.jsc.nasa.gov/HAS/cirr/em/6/6.cfm; and "Building a Lunar Base with 3D Printing," a research program at the European Space Agency, online at http://www.esa.int/Our_Activities/Technology/Building_a_lunar_base_with_3D_printing.

5. "The Peaks of Eternal Light on the Lunar South Pole: How They Were Found and What They Look Like" by M. Kruijff 2000. *4th International Conference on Exploration and Utilisation of the Moon* (ICEUM4), ESA/ESTEC, SP-462. Also: "A Search for Lava Tubes on the Moon: Possible Lunar Base Habitats" by C. R. Coombs and B. R. Hawke 1992. *Second Conference on Lunar Bases and Space Activities of the 21st Century* (SEE

N93-17414 05-91), vol. 1, pp. 219-229.

6. "Lunar Space Elevators for Cislunar Space Development" by J. Pearson, E. Levin, J. Oldson and H. Wykes 2005, Phase 1 Final Technical Report under research subaward 07605-003-034, submitted to NASA.

7. "Estimation of Helium-3 Probable Reserves in Lunar Regolith" by E. N. Slyuta, A. M. Abdrakhimov and E. M. Galimov 2007. *Lunar and Planetary Science Conference XXXVIII*, pp. 2175-78.

8. "Nuclear Fusion Energy—Mankind's Giant Step Forward" by S. Lee and L. H. Saw, 2010. *Proceedings of the Second International Conference on Nuclear and Renewable Energy Sources*, pp. 2-8.

9. "China Considers Manned Moon Landing Following Breakthrough Chang'e-3 Mission Success" by Ken Kremer, as reported in *Universe Today*, online at http://www.universetoday.com/107716/china-considers-manned-moon-landing-following-breakthrough-change-3-mission-success/.

10. *The War of the Worlds* by H. G. Wells 1898. London: Bell, quote from chapter 1.

11. "Metastability of Liquid Water on Mars" by M. H. Hecht 2002. *Icarus*, vol. 156, pp.373-86. Also: "Ancient Oceans, Ice Sheets, and the Hydrological Cycle on Mars" by V. R. Baker et al. 1991. *Nature*, vol. 352, pp. 589-94. More recent discoveries are covered in "Introduction to Special Issue: Analysis of Surface Materials by the Curiosity Mars Rover" by J. Grotzinger 2013. *Science*, vol. 341, p. 1475, and subsequent articles in the special issue of *Science magazine*.

12. *Water on Mars* by M. H. Carr, 1996. Oxford: Oxford University Press.

13. *The Case for Mars: The Plan to Settle the Red Planet and Why We Must* by R. M. Zubrin and R. Wagner 1996. New York: Simon & Schuster; *Mars on Earth: The Adventures of Space Pioneers in the High Arctic* by

R. M. Zubrin 2003. New York：Bargain Books；*How to Live on Mars：A Trusty Guidebook to Surviving and Thriving on the Red Planet* by R. M. Zubrin 2008. New York：Three Rivers Press。他最近的书更新到了用"龙X"火箭进行火星探索的"火星直击计划"：*Mars Direct, Space Exploration, and the Red Planet* by R. M. Zubrin 2013. New York：Penguin。

14. 美国国家公共广播电台《科学星期五》（*Science Friday*）节目采访，链接：http://www.npr.org/2011/07/01/137555244/is-settling-mars-inevitable-or-an-impossibility。

15. *Pathways to Exploration: Rationales and Approaches for a U.S. Program of Human Space Exploration*, by the Committee on Human Spaceflight 2014, National Research Council, Washington, DC.

16. "Circadian Rhythm of Autonomic Cardiovascular Control During Mars 500 Simulated Mission to Mars" by D. E. Vigo et al. 2013, *Aviation and Space Environmental Medicine*, vol. 84, pp. 1023-38.

17. 巴兹·奥尔德林主页上的一篇帖子，链接：http://buzzaldrin.com/what-nasa-has-wrong-about-sending-humans-to-mars/。

18. 非营利性组织灵感火星的网址为：http://www.inspirationmars.org/。

19. 更多信息请参考"灵感火星"计划官网：http://www.inspirationmars.org/，以及"火星1号"计划官网：http://www.mars-one.com/。

20. 虽然发射日期推迟到最早2024年，但媒体宣传正全速推进。2014年6月，兰斯多普和荷兰电视巨头恩德莫公司（Endemol）达成协议，计划将太空旅行者的训练和挑选过程拍摄成真人秀系列节目。

21. *Reading the Rocks: The Autobiography of the Earth* by M. Bjornerud 2005. New York：Basic Books；and *Life on a Young Planet: The First Three Billion Years of Evolution on Earth* by A. H. Knoll 2004. Princeton, NJ: Princeton University Press.

22. "Technological Requirements for Terraforming Mars" by R. M. Zubrin and C. P. McKay 1993, technical report for NASA Ames Research Center, online at http://www.users.globalnet.co.uk/~mfogg/zubrin.htm.

23. 金·斯坦利·罗宾逊1993年的《红火星》介绍了人类移民火星的过程，下文的引文来自第171页。1994年的《绿火星》介绍了火星的地球化过程。1995年的《蓝火星》介绍了人类的长远未来。这三部小说均由纽约兰登书屋出版社出版。

10 远程传感

1. "Why Oculus Rift Is the Future of Gaming," online at http://www.gizmoworld.org/why-oculus-rift-is-the-future-in-gaming/.

2. 有趣的是，远程呈现技术并不需要精确传送远程场景，因为大脑对所有熟悉的情形有"填补空白"和"平滑粗糙边缘"的倾向。See "Another Look at 'Being There' Experiences in Digital Media: Exploring Connections of Telepresence with Mental Imagery" by I. Rodriguez-Ardura and F. J. Martinez-Lopez 2014. *Computers in Human Behavior*, vol. 30, pp. 508-18.

3. *Brother Assassin* by F. Saberhagen 1997. New York：Tor Books.

4. See http://www.ted.com/talks/edward_snowden_here_s_how_we_take_back_the_internet.

5. "Multi-Objective Compliance Control of Redundant Manipulators：Hierarchy, Control, and Stability" by A. Dietrich, C. Ott, and A. Albu-Schaffer 2013. *Proceedings of the 2013 IEEE/RSJ International Conference on Intelligent Robots and Systems*, Tokyo, pp. 3043-50.

6. *Human Haptic Perception*, ed. by M. Grunwald 2008. Berlin: Birkhäuser Verlag.

7. "Telepresence" by M. Minsky 1980, *Omni* magazine. 这本杂志已经停刊了，但这篇文章可以在网上找到，链接：http://web.media.mit.edu/~minsky/papers/Telepresence.html。

8. 1959年12月29日，费曼在加州理工学院举办的美国物理学会的会议上发表了演讲。演讲副本的在线地址是：http://www.zyvex.com/nanotech/feynman.html。演讲结束时，他提出了两个挑战，并为每个挑战提供了1 000美元的奖金。第一个挑战是制造一个微型马达，在第二年由威廉·麦克莱伦（William McLellan）赢得。第二个挑战是将《大英百科全书》全文写在大头针的针头上。1985年，这个挑战被斯坦福大学的的一个研究生赢得，他将狄更斯的《双城记》的第一段缩小到了1/25 000。

9. 在纳米技术腾飞之后，费曼重复了他的想法。"There's Plenty of Room at the Bottom" by R. P. Feynman 1992. *Journal of Microelectromechanical Systems*, vol. 1, pp. 60-66; and "Infinitesimal Machinery" by R. P. Feynman 1993. *Journal of Microelectromechanical Systems*, vol. 2, pp. 4-14.

10. "Prokaryotic Motility Structures" by S. L. Bardy, S. Y. Ng, and K.F. Jarrell 2003. *Microbiology*, vol. 149, part 2, pp. 295-304.

11. *Synergetic Agents: From Multi-Robot Systems to Molecular Robotics* by H. Haken and P. Levi 2012. Weinheim, Germany: Wiley-VCH. The book that started off the entire field was *Engines of Creation: The Coming Era of Nanotechnology* by E. Drexler 1986. New York: Doubleday.

12. "The Next Generation of Mars Rovers Could Be Smaller Than Grains of Sand" by B. Ferreira 2012, in *Popular Science,* online at http://www.popsci.com/technology/article/2012-07/why-next-gen-rovers-could-be-smaller-grain-sand.

13. Research at Goddard Space Flight Center: http://www.nasa.gov/centers/

goddard/news/ants.html.

14. *Nanorobotics: Current Approaches and Techniques*, ed. by C. Mavroidis and A. Ferreira 2013. New York: Springer.

15. *From the Earth to the Moon* by J. Verne 1865. Paris： Pierre-Jules Hetzel.

16. *Solar Sails: A Novel Approach to Interplanetary Flight* by G. Vulpetti, L. Johnson, and L. Matloff 2008. New York: Springer.

17. 对 " 宇宙1号 " 的概念的描述见 " LightSail: A New Way and a New Chance to Fly on Light " by L. Friedman 2009. *The Planetary Report* (The Planetary Society, Pasadena), vol. 29, no. 6, pp. 4-9。在最初的失败之后，这个项目转而使用立方体卫星，相关描述见*Small Satellites: Past, Present, and Future*, ed. by H. Helvajian and S. W. Janson 2008. El Segundo, CA: Aerospace Press。

18. 由于承包商嘉德宇航公司（L' Garde）遇到问题， " 太阳帆船 " 在耗费了2 100万美元后被取消。美国国会议员德纳·罗拉巴克（Dana Rohrabacher）讥讽道： " 对于那些潜力巨大的小型技术开发项目，我们似乎无力承担……但我们却能筹集数十亿美元，来建造不装载荷、不进行发射任务的大型运载火箭。 " 他指的是美国国家航空航天局太空发射系统的重型运载火箭。

19. " Nanosats Are Go! " in *The Economist* magazine, online at http://www.economist.com/news/technology-quarterly/21603240-small-satellites-taking-advantage-smartphones-and-other-consumer-technologies.

20. " NAIC Study of the Magnetic Sail " by R. Zubrin and A. Martin 1999 (slide presentation), online at http://www.niac.usra.edu/fles/library/meetings/fellows/nov99/320Zubrin.pdf.

21. " Searching for Interstellar Communications " by G. Cocconi and P. Morrison 1959. *Nature*, vol. 184, pp. 844-46.

22. " The Drake Equation Revisited. Part 1, " a retrospective by Frank Drake

in *Astrobiology Magazine*, online at http://www.astrobio.net/index. php?option=com_retrospection&task=detail&id=610.

23. *SETI 2020: A Roadmap for the Search for Extraterrestrial Intelligence*, ed. by R. D. Ekers, D. Culler, J. Billingham, and L. Scheffer 2003. Mountain View, CA: SETI Press.

24. "Neuroanatomy of the Killer Whale (*Orcinus orca*) from Magnetic Resonance Images" by L. Marino et al. 2004. *The Anatomical Record Part A*, vol. 281A, no. 2, pp. 1256-63.

11 地外生活

1. "Biospherics and Biosphere 2, Mission One" by J. Allen and M. Nelson 1999, *Ecological Engineering*, vol. 13, pp. 15-29.

2. "Life Under the Bubble" by J. F. Smith 2010, from *Discover* magazine, online at http://discovermagazine.com/2010/oct/20-life-under-the-bubble#. UkvfALNsdOA.

3. 一些"生物圈2号"居民将他们的经历写成了书，参考：*Life Under Glass:The Inside Story of Biosphere 2* by A. Alling and M. Nelson 1993. Santa Fe: Synergetic Press; and *The Human Experiment: Two Years and Twenty Minutes Inside Biosphere 2* by J. Poynter 2006. New York: Thunder's Mouth Press。第二次实验失败后，哥伦比亚大学接管了整个设施，准备将其作为研究站和"西校区"，但市区的学生并没有去那里上课，因此，2011年，哥伦比亚大学将其转手给了亚利桑那大学。作为一个研究气候、土壤化学和动植物群之间复杂的相互作用的实验室，"生物圈2号"是无与伦比的，即使它永远无法作为一个真正密闭、自给自足的生态系统来运转。这个项目的投资者是财力雄厚的艾德·巴斯，他曾经有出售小规模生物圈的商业计划。

4. "Two Former Biosphere Workers Are Accused of Sabotaging the Dome," April 5,1994, from the archives of the *New York Times*,online at http://www.nytimes.com/1994/04/05/us/two-former-biosphere-workers-are-accused-of-sabotaging-dome.html.

5. *Dreaming the Biosphere* by R. Reider 2010. Albuquerque: University of New Mexico Press.

6. "Calorie Restriction in Biosphere 2: Alterations in Physiologic, Hematologic, Hormonal, and Biochemical Parameters in Humans Restricted for a Two-Year Period" by R. Walford, D. Mock, R. Verdery, and T. MacCallum 2002. *The Journals of Gerontology*, *Series A*, vol. 57, no. 6, pp. B211-24.

7. "Coral Reefs and Ocean Acidification" by J. A. Kleypas and K. K. Yates 2009. *Oceanography*, December, pp. 108-17.

8. "Lessons Learned from Biosphere 2: When Viewed as a Ground Simulation/Analog for Long Duration Human Space Exploration and Settlement" by T. MacCallum, J. Poynter, and D. Bearden 2004. SAE Technical Paper, online at http://www.janepoynter.com/documents/LessonsfromBio2.pdf.

9. *Spacesuits: The Smithsonian National Air and Space Museum Collection* by A. Young 2009. Brooklyn: Power House Books.

10. "The Retro Rocket Look" from *The Economist*, online at http://www.economist.com/news/technology-quarterly/21603234-spacesuits-new-generation-outfits-astronauts-being-developed-although.

11. 位于加利福尼亚的美国国家航空航天局艾姆斯研究中心，委托杰瑞德·欧尼尔进行太空移民地研究，草图和设计研究方案归前者所有。为了表明他们并没有放弃这一梦想，艾姆斯研究中心网站援引美国国家航空航天局前局长迈克尔·格里芬的话："我知道，终有一天，人类将移民太阳系，飞向更遥远的地方。"这个项目每年都会面向全世界的初中生和高中生举办设计研究竞赛，以推动项目继续向前发展。1 567个学生参加了2014年的竞赛，他们来自18个国家，共呈现了562项作品。链接：http://settlement.arc.nasa.gov/。

12. 生物圈的悲惨命运提醒我们，宜居带是经过漫长的时间才进化出来的。詹姆斯·洛夫洛克（James Lovelock）不仅提出了盖亚假说（Gaia Hypothesis），他还发现，行星因生物体和岩石、海洋之间的共生关系而保持宜居性。可居住性的根本驱动力是来自母恒星的能量。在30亿~35亿年前，太阳比现在要暗25%，那时地球上的生命只有微生物，生氧光合作用还没有形成。未来，随着太阳核燃料的消耗，太阳会变小，温度会升高。因此，在太阳持续核燃烧的阶段，也就是未来40亿~45亿年内，地球将越来越不适合居住。对于生活在岩石内部或海洋深处的微生物来说，适度的太阳辐射变化不会对它们造成影响，因为它们依靠地质能量生存。当地球表面的温度高到让人无法忍受时，我们必须为整个人类种群建造生物圈——假设人类文明能持续那么长时间的话。

13. 自2012年以来，世界末日钟就停留在距离子夜5分钟的位置，表明人类距离灾难非常近，这引起了人们的不安。与这种判断有关的解释，值得在此引用："消除世界上的核武器、利用核能，以及应对全球变暖带来的几乎不可阻挡的气候影响，这些挑战非常复杂，而且相互关联，人类似乎还不具备应对这些挑战的能力。就现今的政治进程，全世界似乎根本无法应对我们所面临的生存挑战……在中东、东北亚，特别是南亚的地区冲突中，人们也有可能使用核武器，这同样令人不安……为了阻止灾难的发生，我们需要研究和建造更安全的核反应堆，需要更严格的监管、训练，以及高度的重视。我们变革的步伐还不足以……应对气候变化预示的灾难带来的艰难险阻。"参考http://thebulletin.org/press-release/it-5-minutes-midnight。世界末日钟及其时间线可以在线查询：http://thebulletin.org/timeline。

14. Tsiolkovsky quote from a letter written in 1991, online in Russian at http://www.rf.com.ua/article/388. Sagan quote from *Pale Blue Dot*, p. 371. Niven is quoted by Arthur C. Clarke in "Meeting of the Minds：Buzz Aldrin Visits Arthur C. Clarke," reported by A. Chaikin on February 27, 2001, on Space. com. Hawking quote from a transcript of a video interview for *BigThink*, online at http://bigthink.com/videos/abandon-earth-or-face-extinction.

15. Lansdorp is quoted in the article "Is Mars for Sale？" by A. Wills, for Mashable.com, online at http://mashable.com/2013/04/09/mars-land-ownership-colonization/.

16. "Space Settlement Basics" by A. Globus, NASA Ames Research Center website, at http://settlement.arc.nasa.gov/Basics/wwwwh.html.

17. From the collection *Tales of Ten Worlds* by A. C. Clarke 1962. New York: Harcourt Brace.

18. "What Do Real Population Dynamics Tell Us About Minimum Viable Population Sizes？" by C. D. Thomas 1990. *Population Biology*, vol. 4, no. 3, pp. 324-27.

19. *Bottleneck: Humanity's Impending Impasse* by W. R. Catton 2009, Xlibris.

20. "Biodiversity and Intraspecific Genetic Variation" by C. Ramel 1998. *Pure and Applied Chemistry*, vol. 70, no. 11, pp. 2079-84.

21. "The Grasshopper's Tale" by R. Dawkins, in *The Ancestor's Tale: A Pilgrimage to the Dawn of Life* 2004. Boston: Houghton Mifflin.

22. "Genetics and Recent Human Evolution" by A. R. Templeton 2007. *International Journal of Organic Evolution*, vol. 61, no. 7, pp. 1507-19. 其他研究人员认为，人口瓶颈可能会持续更长时间，而且不是由环境突变导致的，在石器时代晚期之前的数万年里，人口数量减少到了2 000

人。（还可以参考注释23）

23. "Population Bottlenecks and Pleistocene Human Evolution" by J. Hawks, K. Hunley, S. H. Lee, and M. Wolpoff 2000. *Molecular Biology and Evolution*, vol. 17, no. 1, pp. 2-22. The complete story of our evolution from Africa is in "Explaining Worldwide Patterns of Human Variation Using a Coalescent-Based Serial Founder Model of Migration Outward from Africa" by M. DeGiorgio, M. Jakobsson and N. A. Rosenberg 2009. *Proceedings of the National Academies of Science*, vol. 106, no. 38, pp. 16057-62.

24. "Legacy of Mutiny on the Bounty: Founder Effect and Admixture on Norfolk Island" by S. Macgregor et al. 2010. *European Journal of Human Genetics*, vol.18, no. 1, pp. 67-72. The Tristan da Cunha case study is reported in *Population Genetics and Microevolutionary Theory* by A. R. Templeton 2006. New York: John Wiley, p. 93. "Amish Microcephaly: Long-Term Survival and Biochemical Characterization" by V. M. Siu et al. 2010. *American Journal of Medical Genetics A*, vol.7, pp.1747-51.

25. "'Magic Number' for Space Pioneers Calculated," a report on the work of John Moore by D. Carrington, reported in *New Scientist*, online at http://archive.is/Xa8I.

26. *Interstellar Migration and the Human Experience*, ed. by B. R. Finney and E. M. Jones 1985. Berkeley:University of California Press.

27. *Do Androids Dream of Electric Sheep?* by P. K. Dick 1968. New York: Doubleday.1992年，导演雷德利·斯科特（Ridley Scott）将这部小说改编成电影《银翼杀手》，由哈里森·福特（Harrison Ford）主演。电影上映后，虽然评论褒贬不一，但该片却成为一部经典的邪典电影。罗伊·巴蒂的话出现在导演剪辑版倒数第二幕。

28. "Cyborgs and Space" by M. E. Clynes and N. S. Kline 1960. *Astronautics*,

September, p. 27.

29. 2010年，哈比森成立"半机械人基金会"（Cyborg Foundation），以帮助人们成为半机械人。他的电子眼的功能不断增强，使得他能感知色彩饱和度和360种不同的色调。他在营销方面也有一定的天赋，一部关于他的短片获得了2012年圣丹斯电影节评审团大奖。他展示过将颜色转化为声音的行为艺术，他的艺术聚焦于颜色和声音之间的关系，他还参与了实验剧场表演和舞蹈表演，甚至为一些名人创作了栩栩如生的音乐"肖像"，包括莱昂纳多·迪卡普里奥、阿尔·戈尔（Al Gore）、蒂姆·伯纳斯-李、詹姆斯·卡梅隆、伍迪·艾伦（Woody Allen）和查尔斯王子。2013年，《赫芬顿邮报》上的一篇题为"Hacking Our Senses"的文章，就是以哈比森2012年在TED全球演讲上的演讲"I Listen to Color"为重要内容，并引用哈比森的话："我觉得自己并不是在使用科技，或者将科技穿在身上，我觉得自己就是科技。"这篇文章的链接：http://www.huffngtonpost.com/neil-harbisson/hearing-color-cyborg-tedtalk_b_3654445.html。

30. 2003年，凯文·沃里克发表了一篇极具影响力的论文，他在开篇写道："从控制论的角度来看，人类与机器之间的界限几乎变成了无关紧要的事情。"详见"Cyborg Morals, Cyborg Values, Cyborg Ethics" by K. Warwick 2003. *Ethics and Information Technology*, vol. 7, pp. 131-37。参见"Future Issues with Robots and Cyborgs" by K. Warwick 2010. *Studies in Ethics, Law, and Technology*, vol. 6, no. 3, pp. 1-20。

31. 来自2012年*The Verge*杂志上的一篇文章，链接：http://www.theverge.com/2012/8/8/3177438/cyborg-america-biohackers-grinders-body-hackers。

32. 凯文·沃里克的话引自他个人网站http://www.kevinwarwick.com/上的"常见问题"（FAQ）栏目。弗朗西斯·福山的话引自"The World's Most Dangerous Ideas: Transhumanism" by F. Fukuyama 2004. *Foreign Policy*, vol. 144, pp. 42-43。罗纳德·贝利2004年反驳福山

的话引自Reason网站，链接：http://reason.com/archives/2004/08/25/transhumanism-the-most-dangero。如果你想深入了解超人类主义，可以参考 "Why I Want to Be Transhuman When I Grow Up" by N. Bostrom 2008, in *Medical Enhancement and Posthumanity*, ed. By B. Gordijn and R. Chadwick. New York: Springer, pp. 107-37。

12　飞向恒星之旅

1. 这句话引起了很多猜测和错认，比如，它不可能出自棒球经理和错误用词 "承包商" 约吉·贝拉（Yogi Berra）。这句话好像最早出现在19世纪的丹麦，物理学家尼尔斯·玻尔曾用过这句话，但他并不是原创者。更详细的讨论，见http://quoteinvestigator.com/2013/10/20/no-predict/。

2. See http://www.scientificamerican.com/article/pogue-all-time-worst-tech-predictions/; and http://www.informationweek.com/it-leadership/12-worst-tech-predictions-of-all-time/d/d-id/1096169.

3. See http://www.smithsonianmag.com/history/the-world-will-be-wonderful-in-the-year-2000-110060404/?no-ist.

4. "An Earth Mass Planet Orbiting Alpha Centauri B" by X. Dumusque et al. 2012. *Nature*, vol. 491, pp. 207-11. See also "The Exoplanet Next Door" by E. Hand 2012. *Nature*, vol. 490, p. 323.

5. "Possibilities of Life Around Alpha Centauri B" by A. Gonzales, R. CardenasOrtiz, and J. Hearnshaw 2013. *Revista Cubana de Física*, vol. 30, no. 2, pp. 81-83. The exoplanet simulation paper on the Alpha Centauri system is "Formation and Detectability of Terrestrial Planets Around Alpha

Centauri B " by J. M. Guedes et al. 2008. *The Astrophysical Journal*, vol. 679, pp. 1582-87.

6. "Atmospheric Biomarkers on Terrestrial Exoplanets " by F. Selsis 2004. *Bulletin of the European Astrobiology Society*, no. 12, pp. 27-40. See also: " Can GroundBased Telescopes Detect the Oxygen 1.27 Micron Absorption Feature as a Biomarker in Exoplanets? " by H. Kawahara et al. 2012. *The Astrophysical Journal*, vol. 758, pp. 13-28; and " Deciphering Spectral Fingerprints of Habitable Exoplanets " by L. Kaltenegger et al. 2010. *Astrobiology*, vol. 10, no. 1, pp. 89-102.

7. "Exoplanetary Atmospheres " by N. Madhusudhan, H. Knutson, J. Fortney, and T. Barman 2014, in *Protostars and Planets VI*, ed. by H. Buether, R. Klessen, C. Dullemond, and Th. Henning. Tucson: University of Arizona Press.

8. " Detection of an Extrasolar Planet Atmosphere " by D. Charbonneau, T. M. Brown, R. W. Noyes, and R. L. Gilliland 2001. *The Astrophysical Journal*, vol. 568, pp. 377-84.

9. 关于太空推进和星际旅行的网页，由美国国家航空航天局的格伦研究中心维护：http://www.nasa.gov/centers/glenn/technology/warp/scales.html。

10. For an overview, see *Project Orion: The True Story of the Atomic Spaceship* by G. Dyson 2002. New York: Henry Holt. The original paper was " On a Method of Propulsion of Projectiles by Means of External Nuclear Explosions, Part 1, " by C. J. Everett and S. M. Ulam 1955. University of California Los Alamos Lab, unclassified document archived at http://www.webcitation.org/5uzTHJfF7. For more recent technical design work, see " Physics of Rocket Systems with Separated Rockets and Propellant " by A. Zuppero 2010, online at http://neofuel.com/optimum/.

11. " Reaching for the Stars: Scientists Examine Using Antimatter and Fusion

to Propel Future Spacecraft," April 1999, NASA, online at http://science1. nasa.gov/science-news/science-at-nasa/1999/prop12apr99_1/.

12. The Rand Corporation, online at http://www.rand.org/pubs/research_memoranda/ RM2300.html.

13. "Galactic Matter and Interstellar Flight" by R. W. Bussard 1960. *Astronautica Acta*, vol. 6, pp. 179-94.

14. "Roundtrip Interstellar Travel Using Laser-Pushed Lightsails" by R. L. Forward 1984. *Journal of Spacecraft*, vol. 21, no. 2, pp. 187-95.

15. "Magnetic Sails and Interstellar Travel" by D. G. Andrews and R. Zubrin 1988. Paper presented at a meeting of the International Aeronautics Federation, IAF-88-553.

16. "Starship Sails Propelled by Cost-Optimized Directed Energy" by J. Benford 2011, posted on the arXiv preprint server at http://arxiv.org/ abs/1112.3016.

17. *Starship Century: Toward the Grandest Horizon*, ed. by G. Benford and J. Benford 2013. Lucky Bat Books. 2013年的一次会议的议程与该书同名，与会科学家包括马丁·里斯爵士（Sir Martin Rees）、弗里曼·戴森、史蒂芬·霍金和保罗·戴维斯（Paul Davies），此外还有科幻作家尼尔·斯蒂芬森、大卫·布林（David Brin）和南希·克雷斯（Nancy Kress）。

18. *Frontiers of Propulsion Science* by M. Millis and E. Davis 2009. Reston, VA: American Institute of Aeronautics and Astronautics.

19. 2012年，美国国家航空航天局和美国国防部高级研究计划局共同启动"百年星舰"计划，网址为：http://100yss.org/。

20. "Light Sails as a Means of Propulsion" by T. Dunn, unpublished calculations, online at http://orbitsimulator.com/astrobiology/Light%20 Sails%20as%20a%20means%20of%20propulsion.htm.

21. "SpiderFab: Process for On-Orbit Construction of Kilometer-Scale Apertures" by R. Hoyt, J. Cushing, and J. Slostad 2013, final technical report to NASA on project by Tethers Unlimited, NNX12AR13G, online at http://www.nasa.gov/sites/default/files/files/Hoyt_2012_PhI_SpiderFab.pdf.

22. "Life-Cycle Economic Analysis of Distributed Manufacturing with Open-Source 3D Printers" by B. T. Wittbrodt et al. 2013. *Mechatronics*, vol. 23, pp. 713-26. Also "A Low-Cost Open-Source 3-D Metal Printing" by G. C. Anzalone et al. 2013. *IEEE Access*, vol. 1, pp. 803-10.

23. "A Self-Reproducing Interstellar Probe" by R. A. Freitas 1980. *Journal of the British Interplanetary Society*, vol. 33, pp. 251-64.

24. The original work is *Theory of Self-Reproducing Automata* by J. von Neumann, and completed by A. W. Burks 1966. New York: Academic Press. See also "An Implementation of von Neumann's Self-Reproducing Machines" by U. Pesavento 1995. *Artificial Life*, vol. 2, no. 4, pp. 337-54.

25. 美国国家航空航天局资助"突破性推进物理学"（Breakthrough Propulsion Physics）计划已有8年时间，这个计划由马克·米利斯（Marc Millis）领导，已经举办了数次研讨会，出版了十多部技术出版物。该计划的官网称，目前还未取得突破，同时警告道："对于一个如此有远见、意义如此重大的主题，相关文献中可能会过早地出现结论，得出结论的既可能是过分自信的狂热者，也可能是迂腐的悲观主义者。我们应该寻找并整理关于关键性问题和悬而未决的问题的出版物，两者都集中了创新者和质疑者的观点。"

26. "Possibility of Faster-than-Light Particles" by G. Feinberg 1967. *Physical Review*, vol. 159, no. 5, pp. 1089-1105.

27. "The Warp Drive: Hyper-Fast Travel within General Relativity" by M. Alcubierre 1994. *Classical and Quantum Gravity*, vol. 11, no. 5, pp. L73-L77.

28.《星际迷航》官网上有剧情介绍：http://www.startrek.com/database_article/realm-of-fear。

29. " Teleporting an Unknown Quantum State via Dual Classical and Einstein-Podolsky-Rosen Channels " by C. H. Bennett et al. 1993. *Physical Review Letters*, vol. 70, pp. 1895-99.

30. 爱丽丝和鲍勃是两个常用的代号，特别是在密码学领域和后来的物理学领域。之所以用这种代号，是因为用爱丽丝和鲍勃比用A和B更人性化，也更具吸引力。1978年，计算机通信学会（Communications of the Association for Computing Machinery）的罗纳德·李维斯特（Ronald Rivest）在一篇文章中首先使用了这两个代号，这篇文章提出了第一个公共密钥密码系统。李维斯特表示，选择这两个名字并不是为了向电影《两对鸳鸯》（*Bob & Carol & Ted & Alice*，1969年）致敬。量子纠缠态通信遵循的传统是："爱丽丝想要发信息给鲍勃……"如果需要第三个或者第四个参与者，就会用查克（Chuck）或丹（Dan）来表示。伊夫（Eve）在密码学中表示窃听者，在量子通信中则表示外部环境。这可能超出了你所需要或者你想知道的内容。

31. " Quantum Teleportation over 143 Kilometers Using Active Feed-Forward " by X. S. Ma et al. 2012. *Nature*, vol. 489, pp. 269-73. 东京大学的一个研究组关于全球性隐形传输的报告，链接：http://akihabaranews.com/2013/09/11/article-en/world-frst-success-complete-quantum-teleportation-750245129。

32. " Unconditional Quantum Teleportation Between Distant Solid-State Quantum Bits " by W. Pfaff et al. 2014. *Science*, DOI:10.1126/science.1253512.

13 宇宙伙伴

1. 在数值项的相乘中，乘积的不确定性与不确定性最大的因子相当。对银河系中的可宜居行星的发生率进行测量，并不能改变我们在有关外星人的生理学和社会学方面的无知。在地球上，进化使一个物种产生智慧，并发展出科技，但自然选择并没有预示着这是一个必然的结果，如果认为这是必然，那就是深受人择原理所害之故。反例是，在经过数亿年的进化后，很多物种并没有变得更复杂，或者进化出更大的大脑。

2. 一种以人类为中心来估算L的方法，L的值是地球上所有文明的平均寿命，历史平均的结果为300~400年。参见"Why ET Hasn't Called" by M. Shermer 2002, in *Scientific American*，链接：http://www.michaelshermer.com/2002/08/why-et-hasnt-called/。很多文明也有可能是不稳定的，或者很短暂，所以L的值就很小，但有些文明可能在本质上是不朽的，所以L的值就会很大。戴维·格林斯普恩（David Grinspoon）已经讨论过这种情况对德雷克方程的影响，参见*Lonely Planets: The Natural Philosophy of Alien Life* by D. Grinspoon 2004. New York: HarperCollins。

3. *Contact* by C. Sagan 1985. New York: Simon & Schuster. 萨根和他的妻子安·德鲁扬为1997年的同名电影撰写了提纲，这部电影由罗伯特·泽米吉基（Robert Zemeckis）执导。

4. *The Dispossessed: An Ambiguous Utopia* by U. K. Le Guin 1974. New York: Harper and Row. 对勒古恩来说，这部小说在某种程度上是一大突破，既为她赢得了文学上的声誉，又获得了科幻小说类大奖，如星云奖、雨果奖和卢卡斯奖。

5. "Nikola Tesla and the Electrical Signals of Planetary Origin" by K. L. Corum and J. F. Corum 1996. *Online Computer Library Center*, Document no. 38193760, pp. 1, 6, 14.

6. The Proxmire incident was described in "Searching for Good Science: The Cancellation of NASA's SETI Program" by S. J. Garber 1999. *Journal of the British Interplanetary Society*, vol. 52, pp. 3-12. Bryan's attack is described in "Ear to the Universe Is Plugged by Budget Cutters" by J. N. Wildford, in *New York Times* on October 7, 1993, online at http://www.nytimes.com/1993/10/07/us/ear-to-the-universe-is-plugged-by-budget-cutters.html.

7. "That Time Jules Verne Caused a UFO Scare" by R. Miller, online at http://io9.com/that-time-jules-verne-caused-a-ufo-scare-453662253.

8. "Where Is Everybody? An Account of Fermi's Question" by E. Jones 1985. *Los Alamos Technical Report* LA-10311-MS, scanned and reproduced online at http://www.fas.org/sgp/othergov/doe/lanl/la-10311-ms.pdf.

9. 对于"大寂静",有50多种(几乎)可能的解释,而对于那些不太常见的解释,参见*If the Universe Is Teeming with Aliens... Where Is Everybody?* by S. Webb 2002. New York: Copernicus Books。

10. *Rare Earth: Why Complex Life Is Uncommon in the Universe* by P. D. Ward and D. Brownlee 2000. Dordrecht: Springer-Verlag.

11. 对于拖延,论据是很充分的。在技术呈指数发展的所有领域,先前所有项目所取得的成果的总和,在下一个项目所取得的成果面前都会显得黯然失色。天文学上就是如此,自20世纪80年代和90年代以来,随着CCD探测器越来越小、灵敏度越来越高,每一个新巡天项目都远远超越了之前的项目。对于目前的绘制基因图谱项目,这个结论同样成立,虽然这个结论很可笑。当然,科学上的进步是源自科学家不断地努力增长知识,而不是坐等即将出现的功能更强大的设备。

12. 阿雷西博射电望远镜建造于20世纪50年代初期，其功能强大到令人生畏。它太大了，以至于无法改变位置，只能盯着头顶上掠过的那一片带状天区。它由铝板制成，面积相当于12个足球场。探测射电波的馈源由3座华盛顿纪念碑大小的塔支撑，悬挂在主反射面上方。弗兰克·德雷克常说，这架望远镜能装下1亿盒早餐麦片或地球上的人在一天中喝掉的所有啤酒。

13. "The Great Filter—Are We Past It?" by R. Hanson 1998, an unpublished paper archived online at http://hanson.gmu.edu/greatfilter.html.

14. "Where Are They? Why I Hope the Search for Extraterrestrial Intelligence Finds Nothing" by N. Bostrom 1998. *MIT Technology Review*, May/June, pp. 72-77.

结语　为人而创的宇宙

1. *Year Million: Science at the Far Edge of Knowledge*, ed. by D. Broderick 2006. Giza, Egypt: Atlas and Company.

2. 考虑到我们展现出来的科技实力，我们的文明和文物的逐渐消失发人深省。生动地展现了这种情况的一本书是*The World Without Us* by A. Weisman 2007. New York: Picador。韦斯曼描述了一种未来：人类在一夜之间就不复存在，人类文明的基础设施以惊人的速度衰落并消失。恒今基金会（Long Now Foundation）却与主流文化趋势背道而驰，提倡"更慢、更好"，反对"更快、更便宜"，并支持持续时间在1 000年以内的项目。其中最引人注目的是万年钟（Clock of the Long Now），这是一个机械计时装置，按照设计，它可以在不需要人为干预的情况下运行1万年。

3. *Wired* magazine, April 2006, online at http://www.wired.com/wired/archive/14.07/posts.html?pg=4.

4. 针对老鼠的实验，是由西雅图福瑞德哈金森癌症研究中心的马克·罗思（Mark Roth）开展的，链接：http://labs.fhcrc.org/roth/。针对狗的实验是由匹兹堡的萨法尔复苏研究中心开展的，链接：http://www.nytimes.com/2005/12/11/magazine/11ideas_section4-21.html?_r=0。

5. *Cloning After Dolly: Who's Still Afraid*? by G. E. Pence 2004. Lanham, MD: Rowman and Littlefield.

6. "Embryo Space Colonization to Overcome the Interstellar Time Distance Bottleneck" by A. Crowl, J. Hunt, and A. M. Hein 2012. *Journal of the British Interplanetary Society*, vol. 65, pp. 283-85.

7. "Transmission of Information by Extraterrestrial Civilizations" by N. Kardashev 1964. *Soviet Astronomy*, vol. 8, p. 217. For his more recent work, see "On the Inevitability and Possible Structures of Supercivilizations" by N. Kardashev 1984, in *The Search for Extraterrestrial Life: Recent Developments*, ed. by M. G. Papagiannis. Dordrecht: Reidel, pp. 497-504.

8. "The Physics of Interstellar Travel: To One Day Reach the Stars" by M. Kaku 2010, online at http://mkaku.org/home/articles/the-physics-of-interstellar-travel/.

9. "Search for Artificial Stellar Sources of Infrared Radiation" by F. J. Dyson 1960. *Science*, vol. 131, pp. 1667-68.

10. "Fermilab Dyson Sphere Searches" using data from NASA's IRAS satellite, with results quoted online at http://home.fnal.gov/~carrigan/infrared_astronomy/Fermilab_search.htm.

11. *Universe or Multiverse?* ed. by B. J. Carr 2007. Cambridge: Cambridge University Press. See also "Multiverse Cosmological Models" by P. C. W.

Davies 2004. *Modern Physics Letters A*, vol. 19, pp. 727-44.

12. 第一个关于微调的观点是，生物宇宙的年龄既不能太短也不能太长，见"Dirac's Cosmology and Mach's Principle" by R. H. Dicke 1961. *Nature*, vol. 192, pp. 440-41。从那以后，很多物理学家都探讨过微调这一概念，见*Coincidences: Dark Matter, Mankind, and Anthropic Cosmology* by J. Gribbin and M. Rees 1989. New York: Bantam. Also: *The Goldilocks Enigma: Why Is the Universe Just Right for Life?* By P. Davies 2007. New York: Houghton Mifflin Harcourt。从哲学的视角来理解，可以参考*A Fine-Tuned Universe: The Quest for God in Science and Theology* by A. McGrath 2009. Louisville: Westminster John Knox Press。

13. "Naturally Speaking: The Naturalness Criterion and Physics at the LHC" by G. F. Guidice 2008, in *Perspectives on LHC Physics*, ed. by G. Kane and A. Pierce. Singapore: World Scientific. See also Prof. Matt Strassler's excellent primer online at http://profmattstrassler.com/articles-and-posts/particle-physics-basics/the-hierarchy-problem/naturalness/.

14. "Eternal Inflation and Its Implications" by A. Guth 2007. *Journal of Physics A: Mathematical and Physical*, vol. 40, no. 25, p. 6811.

15. *Impossibility: Limits of Science and the Science of Limits* by J. Barrow 1998. Oxford: Oxford University Press.

16. "X-Tech and the Search for Infra Particle Intelligence" by H. de Garis 2014, from *Best of H+*, online at http://hplusmagazine.com/2014/02/20/x-tech-and-the-search-for-infra-particle-intelligence/.

17. *Intelligent Machinery, A Heretical Theory* by A. Turing 1951, reprinted in *Philosophia Mathematica* 1996, vol. 4, no. 3, pp. 256-60. The von Neumann quote comes from Stanislaw Ulam's "Tribute to John von Neumann" in the May 1958 *Bulletin of the American Mathematical Society*, p. 5.

18. "Are You Living in a Computer Simulation?" by N. Bostrom 2003. *Philosophical Quarterly*, vol. 53, no. 211, pp. 243-55. 库兹韦尔和莫拉维克的观点在他们的科普图书中都有介绍，见*The Singularity Is Near: When Humans Transcend Biology* by R. Kurzweil 2006. New York: Penguin; and *Robot: Mere Machine to Transcendent Mind* by H. Moravec 2000. Oxford: Oxford University Press。

未来，属于终身学习者

我这辈子遇到的聪明人（来自各行各业的聪明人）没有不每天阅读的——没有，一个都没有。巴菲特读书之多，我读书之多，可能会让你感到吃惊。孩子们都笑话我。他们觉得我是一本长了两条腿的书。

——查理·芒格

互联网改变了信息连接的方式；指数型技术在迅速颠覆着现有的商业世界；人工智能已经开始抢占人类的工作岗位……

未来，到底需要什么样的人才？

改变命运唯一的策略是你要变成终身学习者。未来世界将不再需要单一的技能型人才，而是需要具备完善的知识结构、极强逻辑思考力和高感知力的复合型人才。优秀的人往往通过阅读建立足够强大的抽象思维能力，获得异于众人的思考和整合能力。未来，将属于终身学习者！而阅读必定和终身学习形影不离。

很多人读书，追求的是干货，寻求的是立刻行之有效的解决方案。其实这是一种留在舒适区的阅读方法。在这个充满不确定性的年代，答案不会简单地出现在书里，因为生活根本就没有标准确切的答案，你也不能期望过去的经验能解决未来的问题。

湛庐阅读App：与最聪明的人共同进化

有人常常把成本支出的焦点放在书价上，把读完一本书当作阅读的终结。其实不然。

时间是读者付出的最大阅读成本
怎么读是读者面临的最大阅读障碍
"读书破万卷"不仅仅在"万"，更重要的是在"破"！

现在，我们构建了全新的"湛庐阅读"App。它将成为你"破万卷"的新居所。在这里：

- 不用考虑读什么，你可以便捷找到纸书、有声书和各种声音产品；
- 你可以学会怎么读，你将发现集泛读、通读、精读于一体的阅读解决方案；
- 你会与作者、译者、专家、推荐人和阅读教练相遇，他们是优质思想的发源地；
- 你会与优秀的读者和终身学习者为伍，他们对阅读和学习有着持久的热情和源源不绝的内驱力。

从单一到复合，从知道到精通，从理解到创造，湛庐希望建立一个"与最聪明的人共同进化"的社区，成为人类先进思想交汇的聚集地，与你共同迎接未来。

与此同时，我们希望能够重新定义你的学习场景，让你随时随地收获有内容、有价值的思想，通过阅读实现终身学习。这是我们的使命和价值。

湛庐阅读App玩转指南

湛庐阅读App结构图:

12+图书订阅服务
纸质书
有声书
电子书

读什么

泛读:一书一课
通读:通识课
精读:精读班

怎么读

湛庐阅读App

优秀的读者和终身学习者

与谁共读

跟谁读

作者、译者、专家、推荐人和阅读教练

三步玩转湛庐阅读App:

读一读 ▾

湛庐纸书一站买,
全年好书打包订

书城

听一听 ▾

泛读、通读、精读,
选取适合你的阅读方式

一书一课
精读班
通识课

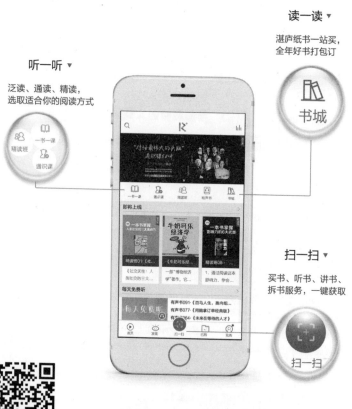

扫一扫 ▾

买书、听书、讲书、
拆书服务,一键获取

扫一扫

App获取方式:
安卓用户前往各大应用市场、苹果用户前往App Store
直接下载"湛庐阅读"App,与最聪明的人共同进化!

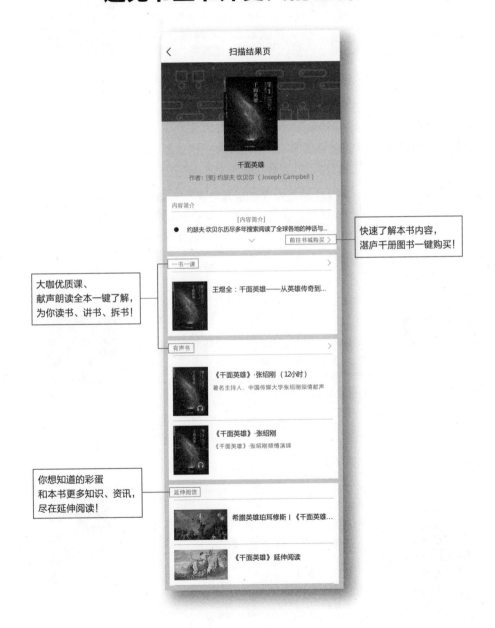

使用App 扫一扫功能，
遇见书里书外更大的世界！

快速了解本书内容，
湛庐千册图书一键购买！

大咖优质课、
献声朗读全本一键了解，
为你读书、讲书、拆书！

你想知道的彩蛋
和本书更多知识、资讯，
尽在延伸阅读！

《生命3.0》

◎ 麻省理工学院物理系终身教授、未来生命研究所创始人迈克斯·泰格马克重磅新作。

◎ 引爆硅谷，令全球科技界大咖称赞叫绝的烧脑神作。史蒂芬·霍金、埃隆·马斯克、雷·库兹韦尔、万维钢、余晨、王小川、吴甘沙、段永朝、杨静、罗振宇一致强荐。

ISBN 978-7-5536-7278-6

《十二个明天》

◎ 科幻巨匠刘慈欣新作《黄金原野》中文版全球惊艳首发！

◎ 刘宇昆、尼迪、奥科拉弗等13位星云奖、雨果奖得主联袂巨献！

◎ 继《三体》之后，小米科技创始人雷军推荐的第二本著作。刘慈欣、韩松、吴甘沙、尹烨、余晨、周涛、陈学雷、朱进、张鹏等来自科技界、科幻界、人工智能界的11位大咖重磅解读。

ISBN 978-7-5596-2378-2

《希望之地》

◎ 中国科幻元年的重磅新作，带你解锁技术与好的未来。

◎ 陈楸帆、江波、伊恩·麦克劳德等7位曾入围星云奖、雨果奖等奖项的科幻作家同台竞技；著名科幻作家刘慈欣、蚂蚁金服董事长兼CEO井贤栋诚意推荐。

ISBN 978-7-5364-9484-8

《星际穿越》

◎ 一部媲美《时间简史》的巨著，同名电影幕后科学顾问、天体物理学巨擎基普·索恩巨献。

◎ 写给所有人的天文学通识读本，揭示《星际穿越》电影幕后的科学事实、有根据的推测和猜想，解开黑洞、虫洞、星际旅行等一切奇景的奥妙。

◎ 国家天文台苟利军、王岚、李然、尔欣中、王乔、李楠、王杰、谢利智8位博士重磅担纲翻译。

ISBN 978-7-213-06685-6

图书在版编目（CIP）数据

人类为什么要探索太空 /（英）克里斯·英庇著；
庹君伟译 .—杭州：浙江人民出版社，2019.10
书名原文：Beyond: Our Future in Space
ISBN 978-7-213-09462-0

Ⅰ.①人…　Ⅱ.①克…　②庹…　Ⅲ.①宇宙—普及读
物　Ⅳ.① P159-49

中国版本图书馆 CIP 数据核字（2019）第 204696 号

浙江省版权局
著作权合同登记章
图字:11-2019-204 号

上架指导：科普读物

人类为什么要探索太空

〔英〕克里斯·英庇　著

庹君伟　译

出版发行：浙江人民出版社（杭州体育场路 347 号　邮编　310006）
　　　　　市场部电话：(0571) 85061682　85176516
集团网址：浙江出版联合集团　http://www.zjcb.com
责任编辑：陈　源
责任校对：戴文英
印　　刷：天津中印联印务有限公司
开　　本：720mm×965mm 1/16　　　印　　张：21
字　　数：280 千字
版　　次：2019 年 10 月第 1 版　　　印　　次：2019 年 10 月第 1 次印刷
书　　号：ISBN 978-7-213-09462-0
定　　价：79.90 元